工厂电气控制技术项目化教程

王维 王娜 主编

上海交通大学出版社
SHANGHAI JIAO TONG UNIVERSITY PRESS

内容提要

本教材为项目任务式一体化教材，包含5个项目23个任务。项目1主要介绍常见低压电器设备的结构和应用、检测方法、常见故障及其检修方法；项目2主要介绍电动机基本控制电路的设计、安装、接线与调试方法；项目3主要介绍电气控制系统常见故障分析与检查；项目4主要介绍异步电动机基本控制电路的电气制图与识图；项目5主要介绍电气控制柜的生产实例。

本教材可作为高职高专电气类、机电类专业的教学用书，亦可作为成人专科、本科教学用书或工程技术人员自学的参考用书。

图书在版编目(CIP)数据

工厂电气控制技术项目化教程/王维，王娜主编.
上海：上海交通大学出版社，2025.5.—ISBN 978-7-313-31804-6

Ⅰ. TM571.2

中国国家版本馆CIP数据核字第20246GP076号

工厂电气控制技术项目化教程
GONGCHANG DIANQI KONGZHI JISHU XIANGMUHUA JIAOCHENG

主　　编：王　维　王　娜
出版发行：上海交通大学出版社
地　　址：上海市番禺路951号
邮政编码：200030
电　　话：021-64071208
印　　制：上海景条印刷有限公司
经　　销：全国新华书店
开　　本：787mm×1092mm　1/16
印　　张：15.75
字　　数：390千字
版　　次：2025年5月第1版
印　　次：2025年5月第1次印刷
书　　号：ISBN 978-7-313-31804-6
电子书号：ISBN 978-7-89424-938-8
定　　价：68.00元

编 委 会

主　编：王　维　王　娜

副主编：王文静　李忠智　王　瑶　周鲁宁

参　编：孙　璐

主　审：何　雪

前言

本教材以学习项目为引领，按照体现工作过程的任务进行编排，融合工作内容、工作过程、职业资格考核等构建课程内容，满足电力行业企业的发展需要和对应职业岗位对知识、能力、素质的要求。

本教材共分为5个项目。项目1为常见低压电器设备，设置了8个任务，依次讲解低压断路器、熔断器(FU)、交流接触器、热继电器、中间继电器、时间继电器、控制按钮及行程开关的拆装与检修；项目2为电动机基本控制电路的设计、安装、接线与调试，设置了3个任务，依次讲解识读、绘制电气控制系统图，电气控制线路的设计及元器件选择，以及电动机基本控制电路的分析与安装；项目3为电气控制系统故障分析与检查，设置了4个任务，依次讲解电气控制系统常见故障、电气控制线路部分的故障分析方法、分析检查电源故障和元件故障；项目4为电气制图与识图基础知识，设置了5个任务，依次讲解电气制图基础知识，电气识图基础知识，电气原理图简介，三相异步电动机带限位的正反向控制电路原理图的绘制，以及三相绕线式异步电动机Y-△起动控制电路原理图的绘制；项目5为电气控制柜的生产实例，设置了3个任务，依次讲解直接起动控制风机配电箱、两地控制配电箱和双速电机控制配电箱。

本教材由辽宁生态工程职业学院王维、王娜担任主编；辽宁生态工程职业学院王文静、李忠智、王瑶，沈阳职业技术学院周鲁宁任副主编；国网锦州供电公司凌河区供电分公司孙璐任参编；全书由王维统稿，由沈阳新生电气集团有限公司电气总工程师何雪主审。其中，王维负责前言及项目1的编写，王娜负责项目2的编写，王瑶负责项目3的编写，王文静负责项目4的编写，李忠智负责项目5及所有课程思政小故事的编写，周鲁宁、孙璐参与所有项目的数字资源制作。

本教材包含大量数字资源，如重难点讲解、微课、二维动画、实验视频等，使用便捷，阅读体验好，具有较强的教学适用性和针对性。

本教材在编写的过程中参考了大量相关文献，得到了许多同仁的大力支持和帮助，在此向他们表示感谢。由于编者水平有限，时间仓促，书中难免有不足和错漏之处，恳请使用本教材的读者多提宝贵意见。

编者

2025年2月

目 录

项目 1

常见低压电器设备

项目要点

(1) 了解常用低压电器的结构、分类及工作原理。
(2) 掌握常用低压电器的选用、安装与使用方法。
(3) 掌握常用低压电器的测试方法。
(4) 熟悉常用低压电器的常见故障及检修方法。

低压电器的分类(1)

低压电器的分类(2)

项目目标

(1) 具备常用低压电器的类型识别和结构特点的分析能力。
(2) 具备常用低压电器的选用、安装与使用能力。
(3) 具备拆装和测试常用低压电器的能力。
(4) 具备常用低压电器的故障排除能力。

任务 1.1　低压断路器的拆装与检修

任务描述

某机床因使用时间过长，造成低压断路器频繁跳闸，需要相关人员对低压断路器进行检测和更换。

任务目标

(1) 通过学习，了解低压断路器的结构和原理。
(2) 能正确识读和绘制低压断路器的电气符号。
(3) 能正确选择和使用低压断路器。
(4) 通过操作，能正确检测和更换低压断路器。

任务实施

1. 低压断路器的检测

首先进行外观检测，检查接线螺钉是否齐全，操作机构应灵活无阻滞，动静触点应分合迅速，松紧一致。

然后用万用表电阻挡测试各组触点是否全部接通，若不是，则说明开关已坏。

当低压断路器闭合时，各触点应全部接通，测量的电阻值应该接近零；当低压断路器断开时，各触点应全部断开，测量的电阻值应该无穷大。

检测两个低压断路器，一个为已损坏的断路器，一个为完好的断路器，分别将其主要零部件的名称和作用记入表 1－1、表 1－2 中；操作低压断路器，用万用表电阻挡测量各对触点之间的接触电阻，用兆欧表测量每两相触点之间的绝缘电阻，将各相触点间的接触电阻、绝缘电阻测量值记入表 1－1、表 1－2 中。

表 1－1　低压断路器的基本结构与测量记录 1

<table>
<tr><td colspan="2">型号</td><td colspan="4">极数</td><td colspan="2">主要零部件</td></tr>
<tr><td colspan="2"></td><td colspan="4"></td><td>名称</td><td>作用</td></tr>
<tr><td colspan="3">分闸时触点接触电阻</td><td colspan="3">合闸时触点接触电阻</td><td rowspan="6"></td><td rowspan="6"></td></tr>
<tr><td>L_1 相</td><td>L_2 相</td><td>L_3 相</td><td>L_1 相</td><td>L_2 相</td><td>L_3 相</td></tr>
<tr><td></td><td></td><td></td><td></td><td></td><td></td></tr>
<tr><td colspan="6">相间绝缘电阻</td></tr>
<tr><td colspan="2">L_1—L_2</td><td colspan="2">L_2—L_3</td><td colspan="2">L_3—L_1</td></tr>
<tr><td colspan="2"></td><td colspan="2"></td><td colspan="2"></td></tr>
<tr><td colspan="2">检测结果</td><td colspan="6"></td></tr>
</table>

表 1－2　低压断路器的基本结构与测量记录 2

<table>
<tr><td colspan="2">型号</td><td colspan="4">极数</td><td colspan="2">主要零部件</td></tr>
<tr><td colspan="2"></td><td colspan="4"></td><td>名称</td><td>作用</td></tr>
<tr><td colspan="3">分闸时触点接触电阻</td><td colspan="3">合闸时触点接触电阻</td><td rowspan="6"></td><td rowspan="6"></td></tr>
<tr><td>L_1 相</td><td>L_2 相</td><td>L_3 相</td><td>L_1 相</td><td>L_2 相</td><td>L_3 相</td></tr>
<tr><td></td><td></td><td></td><td></td><td></td><td></td></tr>
<tr><td colspan="6">相间绝缘电阻</td></tr>
<tr><td colspan="2">L_1—L_2</td><td colspan="2">L_2—L_3</td><td colspan="2">L_3—L_1</td></tr>
<tr><td colspan="2"></td><td colspan="2"></td><td colspan="2"></td></tr>
<tr><td colspan="2">检测结果</td><td colspan="6"></td></tr>
</table>

根据测量结果判断哪个是已损坏的断路器、哪个是完好的断路器，贴上标签，上交给老师。

2. 低压断路器的常见故障及检修方法

低压断路器的常见故障及检修方法如表 1－3 所列。

表 1-3 低压断路器的常见故障及检修方法

故障现象	产生原因	检修方法
电动机操作的断路器触点不能闭合	(1) 电源电压与断路器所需电压不一致 (2) 电动机操作定位开关不灵，操作机构损坏 (3) 电磁铁拉杆行程不到位 (4) 控制设备线路断路或元件损坏	(1) 应重新通入一致的电压 (2) 重新校正定位机构，更换损坏机构 (3) 更换拉杆 (4) 重新接线，更换损坏的元器件
手动操作的断路器触点不能闭合	(1) 断路器机械机构复位不好 (2) 欠电压脱扣器无电压或线圈烧毁 (3) 储能弹簧变形，导致闭合力减弱 (4) 弹簧的反作用力过大	(1) 调整机械机构 (2) 无电压时应通入电压，线圈烧毁应更换同型号线圈 (3) 更换储能弹簧 (4) 调整弹簧，减少反作用力
断路器有一相触点接触不上	(1) 断路器一相连杆断裂 (2) 操作机构一相卡死或损坏 (3) 断路器连杆之间的角度变大	(1) 更换其中一相连杆 (2) 检测机构卡死原因，更换损坏器件 (3) 把连杆之间的角度调整至 170°左右
断路器欠电压脱扣器不能自动开关分断	(1) 断路器机械机构卡死，不灵活 (2) 反力弹簧作用力变小	(1) 重新装配断路器，使其机构灵活 (2) 调整反力弹簧，使其反作用力及储能力增大
在起动电动机时断路器立刻分断	(1) 负荷电流瞬时过大 (2) 过电流脱扣器瞬时整定值过小 (3) 橡皮膜损坏	(1) 处理负荷超载的问题，然后恢复供电 (2) 重新调整过电流脱扣器瞬时整定弹簧及螺丝，使其整定到适合位置 (3) 更换橡皮膜
断路器在运行一段时间后自动分断	(1) 较大容量的断路器电源进出线接头连接处松动，接触电阻大，在运行中发热，引起电流脱扣器动作 (2) 过电流脱扣器延时整定值过小 (3) 热元件损坏	(1) 对于较大负荷的断路器，要松开电源进线出线的固定螺丝，去掉接触杂质，把接线鼻重新压紧 (2) 重新整定过电流值 (3) 更换热元件，严重时要更换断路器
断路器噪声较大	(1) 欠电压脱扣器反力弹簧作用力过大 (2) 线圈铁芯接触面不洁或生锈 (3) 短路环断裂或脱落	(1) 重新调整负电压脱扣器的弹簧压力 (2) 用细砂纸打磨铁芯接触面，涂上少许机油 (3) 重新加装短路环
断路器辅助触点不通	(1) 辅助触点卡死或脱落 (2) 辅助触点接触不洁或接触不良 (3) 辅助触点传动杆断裂或滚轮脱落	(1) 重新拨正装好辅助触点机构 (2) 把辅助触点清擦一次或用细砂纸打磨触点 (3) 更换同型号的传动杆或滚轮
断路器在运行中温度过高	(1) 通入断路器的主导线接触处未接紧，接触电阻过大 (2) 断路器触点表面磨损严重或有杂质，接触面积减小 (3) 触点压力降低	(1) 重新检查主导线的接线鼻，并使导线在断路器上压紧 (2) 用锉刀把触点打磨平整 (3) 调整触点压力或更换弹簧
带半导体过脱扣的断路器，在正常运行时误动作	(1) 周围有大型设备的磁场影响半导体脱扣开关，使其误动作 (2) 半导体元件损坏	(1) 仔细检查周围的大型电磁铁分断时磁场产生的影响，并尽可能使两者距离远些 (2) 更换损坏的元件

任务评价

项目	评价内容	评分	自我评价	教师评价	综合评定
器件拆装	(1) 根据内容,正确选择低压断路器的规格和型号	20			
	(2) 零部件名称和作用书写正确	20			
器件测试	(1) 仪表使用方法正确	10			
	(2) 测量数据准确	10			
	(3) 测量结果正确	20			
职业素质	(1) 认真仔细的工作态度	5			
	(2) 团结协作的工作精神	5			
	(3) 听从指挥的工作作风	5			
	(4) 安全及整理意识	5			
评语				成绩汇总	

知识链接

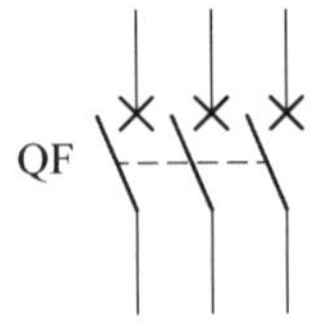

图 1-1　低压断路器在电路图中的符号

低压断路器(QF)又称自动空气开关或自动空气断路器,是一种不仅可以接通和分断正常负荷电流和过负荷电流,还可以接通和分断短路电流的开关电器。低压断路器按结构形式可分为塑壳式(又称装置式)、框架式(又称万能式)、限流式、直流快速式、灭磁式和漏电保护式等。低压断路器在电路中除起控制作用外,还具有一定的保护功能,如过负荷、短路、欠电压和漏电保护等,因此其应用非常广泛。

低压断路器在电路图中的符号如图 1-1 所示。

低压断路器的认识

1. 低压断路器的结构和工作原理

低压断路器主要由动触头、静触头、灭弧装置、操作机构、过电流脱扣器、分励脱扣器、欠电压脱扣器及外壳等部分组成,其结构如图 1-2 所示。

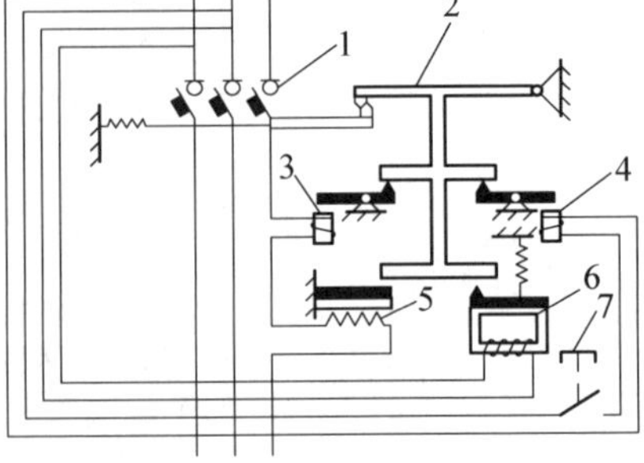

1—主触点;2—搭钩;3—过电流脱扣器;
4—分励脱扣器;5—发热元件;
6—欠电压脱扣器;7—按钮。

图 1-2　低压断路器的结构示意图

断路器开关是靠手动或电动操作机构合闸的,触头闭合后,自由脱扣机构将触头锁扣在合闸位置上。

(1) 过电流脱扣器用于线路的短路和过电流保护,当线路的电流大于整定的电流值时,过电流脱扣器产生的电磁力使挂钩脱扣,动触点在弹簧的拉力下迅速断开,实现断路器的跳闸功能。

(2) 热脱扣器用于线路的过载保护,工作原理和热继电器相同,过载时热元件发热使双金属片受热弯曲到位,推动脱扣器动作使断路器分闸。

(3) 欠电压脱扣器用于失电压保护，其线圈直接接在电源上，衔铁处于吸合状态，断路器可以正常合闸。

当断电或电压很低时，欠电压脱扣器的吸力小于弹簧的反力，弹簧使动铁芯向上导致挂钩脱扣，实现断路器的跳闸功能。

(4) 分励脱扣器用于远程控制，当在远方按下按钮时，分励脱扣器通电流产生电磁力，使其脱扣跳闸。

不同低压断路器的保护功能是不同的，使用时应根据需要选用。保护功能主要有短路、过载、欠电压、失电压、漏电等。

1) 万能式断路器

万能式(框架式)断路器主要有 DW10、DW15 等系列。DW10 系列断路器适用于交流 50 Hz、电压至 380 V、电流至 4 000 A 的电路中，可以对电路起过载、短路、零压及欠电压保护作用。它在正常情况下可以不频繁地接通和分断电路。断路器的触头用银基合金制造。200 A 产品只装有主触头，400～600 A 产品装有主触头和弧触头，1 000～4 000 A 产品装有主触头、辅助触头和弧触头。断路器的辅助触头一般有三常开、三常闭，采用桥式双断口触头。断路器采用手柄直接操作时，由于断路器触头的闭合速度与手柄操作速度有关，因此操作者的动作必须熟练、迅速。DW10 系列断路器一般装有欠电压脱扣器、分励脱扣器和过电流脱扣器。

DW15 系列断路器适用于交流 50 Hz、电压至 1 140 V、电流至 4 000 A 的配电电路及额定电压为 380 V 的电动机电路，作为过载、短路、零压及欠电压保护用，也可在正常工作条件下控制电动机不频繁起动。

2) 塑壳式断路器

塑壳式(装置式)断路器主要有 DZ5－20、DZ10、DZ12 等系列。DZ5－20 系列断路器适用于电压 380 V 以下、电流 20 A 以下的电路作配电开关，或用作电动机不频繁起动时的控制开关，装有三极主触头和复式脱扣器，是按钮操作的低压断路器。DZ10 系列断路器适用于电压 380 V 以下的电路中，额定电流分为 100 A、250 A、600 A 三个等级，装有三极主触头和复式脱扣器，使用手柄直接操作，无辅助触头。DZ12 系列断路器适用于 380 V、60 A 以下的照明电路中。短路或过载掉闸后，需将手柄下压再扣上后方能再次合闸。

选用低压断路器时，首先根据电路的具体情况和类别选用断路器型号，可以按以下条件选择：

(1) 低压断路器的额定电流和额定电压不小于电路正常工作电流和工作电压。

(2) 热脱扣器的额定电流不小于所控制的电动机的额定电流或其他负载的额定电流。

(3) 电磁脱扣器的瞬时动作整定电流应大于电路正常工作时可能出现的尖峰电流。

配电电路的最大电流可按不低于用电设备的尖峰电流 1.35 倍的原则确定。作单台电动机保护时，可按电动机起动电流的 1.7～2 倍确定。

3) 漏电保护式断路器

漏电保护式断路器(漏电自动开关)是为了防止低压电路发生人身触电、漏电等事故而研制的一种电器，当人身触电或设备漏电时能迅速切断故障电路，从而避免人身和设备受到伤害。这种漏电自动开关实际上是装有检漏保护元件的塑壳式断路器。常见的有电磁式电流动作型、电压动作型和晶体管(集成电路)电流动作型。电磁式电流动作型漏电自动开关的原理如图 1-3 所示。

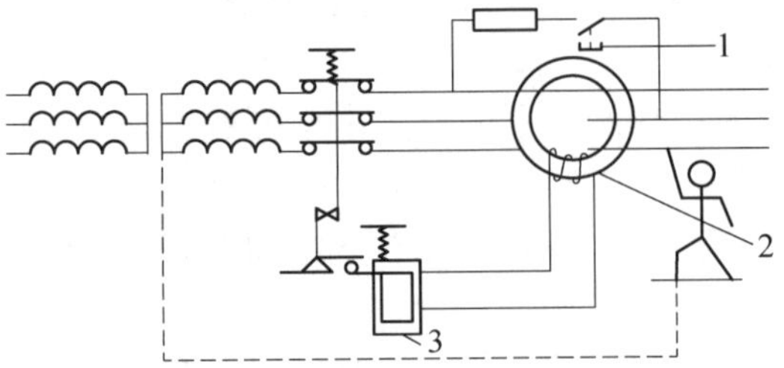

1—试验按钮；2—零序电流互感器；3—漏电脱扣器。

图 1-3　电磁式电流动作型漏电自动开关原理图

其结构是在一般的塑壳式自动开关中增加一个能检测漏电的感受元件(零序电流互感器)和漏电脱扣器。主电路的三相导线一起穿过零序电流互感器的环形铁芯，零序电流互感器的输出端和漏电脱扣器线圈相接，漏电脱扣器的衔铁被永久磁铁吸住，拉紧了释放弹簧，电网正常运行时，各相电流的相量和为零，零序电流互感器二次侧无输出。当出现漏电或人身触电事故时，漏电或触电电流通过大地回到变压器中性点，因而三相电流的相量和不为零，零序电流互感器的二次回路中产生感应电流 I_s，这时漏电脱扣器铁芯中出现 I_s 的交变磁通，这个交变磁通的正半波(或负半波)总要抵消永久磁铁对衔铁的吸力，当 I_s 达到一定值时，漏电脱扣器释放弹簧的反主电路被断开。为了经常检测漏电开关的动作性能，漏电开关设有试验按钮，在漏电开关闭合后，按下试验按钮，若开关断开，则证明漏电开关正常。

2. 低压断路器的型号及含义

低压断路器的型号及含义如图 1-4 所示。

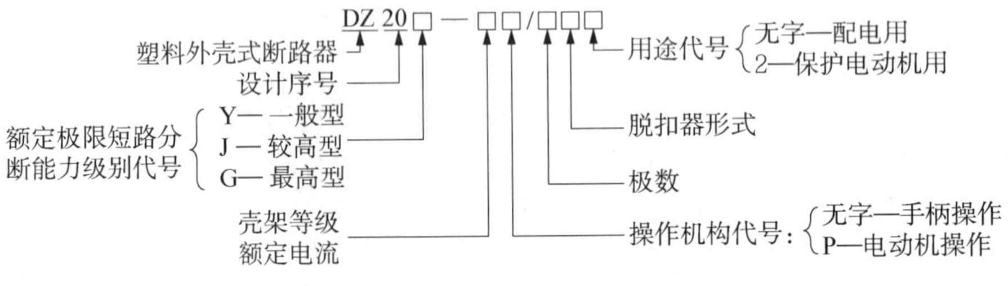

图 1-4　低压断路器的型号及含义

3. 低压断路器的主要技术参数

(1) 额定工作电压。断路器的额定工作电压是指与开断能力及使用类别相关的电压值。对于多相电路，额定工作电压是指相间的电压值。

(2) 额定绝缘电压。断路器的额定绝缘电压是指设计断路器的电压值，电气间隙和爬电距离应参照这些值而定。除非型号产品技术文件另有规定，额定绝缘电压是断路器的最大额定工作电压。在任何情况下，最大额定工作电压不超过绝缘电压。

(3) 壳架等级额定电流用尺寸和结构相同的框架或塑料外壳中能装入的最大脱扣器的额

定电流表示。

(4) 额定电流就是额定持续电流，也就是脱扣器能长期通过的电流。对于带可调式脱扣器的断路器，额定电流是长期通过的最大电流。

(5) 额定短路分断能力是指断路器在规定条件下所能分断的最大短路电流值。

4. 低压断路器的选择

应遵守以下几条原则：

(1) 低压断路器的额定电压和额定电流应大于或等于线路、设备的正常工作电压和工作电流。

(2) 低压断路器的极限通断能力应大于或等于电路的最大短路电流。

(3) 欠电压脱扣器的额定电压应等于线路的额定电压。

(4) 过电流脱扣器的额定电流应大于或等于线路的最大负载电流。

低压断路器的认识

知识扩展

常用低压电器的选用方法和性能规格

低压电器分为配电电器(包括断路器、熔断器、刀开关、转换开关)与控制电器(包括接触器、控制继电器、起动器、控制器、主令电器、电阻器、变阻器与电磁铁)两大类。

目前，常用的大部分低压电器是有触点的电磁继电器，它们由电磁机构、触点系统及灭弧装置三部分组成。为使电器可靠地接通电路和分断电路，对电器提出了各种技术要求，主要有使用类别、额定电压、额定电流、通断能力和寿命，这些都是选择电器的基本参数。

1. 低压电器的分类和用途

低压电器的分类和用途如表 1－4 所列。

表 1－4　低压电器的分类和用途

分类	名称	主要品种	用途
配电电器	断路器	万能式空气断路器 塑料外壳式断路器 限流式断路器 直流快速断路器 灭磁断路器 漏电保护断路器	用作交流、直流线路的过载、短路或欠电压保护，也可用于不频繁通断操作电路。灭磁断路器用于发电机励磁电路保护。漏电保护断路器用于人身触电保护
	熔断器	有填料封闭管式熔断器 保护半导体器件熔断器 无填料密闭管式熔断器 自复熔断器	用作交流、直流电路和设备的短路和过载保护
	刀开关	熔断器式刀开关 大电流刀开关 负荷开关	用作电路隔路，也能接通与分断电路的额定电流
	转换开关	组合开关 换向开关	主要作为两种及以上电源或负载的转换和通断电路用

续 表

分类	名称	主要品种	用途
控制电器	接触器	交流接触器 直流接触器 真空接触器 半导体接触器	用作远距离频繁地起动或控制交、直流电动机及接通分断正常工作的主电路和控制电路
	控制继电器	电流继电器 电压继电器 时间继电器 中间继电器 热过载继电器 温度继电器	在控制系统中，作控制其他电器或作主电路的保护之用
	起动器	电磁起动器 手动起动器 农用起动器 自耦减压起动器 Y-△起动器	用作交流电动机的起动或正反控制
	控制器	凸轮控制器 平面控制器	用于电气控制设备中转换主电路或励磁回路的接法，以达到电动机起动、换向和调速

2. 低压电器的外壳防护形式

第一种防护：防止人体触及带电零部件以及防止外界固体异物进入电器外壳内部；第二种防护：防止外界液体进入电器内部而引起有害的影响。电气设备防护能力的高低用电气设备防护等级来衡量。

(1) 表示防护等级的代号由表征字母“IP”和附加在后的两个表征数字及附加字母 1 和补充字母 2 组成。

(2) 第一位表征数字表示第一种防护形式的各个等级。其共分为 7 个等级，相应防护等级从低级到高级排列依次为 0、1、2、3、4、5、6。凡符合某一防护等级的外壳意味着亦符合或低于该防护等级的各级，除有怀疑的外，不必再做较低防护等级的试验。

(3) 第二位表征数字及数字后的附加字母(防止接近以表示危险部件)和补充字母(专门补充的信息)表示第二种防护形式的各个等级。其共分为 9 个等级。

(4) 附加字母和补充字母的使用。当防护的内容有所增加时，可用附加字母和补充字母来表示。补充字母放在第二位表征数字或附加字母之后。

附加字母的含义如下：

A：防止手背接近。直径 50 mm 的球形试具与危险部件必须保持足够的间隙。

B：防止手指接近。直径 12 mm、长 80 mm 的铰接试具与危险部件必须保持足够的间隙。

C：防止工具接近。直径 2.5 mm、长 100 mm 的试具与危险部件必须保持足够的间隙。

D：防止金属线接近。直径 1.0 mm、长 100 mm 的试具与危险部件必须保持足够的间隙。

补充字母的含义如下：

H：高压设备。

M:防水试验在设备的可动部件(如旋转电机的转子)运动时进行。

S:防水试验在设备的可动部件(如旋转电机的转子)静止时进行。

W:提供附加防护或处理以适用于规定的气候条件。

规定的气候、尘埃环境、固体异物、试验探针条件及附加防护措施或方法要求,均由制造厂家和用户协商确定。

(5) 当只需用一位表征数字表示某一防护等级时,被省略的数字应以字母“X”代替,如 IP1X、IP2X、IP4X、IP5X 等。

(6) 如需用两位表征数字或加上附加字母与补充字母以表示产品完整的外壳防护等级时,若无附加字母 A、B、C、D 与补充字母 H、M、S、W,则表示这种防护等级在所有正常使用条件下都适用。

(7) 在多尘场所应选用防尘电器。在多尘的场所作业,其空间含尘浓度的高低随作业的性质、破碎程度、空气温度及方向等不同而有很大差异。在多尘环境中,灰尘的量值用空气中的浓度(mg/m^3)来衡量。对于存在非导电性灰尘的一般多尘环境,宜采用防尘型 IP5X 级电器。对于多尘环境或存在导电性灰尘的一般多尘环境,宜采用尘密型 IP6X 级电器。

各个防护类型的表征数码代号及含义如表 1-5 所列。

表 1-5　低压电器外壳防护等级表征数码代号含义

第一位数字		第二位数字	
数码	电器具有对人体和壳内部件的防护	数码	由于外壳进水而引起有害影响的防护
0	无专门防护	0	无专门防护
1	能防止人体的某一大面积(如手)偶然或意外地触及壳内带电部分或运动部件,但不能防止有意识地接近这些部分。能防止直径大于 50 mm 的固体异物进入壳内	1	垂直滴水应无有害影响
		2	当电器从正常位置的任何方向倾斜至 15°以内任一角度时,垂直滴水应无有害影响
2	能防止直径大于 12 mm 的固体异物进入壳内和防止手指或长度不大于 80 mm 的类似物体触电及壳内带电部分或运动部件	3	与垂直线成 60°范围以内的淋水应无有害影响
3	能防止直径(或厚度)大于 2.5 mm 的工具、金属线等进入壳内	4	承受任何方向的溅水应无有害影响
		5	承受任何方向由喷嘴喷出的水应无有害影响
4	直径大于 1.0 mm 的物体试具完全不得进入壳内	6	向外壳各个方向强烈喷水时,电器的进水量无有害的影响
5	不能完全防止尘埃进入,但进尘量将影响电器的正常运行,不影响安全	7	当电器浸入规定压力的水中经规定时间后,电器的进水量应不致达到有害程度
6	无尘埃进入	8	按生产和用户双方同意的条件(应比特征数字 7 时严酷)持续潜水后,外壳进水量不致达到有害程度

3. 低压电器的型号及技术要求

1）型号

低压电器产品有多种多样的结构和用途，不同类型的产品有不同的型号表示方法。低压电器的型号由类组代号、设计代号、特殊派生代号、基本规格代号、派生代号和辅助规格代号等几部分构成，其表示形式和含义如下：

□□□□□/□□

第一个□：类组代号，包括类别代号和组别代号，用汉语拼音字母表示，最多用三位，代表低压电气元件所属的类别，以及在同类电器中所属的组别。例如，JR 表示热继电器，JS 表示时间继电器，JZ 表示中间继电器，RL 表示螺旋式熔断器等。

第二个□：设计代号，用数字表示，所用数字的位数不限，其中两位及两位以上的，首位数 9 表示船用，8 表示防爆，7 表示纺织用，6 表示农用，5 表示化工用，表示同类低压电器元件的不同设计序列。

第三个□：特殊派生代号，用汉语拼音字母表示，一般用一位，表示全系列在特殊情况下变化的特征，一般不采用。

第四个□：基本规格代号，用数字表示，位数不限，表示同一系列产品中不同的规格品种。

第五个□：派生代号，用汉语拼音字母表示，一般用一位，表示序列内个别的特征。派生代号的意义如表 1－6 所列。

表 1－6　低压电器产品型号的品种派生代号的意义

派生字母	代表意义
A、B、C、D	结构设计稍有改进或变化
C	插入式
J	交流、防溅式
Z	直流、防振、正向、重任务、自动复位
W	欠电压、无极性、出口用、无灭弧装置
N	可逆、逆向
S	三相、双线圈、防水式、手动复位、三个电源、有锁住机构
P	单相、电压的、防滴式、电磁复位、两个电源
K	开启式
H	保护式、带缓冲装置
M	灭磁、母线式、密封式

续 表

派生字母	代表意义	
Q	防尘式、手车式	
L	电流的、折板式、漏电保护	
F	高返回、带分励脱扣	
X	限流	
TH	湿热带	为热带产品代号,加注在全型号的最后位置
TA	干热带	

第六个□:辅助规格代号,用数字表示,位数不限,或用一位数字和一个大写英文字母表示,表示同一系列、同一规格产品中的有某种区别的不同产品。

第七个□:特殊环境条件派生代号如表 1－7 所列。

表 1－7 低压电器型号的特殊环境条件派生代号的意义

派生字母	代表意义	派生字母	代表意义
T	按临时措施制造	G	高原、高电感、高通断能力
TH	湿热带	H	船用
TA	干热带	F	化工防腐用

注:特殊环境条件派生代号加注在全型号之后。

其中,类组代号与设计代号的组合表示产品的系列,一般称为电器的系列号。同一系列电器元件的用途、工作原理和结构基本相同,而规格、容量则根据需要可以有许多种。例如,JR20 是热继电器的系列号,同属这一系列的热继电器的结构、工作原理都相同,但其热元件的额定电流从零点几安培到几十安培,有十几种规格。其中,辅助规格代号为 3D 的有三相热元件,装有断相保护装置,因此对三相异步电动机具有过载和断相保护功能。再如,RL1－15 表示螺旋式熔断器,其设计序号是 1,额定电流是 15 A。

2) 主要技术参数

(1) 额定电压分额定工作电压、额定绝缘电压、额定脉冲耐受电压三种。

额定工作电压是与额定工作电流共同决定使用类别的总电压。对于三相电路,此电压是指相间电压,即线电压。

额定绝缘电压是与介电性能试验、漏电距离(电器中具有电位差的相邻两导电物体间沿绝缘体表面的最短距离,也称爬电距离)相关的电压,在任何情况下都不低于产品的额定工作电压。

额定脉冲耐受电压是反映电器当其所在系统发生最大过电压时所能耐受的能力。

额定绝缘电压和额定脉冲耐受电压共同决定了该电器的绝缘水平。

(2) 额定电流分为额定工作电流、额定发热电流、额定封闭发热电流及额定不间断电流四种。

额定工作电流是在规定条件下保证电器正常工作的电流值。

额定发热电流和额定封闭发热电流是电器处于非封闭和封闭状态下，按规定条件试验时，其部件在相应工作制下的温升不超过极限值时所能承载的最大电流。

额定不间断电流是指电器在长期工作制下，各部件温升不超过极限值时所能承载的电流值。

(3) 操作频率与通电持续率。操作频率是指开关电器每小时内可能实现的最高操作的循环次数。通电持续率是指电器工作于断续周期制时，有载时间与工作周期之比，通常以百分数表示，符号为 TD。

(4) 通断能力和短路通断能力。通断能力是指开关电器在规定条件下，能在给定电压下接通和分断的预期电流值。短路通断能力是指开关电器在规定条件(包括出线端短路)下的接通能力和分断能力。此外，接通能力与分断能力可能相等，也可能不相等。

(5) 机械寿命和电寿命。开关电器的机械部分，在需要修理或更换机械零件前所能承受的无载操作循环次数称为机械寿命。在规定的正常工作条件下，开关电器的机械部分在无须修理或更换零件的负载操作下的循环次数称为电寿命。

3) 主要技术指标

为保证电气设备安全可靠地工作，国家对低压电器的设计、制造规定了严格的标准，合格的电气产品符合国家标准规定的技术要求。在使用电气元件时，主要技术指标有以下几项。

(1) 绝缘强度是指电气元件的触点处于分断状态时，动静触点之间耐受的电压值(无击穿或闪络现象)。低压电器应能承受标准所规定的各项相关条件，如使用场所的海拔高度、电器的使用电压、电器触点的开距及 50 Hz 交流耐压试验。

(2) 耐潮湿性能是指保证电器可靠工作而允许的环境潮湿条件。低压电器在型式试验中都要按耐潮湿试验周期条件进行考核。电器经过几个周期试验，其绝缘水平不应低于前项要求的绝缘水平。

(3) 极限允许温升。电器的导电部件通过电流时将引起发热和温升。极限允许温升是指为防止过度氧化和烧熔而规定的最高温升值(温升值＝测得实际温度－环境温度)。

低压电器内部的零部件由各种材质制成。电器运行中的温升对不同材质的零部件会产生一定的影响，如温升过高会影响正常工作、降低绝缘水平及使用寿命。为此，低压电器要按零部件的材质、使用场所的海拔及不同的工作制，规定电器内各部位的允许温升。

(4) 操作频率指电气元件在单位时间内允许操作的最高次数，即每小时允许的最多操作次数。

(5) 安全类别。低压电器的安全类别应与电气主接线中使用位置的级别有关。低压电器的安全类别共分四级：Ⅰ级信号水平级、Ⅱ级负载水平级、Ⅲ级高级配电及控制水平级；Ⅳ级电源水平级。例如，控制电路的电器只能用于Ⅰ级，而所有品种的低压电器都可以用于Ⅱ级，高级接触器、电动机起动器、控制电路的电器则不能用于Ⅳ级。

4) 正常工作条件

为保证低压电器正常工作、动作性能满足设计要求、其各部件材质不受各种不利因素的影响，低压电器在使用时必须满足其工作条件。

(1) 使用场所的海拔。一般的低压电器使用场所的海拔应不超过 2000 m。因为电气设备的绝缘耐压水平是随海拔的升高而降低的。海拔超过 2000 m 时，使用的电器应选用符合特殊要求的产品。

(2) 周围空气温度是指电器外的环境温度，包括最高温度和最低温度。其最高温度必须满足在运行中空气温度升高后，电器内部元件的温度不能超过其允许温度。低压电器使用环境中空气的最高温度一般为 400 ℃，最低温度为 −5 ℃，24 h 内其平均值不超过 35 ℃。

低压电器在选型时，应指明所需的最低温度级别。

(3) 空气相对湿度。最高温度为 40 ℃时空气的相对湿度不超过 50%，在较低的温度下可以允许有较高的相对湿度，如 20 ℃时相对湿度可达到 90%。因温度变化在开关电器表面产生的凝露应采取特殊的措施。

5) 安装条件

(1) 对安装方位有规定的，或动作性能受重力影响的电器，其安装倾斜度不大于 5°。

(2) 低压电器应安装在无显著摇动、无冲击振动的场所。

(3) 低压电器应安装在无爆炸危险的介质中，且周围环境中无足以腐蚀金属和破坏绝缘的气体与尘埃，特别是导电尘埃。

(4) 低压电器应安装在没有雨雪侵袭的地方。

6) 电器的四种工作制

(1) 八小时工作制是指当电器的电流回路通过一个稳定电流时，其通电时间足以达到热平衡，但超过 8 h 时必须断开电路的工作制。

(2) 长期工作制是指当电器的电流回路通过一个稳定电流时，其通电时间超过 8 h 也不必断开电路的工作制。长期工作制又称不间断工作制。

(3) 短时工作制是指在电器的电流回路中，通电的时间比断开的时间短，且通电的时间不足以使电器温升达到额定值，而断电的时间足以使电器温度恢复到环境温度的工作制。

(4) 断续周期工作制是指在电器的电流回路中，通电的时间与断开的时间循环交替进行，并且有一定的时间比值的工作制。由于电流通、断的工作周期比较短，因此一般电器温升不高，达不到热平衡。断续周期工作制又称反复短时工作制。

4. 低压电器的正确选择与基本要求

低压电器的正确选用，即选择合理、使用正确。从技术经济角度来看，两者相辅相成，缺一不可。由于低压电器具有不同的用途和使用条件，因而也会有不同的选择方法。低压电器的选择应遵循下列基本原则。

1) 安全原则

使用安全可靠是对任何开关电器的基本要求，保证人身安全和保证系统及用电设备的可靠运行，是生产和生活得以正常进行的重要保障。

2) 经济原则

经济原则又可分为开关电器本身的经济价值和使用开关电器产生的价值，要求选择得合理、适用，并考虑运行中安全可靠，而不致因故障造成停产或损坏设备、危及人身安全等构成的经济损失。

根据上述原则,选用时应注意:

(1) 控制对象的分类和使用环境。

(2) 确认有关的技术数据,如控制对象的额定电压、额定功率、电动机起动电流的倍数、负载性质、操作频率及工作制等。

(3) 了解电器的正常工作条件,如环境空气温度、相对湿度、海拔、允许安装方位角度,以及抗冲击振动、有害气体、导电尘埃及雨雪侵袭等。

(4) 了解电器的主要技术性能和技术条件,如用途、分类、额定电压、额定控制功率、接通分断能力、允许操作频率、工作制及使用寿命等。

5. 低压电器的基本要求

(1) 电器的额定电压应与所在回路的额定电压(交流为均方根值)相适应。对于某些设备,应考虑正常工作时可能出现的最高或最低电压。

(2) 电器的额定电流应等于或大于所控制回路的预期工作电流。电器还应承载异常情况下可能流过的电流。保护装置应在其允许的持续时间内将电器切断。

(3) 电器的额定频率必须与所在电源回路的频率相适应。

(4) 应根据所在场所的环境选择电器。

(5) 电器应满足短路条件下的动稳定与热稳定。断开短路电流的电器,应满足短路条件下的通断能力。

动稳定电流:发生短路事故时,若刀开关等通过某一最大短路电流,且不受此时产生的巨大电动力的作用而发生形变、损坏或刀片自动弹出等现象,则此短路电流峰值称为它们的动稳定电流。

热稳定电流:发生短路事故时,若刀开关等能在一定时间内通过某一最大短路电流,并不因温度的急剧升高而发生熔焊现象,则此短路电流称为开关的热稳定电流。

(6) 验算电器在短路条件下的通断能力,应采用安装处预期短路电流周期分量的有效值。当短路点附近所接电动机的额定电流之和超过短路电流的 1%时,应考虑电动机反馈电流的影响。

(7) 断开短路电流的保护电器,如熔断器、低压断路器等,应尽量满足在短路条件下分断能力的要求。对于熔断器,用交流电流周期分量有效值表示的熔断器极限分断能力,应大于或等于三相短路电流周期分量的有效值。对于低压断路器,分断时间大于 0.02 s 的断路器,用交流电流周期分量有效值表示的低压断路器的分断能力,应大于或等于三相短路电流周期分量的有效值;分断时间小于 0.02 s 的低压断路器,断路器开断电流时,冲击电流的有效值(若制造商提供的是开断电流且为峰值,则可按峰值校验)应大于或等于短路开始第一周期内的全电流有效值。

6. 常用低压电器的检修周期

常用低压电器的检修周期如表 1-8 所列。

表 1-8　常用低压电器的检修周期

名称	频繁工作的检修周期		一般的检修周期	
	大修	小修	大修	小修
断路器	6 个月	3 个月	1～2 年	6 个月
按钮	6 个月	1 个月	—	1 个月
刀形开关	2～3 年	15 天	2～3 年	6 个月
万能转换开关	3 个月	15 天	1 年	1 个月
控制器	6 个月	15 天	1 年	1 个月
限位开关	3 个月	15 天	6 个月	1～2 个月
电磁式继电器	1 年	15 天	1 年	1 个月
接触器	1 年	15 天	1 年	1 个月
熔断器	—	7 天	—	1 个月
电磁闸	6 个月	7 天	6 个月	15 天
电动气阀	—	3 个月	—	15 天
电阻器	1 年	1 个月	1 年	3 个月
变阻器	6 个月	—	6 个月	2 个月

7. 主要的保护用电器元件的选用

主要的保护用电器元件的选用如表 1-9 所列。

表 1-9　主要的保护用电器元件的选用

元件类型	功能说明	选用方法
熔断器	作长期工作制电动机的起动及短路保护，一般不做过载保护	(1) 直流起动的笼型电动机熔体额定电流(I_{Rn})按起动电流 I_s 和起动时间 t_s 选取，$I_{Rn}=K_{Is}$。 其中，系数 K 按起动时间选择： $K=0.25\sim0.35$(在 $t_s<3$ s 时) $K=0.4\sim0.5$(在 $t_s=3\sim8$ s 时) (2) 减压起动的笼型电动机熔体额定电流(I_{Rn})按电动机额定电流 I_{Mn} 选取： $I_{Rn}=1.05I_{Mn}$
断路器	作电动机的过载及短路保护，并可不频繁地接通及分断电路	(1) 断路器的额定电流 I_{zn} 按电动机额定电流 I_{Mn} 或线路计算电流 I_{jz} 选取： $I_{zn}\geqslant I_{jz}$

续 表

元件类型	功能说明	选用方法
		(2) 延时动作的过电流脱扣器的额定电流 I_{Mn} 选取： $I_{Tn}=(1.1\sim1.2)I_{Mn}$ (3) 瞬时动作的过电流整定值 I_{zd} 应按大于电动机的起动电流 I_s 选取： $I_{zd}=(1.7\sim2.0)I_s$ 动作时间必须大于电动机起动或最大过载时间。 对于可调式过电流脱扣器，其瞬动整定值的调节范围为3～6或8～12倍脱扣器的额定电流 I_{Tn}，不可调式的为5～10倍
热继电器	作长期或间断长期工作制交流异步电动机的过载保护和起动过程的过热保护，不宜作重复短时工作制的笼型和绕线转子异步电动机的过载保护	按电动机额定电流选择热元件额定电流 I_{jz}，即 $I_{jn}=(0.95\sim1.05)I_{Mn}$ 在长期过载20%时应可靠动作，此外，热继电器的动作时间必须大于电动机起动时间或长期过载时间
过电压继电器	用于直流电动机(或发电机)端电压保护	(1) 继电器线圈额定电压 U_{jn} 按系统过电压时线圈两端承受的电压不超过继电器额定电压来选择，一般线圈必须串接附加电阻 R_f，其阻值计算方法(假定继电器的动作电压为额定值的40%及线圈电阻为 R_j 时)取 $R_f=(2.75\sim2.9)\dfrac{U_{Mn}}{U_{jn}}R_j-R_j$ 式中，U_{Mn} 为电动机的额定电压 (2) 过压动作整定值 U_{jn} 按电动机的额定电压 U_{Mn} 选取 $U_{jd}=(1.1\sim1.15)U_{Mn}$
失磁保护	选用欠电流继电器，接于直流电动机励磁回路，以防止电动机失磁超速	(1) 继电器额定电流应大于电动机的额定励磁电流 I_{Ln}，即 $I_{jn}\geqslant I_{Ln}$ (2) 继电器释放电流整定值按电动机的最小励磁电流 I_{Lmin} 整定 $I_{jf}=(0.8\sim0.85)I_{Lmin}$
低电压(欠电压)保护	在交流电源电压降低或消失而使电动机切断后，为防止电源电压恢复时可能引起的电动机自起动，亦用于保护电动机因长时间低电压而过载运行	继电器额定电压 U_{jn} 按回路额定电压 U_n 选定，对于释放值，一般系统无特殊要求
超速保护	作电动机或工作机械的最高转速保护	动作整定值 n_d 按最高工作转速 n_{Mmax} 整定，选取 $n_d=(1.1\sim1.15)n_{Mmax}$
过电流继电器	用于频繁操作的电动机起动及短路保护	(1) 继电器的额定电流 I_{jn} 应该大于电动机的额定电流 I_{Mn}，即 $I_{jn}>I_{Mn}$

续　表

元件类型	功能说明	选用方法
		(2) 动作电流整定值 I_{jd} 对交流保护电器按电动机起动电流 I_s 来选择， $I_{jd}=(1.1\sim1.3)I_s$ 直流继电器，按电动机最大工作电流 I_{Mmax} 来选择， $I_{jd}=(1.1\sim1.15)I_{Mmax}$

四　课程思政小故事

电力行业在我国的发展

我国电力行业的发展经历了漫长而辉煌的历程。中国的电力工业诞生于1882年，已经有140多年的历史。初创时期，中国的发电设备全部来自国外。然而，在抗日战争期间，电力工业遭受了巨大的破坏。直到1949年，全国的装机总容量仅为185万千瓦，发电量也仅为43亿千瓦时。

1949年中华人民共和国成立后，电力工业得到了快速发展。随着国家经济建设的需要，政府开始大力投资电力行业，并建立了一批大型水电、火电和核电站。这些举措为中国电力发展奠定了基础，并解决了国内电力供应不足的问题。

改革开放以来，中国电力发展迅猛。政府逐渐加大了对电力行业的改革力度，推行市场化改革，引入外资，推动了电力体制的改革和行业的开放。此举为电力行业的创新和发展提供了更广阔的空间。

在20世纪末和21世纪初，中国电力行业经历了大规模的技术升级和结构调整。特别是在可再生能源的发展方面，中国成为全球最大的风力和太阳能市场，可再生能源在电力结构中的比重不断增加。同时，中国电力企业也在国际舞台上崭露头角，积极参与国际市场竞争，推动了中国电力行业的国际化进程。

当前，中国电力发展正面临着一系列新的挑战和机遇。一方面，中国经济正处于转型升级的关键时期，电力需求呈现多元化和差异化趋势。另一方面，中国积极应对全球气候变化，加大清洁能源的开发和利用力度，以实现可持续发展。中国电力企业也面临着技术创新和转型升级的压力，需要不断提升竞争力和适应市场需求的变化。

总的来说，中国电力发展取得了巨大成就，为国家经济社会发展提供了强大支撑。然而，任重而道远，中国电力行业仍需面对持续发展的挑战，积极应对并抓住机遇，推动中国电力行业朝着更加可持续、高效、清洁的方向发展，为实现经济绿色转型作出更大贡献。

同学们通过学习，在以后的工作研究过程中如果能占领技术的最高点，必将对我们国家的科技发展贡献出不俗的业绩，而自身由于站在历史正确的洪流中，也将获得无悔的人生价值和意义。

任务 1.2　熔断器的拆装与检修

任务描述

某机床因电动机机械卡阻，造成熔断器熔体过载，需要相关人员对熔体进行测量和更换。

任务目标

(1) 通过学习，了解熔断器的结构和原理。

(2) 能正确识读和绘制熔断器的电气符号。

(3) 能正确选择和使用熔断器。

(4) 通过操作，能正确检测和更换熔断器熔体。

任务实施

1. 低压熔断器的检测

1) 插入式熔断器的检测

(1) 功能检测。打开瓷盖，观察动、静触点螺钉是否齐全、牢固，熔体选择是否合适；合上瓷盖，用万用表电阻挡测试输入端和输出端是否接通，若否，则说明熔断器已坏。

合上瓷盖，输入端和输出端应接通；打开瓷盖，输入端和输出端应断开。

(2) 外观检测。动、静触点的螺钉应齐全、牢固，熔体选择合适，瓷盖闭合后应牢固，不易脱落。

2) 螺旋式熔断器的检测

旋开瓷帽，观察熔体、进线端、出线端的螺钉是否齐全、牢固；而后旋上瓷帽，用万用表电阻挡测量输入端和输出端是否接通，若否，则说明熔断器已坏。

旋上瓷帽，输入端和输出端应接通；旋开瓷帽，输入端和输出端应断开。瓷帽旋紧后牢固，不易脱落。

分别拆开 2 个插入式熔断器、螺旋式熔断器，将其内部主要零部件的名称和作用记入表 1－10～表 1－13 中。用万用表电阻挡测量输入端和输出端之间的接触电阻，将测量结果一并记入表 1－10～表 1－13 中。

表 1－10　熔断器的拆卸、装配和测量记录 1

<table>
<tr><td>插入式熔断器</td><td>螺旋式熔断器</td><td rowspan="3">拆卸步骤
（螺旋式熔断器）</td><td colspan="2" rowspan="2">主要零部件
（螺旋式熔断器）</td></tr>
<tr><td colspan="2">型号</td></tr>
<tr><td></td><td></td><td>名称</td><td>作用</td></tr>
<tr><td colspan="2">取下瓷盖(不加熔体)</td><td rowspan="3"></td><td rowspan="3"></td><td rowspan="3"></td></tr>
<tr><td>输入端和输出端
接触电阻</td><td>输入端和输出端
接触电阻</td></tr>
<tr><td></td><td></td></tr>
</table>

续　表

<table>
<tr><td colspan="2">合上瓷盖(装入熔体)</td><td rowspan="3"></td><td rowspan="3"></td><td rowspan="3"></td></tr>
<tr><td>输入端和输出端
接触电阻</td><td>输入端和输出端
接触电阻</td></tr>
<tr><td></td><td></td></tr>
<tr><td>检测结果</td><td colspan="4"></td></tr>
</table>

表 1－11　熔断器的拆卸、装配和测量记录 2

<table>
<tr><td>插入式熔断器</td><td>螺旋式熔断器</td><td rowspan="3">拆卸步骤
(螺旋式熔断器)</td><td colspan="2" rowspan="2">主要零部件
(螺旋式熔断器)</td></tr>
<tr><td colspan="2">型号</td></tr>
<tr><td></td><td></td><td>名称</td><td>作用</td></tr>
<tr><td colspan="2">取下瓷盖(不加熔体)</td><td rowspan="6"></td><td rowspan="6"></td><td rowspan="6"></td></tr>
<tr><td>输入端和输出端
接触电阻</td><td>输入端和输出端
接触电阻</td></tr>
<tr><td></td><td></td></tr>
<tr><td colspan="2">合上瓷盖(装入熔体)</td></tr>
<tr><td>输入端和输出端
接触电阻</td><td>输入端和输出端
接触电阻</td></tr>
<tr><td></td><td></td></tr>
<tr><td>检测结果</td><td colspan="4"></td></tr>
</table>

表 1－12　熔断器的拆卸、装配和测量记录 3

<table>
<tr><td>插入式熔断器</td><td>螺旋式熔断器</td><td rowspan="3">拆卸步骤
(螺旋式熔断器)</td><td colspan="2" rowspan="2">主要零部件
(螺旋式熔断器)</td></tr>
<tr><td colspan="2">型号</td></tr>
<tr><td></td><td></td><td>名称</td><td>作用</td></tr>
<tr><td colspan="2">取下瓷盖(不加熔体)</td><td rowspan="6"></td><td rowspan="6"></td><td rowspan="6"></td></tr>
<tr><td>输入端和输出端
接触电阻</td><td>输入端和输出端
接触电阻</td></tr>
<tr><td></td><td></td></tr>
<tr><td colspan="2">合上瓷盖(装入熔体)</td></tr>
<tr><td>输入端和输出端
接触电阻</td><td>输入端和输出端
接触电阻</td></tr>
<tr><td></td><td></td></tr>
<tr><td>检测结果</td><td colspan="4"></td></tr>
</table>

表 1-13　熔断器的拆卸、装配和测量记录 4

<table>
<tr><td>插入式熔断器</td><td>螺旋式熔断器</td><td rowspan="3">拆卸步骤
（螺旋式熔断器）</td><td colspan="2" rowspan="2">主要零部件
（螺旋式熔断器）</td></tr>
<tr><td colspan="2">型号</td></tr>
<tr><td></td><td></td><td>名称</td><td>作用</td></tr>
<tr><td colspan="2">取下瓷盖(不加熔体)</td><td rowspan="6"></td><td rowspan="6"></td><td rowspan="6"></td></tr>
<tr><td>输入端和输出端
接触电阻</td><td>输入端和输出端
接触电阻</td></tr>
<tr><td></td><td></td></tr>
<tr><td colspan="2">合上瓷盖(装入熔体)</td></tr>
<tr><td>输入端和输出端
接触电阻</td><td>输入端和输出端
接触电阻</td></tr>
<tr><td></td><td></td></tr>
<tr><td>检测结果</td><td colspan="4"></td></tr>
</table>

根据测量结果判断哪个是已损坏的熔断器、哪个是完好的熔断器，贴上标签，上交给老师。

2. 熔断器的测试步骤

(1) 切断熔断器的上口电源，再用试电笔或万用表电压挡测量确认无电后，检查熔断器上下口导线的连接情况，检查是否有松动现象。

(2) 用万用表电阻挡检查熔断器和熔体的通断情况是否正常。

(3) 若熔体发生熔断，则通过观察更换相应规格的熔体。

(4) 重新正确更换熔体后，接通上口电源，用试电笔或万用表电压挡测量熔断器上下口的电源情况。

任务评价

<table>
<tr><td>项目</td><td>评价内容</td><td>评分</td><td>自我评价</td><td>教师评价</td><td>综合评定</td></tr>
<tr><td rowspan="2">器件拆装</td><td>(1) 根据内容，正确选择熔断器的规格和型号</td><td>20</td><td></td><td></td><td></td></tr>
<tr><td>(2) 零部件名称和作用书写正确</td><td>20</td><td></td><td></td><td></td></tr>
<tr><td rowspan="3">器件测试</td><td>(1) 仪表使用方法正确</td><td>10</td><td></td><td></td><td></td></tr>
<tr><td>(2) 测量数据准确</td><td>10</td><td></td><td></td><td></td></tr>
<tr><td>(3) 测量结果正确</td><td>20</td><td></td><td></td><td></td></tr>
<tr><td rowspan="4">职业素质</td><td>(1) 认真仔细的工作态度</td><td>5</td><td></td><td></td><td></td></tr>
<tr><td>(2) 团结协作的工作精神</td><td>5</td><td></td><td></td><td></td></tr>
<tr><td>(3) 听从指挥的工作作风</td><td>5</td><td></td><td></td><td></td></tr>
<tr><td>(4) 安全及整理意识</td><td>5</td><td></td><td></td><td></td></tr>
<tr><td>评语</td><td colspan="3"></td><td>成绩汇总</td><td></td></tr>
</table>

知识链接

熔断器是低压配电网络和电力拖动系统中主要用作短路保护的电器，其图形及文字符号如图1-5所示。它具有结构简单、体积小、重量轻、使用维护方便、价格低廉等特点，因此获得了广泛的应用。

图1-5 熔断器在电路图中的符号

熔断器按结构形式主要分为瓷插入式、螺旋式、有填料封闭管式、无填料封闭管式等；按用途分为工业用熔断器、半导体器件保护用熔断器、特殊用途熔断器等。

1. 熔断器的结构和工作原理

1）熔断器的结构

熔断器主要由熔体、安装熔体的熔管和底座三部分组成。熔体是熔断器的主要组成部分，常做成丝状、片状或栅状。熔体的材料通常有两种，一种由铅、铅锡合金或锌等低熔点材料制成，多用于小电流电路；另一种由银、铜等较高熔点的金属制成，多用于大电流电路。熔管是熔体的保护外壳，用耐热绝缘材料制成，在熔体熔断时兼有灭弧作用。底座的作用是固定熔管和外接引线。常见熔断器的结构如图1-6所示。

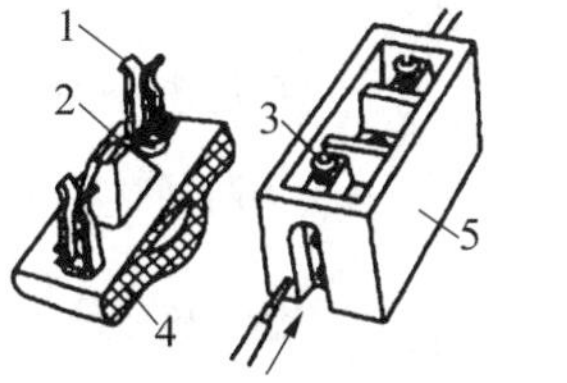

1—动触头；2—熔丝；3—静触头；4—瓷盖；5—瓷座。

(a)

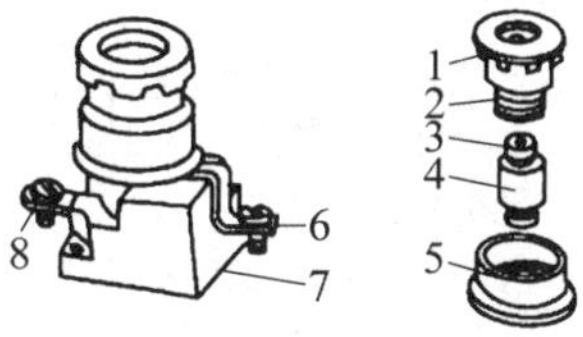

1—瓷帽；2—金属管；3—色片；4—熔断管；5—瓷套；6—上接线板；7—底座；8—下接线板。

(b)

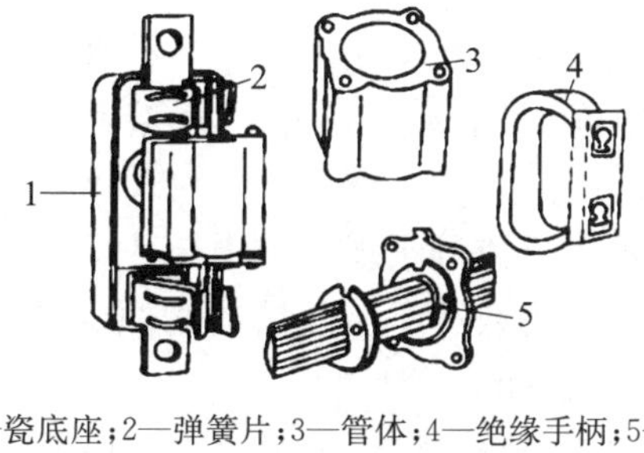

1—瓷底座；2—弹簧片；3—管体；4—绝缘手柄；5—熔体。

(c)

图1-6 常见熔断器结构图

(a)瓷插入式熔断器结构图；(b)螺旋式熔断器结构图；(c)有填料封闭管式熔断器结构图

2）熔断器的工作原理

熔断器是一种利用电流热效应原理和热效应导体热熔断来保护电路的电器，广泛应用于各种控制系统中起保护电路的作用。当电路发生短路或严重过载时，它的热效应导体能自动迅速熔断，切断电路，从而保护线路和电气设备。

2. 熔断器的主要技术参数

熔断器的技术参数应区分为熔断器(底座)的技术参数和熔体的技术参数。同一规格的熔断器底座可以装设不同规格的熔体,熔体的额定电流可以和熔断器的额定电流不同,但熔体的额定电流不得大于熔断器的额定电流。

(1) 额定电压:熔断器长期能够承受的正常工作电压,即安装处电网的额定电压。

(2) 额定电流:熔断器壳体部分和载流部分允许通过的长期最大工作电流。

(3) 熔体的额定电流:熔体允许长期通过而不会熔断的最大电流。

(4) 极限断路电流:熔断器所能断开的最大短路电流。

熔断器的技术参数还包括额定开断能力、电流种类、额定频率、分断范围、使用类别和外壳防护等级等。

3. 熔断器的型号及含义

常用熔断器的型号及含义如图 1-7 所示。

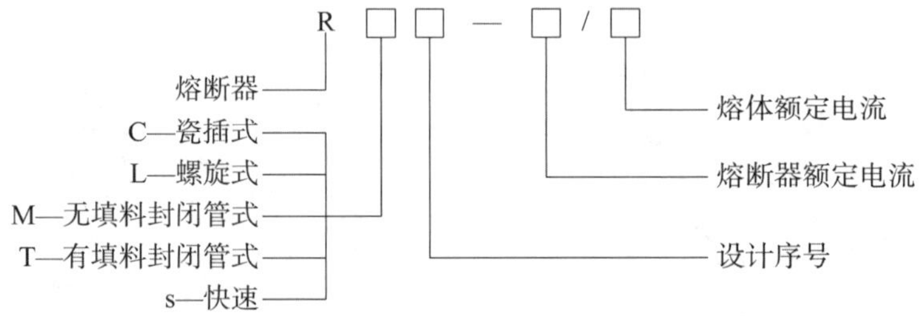

图 1-7　常用熔断器的型号及含义

4. 熔断器的选择

(1) 熔断器的类型应根据使用场合及安装条件进行选择:电网配电一般用管式熔断器,电动机保护一般用螺旋式熔断器,照明电路一般用瓷式熔断器,保护可控硅则应选择快速熔断器。

(2) 熔断器的额定电压必须大于或等于线路的电压。

(3) 熔断器的额定电流必须大于或等于所装熔体的额定电流。

(4) 合理选择熔体的额定电流:

① 对于变压器、电炉和照明等负载,熔体的额定电流应略大于线路负载的额定电流;

② 对于一台电动机负载的短路保护,熔体的额定电流应大于或等于 1.5~2.5 倍电动机的额定电流;

③ 对几台电动机同时进行保护,熔体的额定电流应大于或等于其中最大容量的一台电动机额定电流的 1.5~2.5 倍加上其余电动机额定电流的总和;

④ 对于降压起动的电动机,熔体的额定电流应等于或略大于电动机的额定电流。

课程思政小故事

全民通电的国家

2019年7月13日，美国纽约曼哈顿突发大面积停电事故，超7万户居民、商户和部分交通设施受到影响，而这种大规模停电对于中国大部分人来说仿佛已经是很遥远的回忆了。在民国时期，中国年发电量远不及美国。如今(2024年)，中国的发电量约是美国的2.3倍，是欧盟的2倍，位居世界第一。2019年夏天，因为持续高温，全国有20个省份用电负荷都突破了历史极值，其中，江苏省的用电负荷突破了1亿千瓦。1亿千瓦是什么概念？德国全国的用电负荷约为8200万千瓦，也就是说，江苏省的用电负荷超过了一个国家。在欧美国家，电力体制多样，往往会考虑成本，人烟稀少的地方就难以保证供电。但是在中国，无论是在高原山口还是在沙漠腹地，无论是滨海渔村还是密林深处，电都会送到家门口。截至2018年底，中国是第一个，也是唯一拥有近14亿的超庞大人口却依然能做到全民通电的国家！城市霓虹闪烁，万家灯火，而这些正是对国泰民安的最好注解。

任务1.3 交流接触器的拆装与检修

任务描述

某机床因使用时间过长和起动频繁，造成接触器触点熔焊，需要相关人员对接触器进行测量和检修。

任务目标

(1) 通过学习，了解交流接触器的结构和原理。
(2) 能正确识读和绘制交流接触器的电气符号。
(3) 能正确选择和使用交流接触器。
(4) 通过操作，能正确测量和检修交流接触器。

交流接触器的检测

任务实施

1. 交流接触器的检测

分发两只交流接触器，将主要零部件的名称和作用记入表1-14、表1-15中。用万用表电阻挡测试各对触点动作前后的电阻值及各类触点的数量、线圈数据，用绝缘电阻表测量每两相触点之间的绝缘电阻，记入表1-14、表1-15中。

表 1－14　交流接触器的拆卸与测量记录 1

<table>
<tr><td colspan="2">型号</td><td colspan="2">容量</td><td rowspan="2">拆卸步骤</td><td colspan="2">主要零部件</td></tr>
<tr><td colspan="2"></td><td colspan="2"></td><td>名称</td><td>作用</td></tr>
<tr><td colspan="4">触点数</td><td rowspan="11"></td><td rowspan="11"></td><td rowspan="11"></td></tr>
<tr><td>主触点</td><td>辅助触点</td><td>辅助动合
（常开）触点</td><td>辅助动断
（常闭）触点</td></tr>
<tr><td></td><td></td><td></td><td></td></tr>
<tr><td colspan="4">触点电阻</td></tr>
<tr><td colspan="2">动合（常开）触点</td><td colspan="2">动断（常闭）触点</td></tr>
<tr><td>动作前</td><td>动作后</td><td>动作前</td><td>动作后</td></tr>
<tr><td></td><td></td><td></td><td></td></tr>
<tr><td colspan="4">线圈</td></tr>
<tr><td>线径</td><td>匝数</td><td>电压</td><td>电阻</td></tr>
<tr><td></td><td></td><td></td><td></td></tr>
<tr><td colspan="2">检测结果</td><td colspan="5"></td></tr>
</table>

表 1－15　交流接触器的拆卸与测量记录 2

<table>
<tr><td colspan="2">型号</td><td colspan="2">容量</td><td rowspan="2">拆卸步骤</td><td colspan="2">主要零部件</td></tr>
<tr><td colspan="2"></td><td colspan="2"></td><td>名称</td><td>作用</td></tr>
<tr><td colspan="4">触点数</td><td rowspan="11"></td><td rowspan="11"></td><td rowspan="11"></td></tr>
<tr><td>主触点</td><td>辅助触点</td><td>辅助动合
（常开）触点</td><td>辅助动断
（常闭）触点</td></tr>
<tr><td></td><td></td><td></td><td></td></tr>
<tr><td colspan="4">触点电阻</td></tr>
<tr><td colspan="2">动合（常开）触点</td><td colspan="2">动断（常闭）触点</td></tr>
<tr><td>动作前</td><td>动作后</td><td>动作前</td><td>动作后</td></tr>
<tr><td></td><td></td><td></td><td></td></tr>
<tr><td colspan="4">线圈</td></tr>
<tr><td>线径</td><td>匝数</td><td>电压</td><td>电阻</td></tr>
<tr><td></td><td></td><td></td><td></td></tr>
<tr><td colspan="2">检测结果</td><td colspan="5"></td></tr>
</table>

根据测试结果判断哪个是已损坏的交流接触器、哪个是完好的交流接触器，贴上标签，上交给老师。

2. 交流接触器的拆装

取一只完好的交流接触器，按以下步骤进行拆装：

（1）拆卸：拆下灭弧罩；拆底盖螺钉；打开盖，取出铁芯，注意衬垫纸片不要弄丢；取出缓冲弹簧和电磁线圈；取出反作用弹簧。拆卸完毕将零部件放好，不要丢失。

（2）观察：仔细观察交流接触器的结构，零部件是否完好无损；观察铁芯上短路环的位置及大小；记录交流接触器的有关数据。

（3）组装：安装反作用弹簧；安装电磁线圈；安装缓冲弹簧；安装铁芯；最后安装底盖，拧紧螺钉。安装时，不要损坏零部件。

（4）更换辅助触头：松开压线螺钉，拆除静触头；用尖嘴钳夹住动触头向外拆，即可拆除动触头；将触头插在应安装的位置，拧紧螺钉就可以更换静触头；用尖嘴钳夹住触头插入动触头位置，更换动触头。

（5）更换主触头：交流接触器的主触头一般是桥式结构。将静触头和动触头一一拆除，依次更换。应注意，组装时零件必须到位，无卡阻现象。

3. 交流接触器的常见故障及检修方法

交流接触器的常见故障及检修方法如表1-16所列。

表1-16 交流接触器的常见故障及检修方法

故障现象	产生原因	检修方法
接触器线圈过热或烧毁	（1）电源电压过高或过低 （2）操作接触器过于频繁 （3）环境温度过高会使接触器难以散热或线圈在有腐蚀性气体或潮湿的环境下工作 （4）接触器铁芯端面不平，剩磁气隙过大或有污垢 （5）接触器动铁芯机械故障使其通电后不能吸上 （6）线圈有机械损伤或中间短路	（1）调整电压到正常值 （2）改变操作接触器的频度或更换合适的接触器 （3）改善工作环境 （4）清理擦拭接触器的铁芯端面。严重时更换铁芯 （5）检查接触器机械部分动作不灵或卡死的原因，修复后如线圈烧毁则应更换同型号线圈 （6）更换接触器线圈，排除造成接触器线圈机械损伤的故障
接触器触点熔焊	（1）接触器负载侧短路 （2）接触器触点超负载使用 （3）接触器触点质量太差发生熔焊 （4）触点表面有异物或有金属颗粒突起 （5）触点弹簧压力过小 （6）接触器线圈与通入线圈的电压线路接触不良，造成高频率的通断，使接触器瞬时多次吸合释放	（1）首先断电，用螺丝刀把熔焊的触点分开，修整触点接触面，并排除短路故障 （2）更换容量大一级的接触器 （3）更换合格的高质量接触器 （4）清理触点表面 （5）重新调整好弹簧压力 （6）检查接触器线圈控制回路接触不良处，并修复

续 表

故障现象	产生原因	检修方法
接触器铁芯吸合不上或不能完全吸合	(1) 电源电压过低 (2) 接触器控制线路有误或接不通电源 (3) 接触器线圈断线或烧坏 (4) 接触器衔铁机械部分不灵活或动触点卡住 (5) 触点弹簧压力过大或超程过大	(1) 调整电压达正常值 (2) 更正接触器机械控制线路;更换损坏的电气元件 (3) 更换线圈 (4) 修理接触器机械故障,去除生锈,并在机械动作机构处加些润滑油;更换损坏的零件 (5) 按技术要求重新调整触点弹簧压力
接触器铁芯释放缓慢或不能释放	(1) 接触器铁芯端面有油污造成释放缓慢 (2) 反作用弹簧损坏,造成释放慢 (3) 接触器铁芯机械动作机构被卡住或生锈导致动作不灵活 (4) 接触器触点熔焊造成不能释放	(1) 取出动铁芯,用棉布把两铁芯端面的油污擦净,重新装配好 (2) 更换新的反作用弹簧 (3) 修理或更换损坏的零件;清除杂物与除锈 (4) 用螺丝刀把动触点分开,并用钢锉修整触点表面
接触器相间短路	(1) 接触器工作环境极差 (2) 接触器灭弧罩损坏或脱落 (3) 负载短路 (4) 正反转接触器操作不当加上联锁互锁不可靠,造成换向时两只接触器同时吸合	(1) 改善工作环境 (2) 重新选配接触器灭弧罩 (3) 处理负载短路故障 (4) 重新联锁换向接触器互锁电路,并改变操作方式,不能同时按下两只换向接触器的起动按钮
接触器触点过热或灼伤	(1) 接触器在环境温度过高的地方长期工作 (2) 操作过于频繁或触点容量不够 (3) 触点超程太小 (4) 触点表面有杂质或不平 (5) 触点弹簧压力过小 (6) 三相触点不能同步接触 (7) 负载侧短路	(1) 改善工作环境 (2) 尽可能减少操作频率或更换大一级容量的接触器 (3) 重新调整触点超程或更换触点 (4) 清理触点表面 (5) 重新调整弹簧压力或更换新弹簧 (6) 调整接触器三相动触点使其同步接触静触点 (7) 排除负载短路
接触器工作时噪声过大	(1) 通入接触器线圈的电源电压过低 (2) 铁芯端面生锈或有杂物 (3) 铁芯吸合时歪斜或有机械卡住故障 (4) 接触器铁芯短路环断裂或脱掉 (5) 铁芯端面不平,磨损严重 (6) 接触器触点压力过大	(1) 调整电压 (2) 清理铁芯端面 (3) 重新装配、修理接触器机械动作机构 (4) 焊接短路环并重新装上 (5) 更换接触器铁芯 (6) 重新调整接触器弹簧压力,使其适当
触点过度磨损	(1) 接触器选择不当,容量不足,操作频率过高 (2) 三相触点动作不同步 (3) 负责侧短路	(1) 降容使用接触器或改用适于繁重任务的接触器 (2) 调整至同步 (3) 排除短路故障,更换触点

任务评价

项目	评价内容	评分	自我评价	教师评价	综合评定
器件拆装	(1) 根据内容,正确选择交流接触器的规格和型号	20			
	(2) 零部件名称和作用书写正确	20			
器件测试	(1) 仪表使用方法正确	10			
	(2) 测量数据准确	10			
	(3) 测量结果正确	20			
职业素质	(1) 认真仔细的工作态度	5			
	(2) 团结协作的工作精神	5			
	(3) 听从指挥的工作作风	5			
	(4) 安全及整理意识	5			
评语				成绩汇总	

知识链接

交流接触器的认识

1. 交流接触器的结构和工作原理

1) 交流接触器的结构

交流接触器的结构如图 1－8 所示,主要由以下四部分组成。

(1) 电磁机构由线圈、动铁芯(衔铁)和静铁芯组成,其作用是将电磁能转换成机械能,产生电磁吸力带动触头动作。

(2) 触头系统包括主触头和辅助触头。主触头用于通断主电路,通常为三对常开触头。辅助触头用于控制电路,起电气联锁作用,故又称联锁触头。交流接触器的触头系统、线圈和文字符号示意如图 1－9 所示。直流接触器在电路图中的符号与交流接触器相同。

(3) 灭弧室,触头开、关时会产生很大电弧烧坏主触头,为了迅速切断触头开、关时的电弧,一般容量稍大些的交流接触器都有灭弧室。

(4) 其他部分:其他部分包括反作用弹簧、缓冲弹簧、触头压力弹簧片、传动机构、短路环、接线柱等。

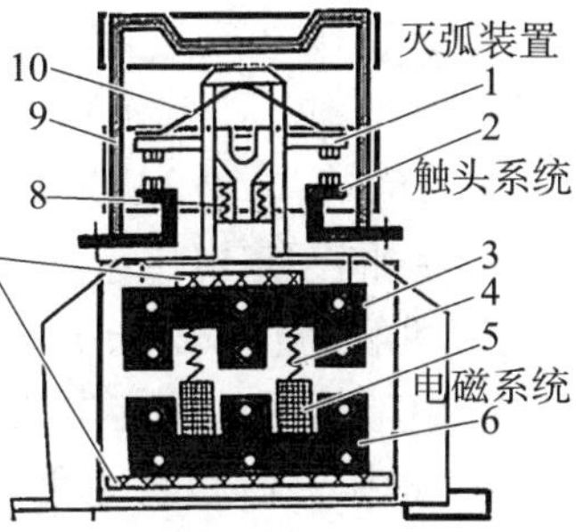

1—动触头;2—静触头;3—衔铁;4—缓冲弹簧;5—电磁线圈;6—铁芯;7—垫毡;8—反作用弹簧;9—灭弧罩;10—触头压力弹簧片。

图 1－8　交流接触器结构示意图

2) 交流接触器的工作原理

电磁式交流接触器的工作原理如下:线圈通电后,在铁芯中产生磁通及电磁吸力。此电磁吸力克服弹簧反力使得衔铁吸合,带动触头机构动作,常闭触头打开,常开触头闭合,互锁或接通线路。线圈失电或线圈两端电压显著降低时,电磁吸力小于弹簧反力,使得衔铁释放,触头机构复位,断开线路或解除互锁。

直流接触器是用于远距离接通和分断直流电路及频繁地操作和控制直流电动机的一种自动控制电器。其结构及工作原理与交流接触器基本相同。

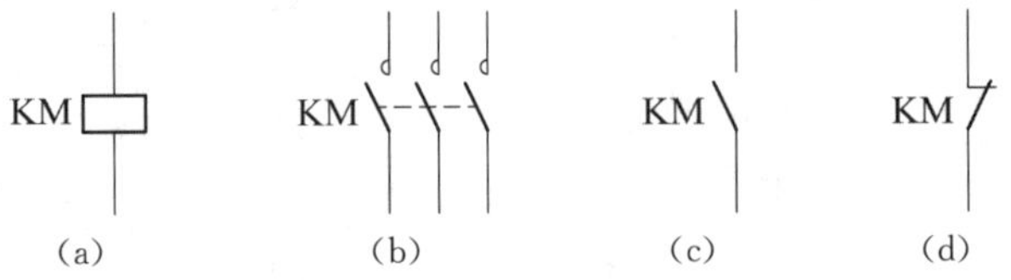

图 1-9　交流接触器图形及文字符号示意图

(a)线圈；(b)主触点；(c)动合辅助触点；(d)动断辅助触点

2. 交流接触器的主要技术参数

交流接触器的认识

交流接触器的主要技术参数有极数、额定工作电压、额定工作电流(或额定控制功率)、线圈额定电压、线圈的起动功率和吸持功率、额定通断能力、允许操作频率、机械寿命和电寿命、使用类别等。

1）极数

极数是指交流接触器主触头的个数。极数有两极、三极和四极。三相异步电动机的起停控制一般选用三极接触器。

2）额定工作电压

额定工作电压是指主触头之间的正常工作电压，即主触头所在电路的电源电压。交流接触器的额定工作电压有 127 V、220 V、380 V、500 V、660 V 等，直流接触器的额定工作电压有 110 V、220 V、380 V、500 V、660 V 等。

3）额定工作电流

额定工作电流是指主触头正常工作的电流值。交流接触器的额定工作电流有 10 A、20 A、40 A、60 A、100 A、150 A、400 A、600 A 等，直流接触器的额定工作电流有 40 A、80 A、100 A、150 A、400 A、600 A 等。

4）线圈额定电压

线圈额定电压是指电磁线圈正常工作的电压值。交流线圈的额定电压有 127 V、220 V、380 V，直流线圈的额定电压有 110 V、220 V、440 V。

5）机械寿命和电寿命

机械寿命为接触器在空载情况下能够正常工作的操作次数。电寿命为接触器有载操作次数。

6）使用类别

不同的负载对接触器触头的要求不同，要选择相应使用类别的接触器。AC 为交流接触器的使用类别，DC 为直流接触器的使用类别。AC1 和 DC1 类允许接通和分断额定电流，AC2、DC3 和 DC5 类允许接通和分断 4 倍额定电流，AC3 类允许接通 6 倍额定电流和分断额定电流，AC4 允许接通和分断 6 倍额定电流。

AC1 类主要用于无感或微感负载、电阻炉，AC2 类主要用于绕线转子异步电动机的起动、制动，AC3 类主要用于笼型异步电动机的起动、运转中分断，AC4 类主要用于笼型异步电动机的起动、反接制动、反向和点动等。

3. 接触器的型号及含义

接触器的型号及含义如图1-10所示。

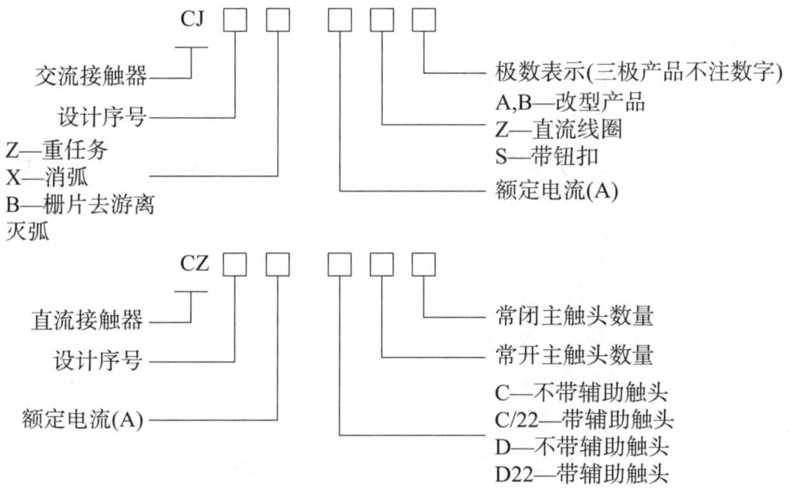

图1-10 接触器的型号及含义

4. 接触器的选择

1）交流接触器

交流接触器使用广泛，但随着使用场合及控制对象的不同，接触器的操作条件与工作繁重程度也不同。因此，必须对控制对象的工作情况以及接触器的性能有较全面的了解，才能作出正确的选择，保证接触器可靠运行并充分发挥其技术经济效益。应根据以下原则选用接触器：

（1）根据被控电路电压等级来选择接触器的额定电压。

（2）根据控制电路电压等级来选择接触器线圈的额定电压等级。

（3）主触头的额定电流应大于或等于负载的额定电流。

（4）根据所控制负载的工作任务来选择相应使用类别的接触器。

2）直流接触器

直流接触器的选择方法与交流接触器相同。但须指出，选择接触器时，应首先选择接触器的类型，即根据所控制的电动机或负载电流类型来选择接触器。通常交流负载选用交流接触器，直流负载选用直流接触器。如果控制系统中主要是交流负载，而直流负载容量较小，那么也可用交流接触器控制直流负载，但交流接触器的额定电流应适当选大一些。

5. 交流接触器的安装使用注意事项

（1）接触器在安装前应核对线圈额定电压和控制容量等是否与选用的要求相符合。

（2）接触器应垂直安装于直立的平面上，与垂直面之间的倾斜角不超过5°。

（3）金属底座的接触器上备有接地螺钉，绝缘底座的接触器安装在金属底板或金属外壳中时，也必须备有可靠的接地装置和明显的接地符号。

(4) 主回路接线时，应使接触器的下部触点接到负荷侧；控制回路接线时，将导线的直线头插入瓦形垫圈旋紧螺钉即可，未接线的螺钉也必须旋紧，以防失落。

(5) 在主回路不通电的情况下，接触器经通电操作数次并确认无不正常现象后，方可投入运行。接触器的灭弧罩未装好之前，不得操作接触器。

(6) 接触器在使用时，应进行经常和定期的检查与维修。经常清除表面污垢，尤其是进出线端相间的污垢。

(7) 接触器在工作时如发出较大的噪声，则可用压缩空气或小毛刷清除衔铁极面上的尘垢。

(8) 使用中如发现接触器在切除控制电源后，衔铁有显著的释放延迟现象，则可将衔铁极面上的油垢擦净，即可恢复正常。

(9) 接触器的触点被电弧烧黑或烧毛时，并不影响其性能，可以不必进行修理，否则，可能使其提前损坏。但触点和灭弧罩上如有松散的金属小颗粒，则应清除。

(10) 接触器的触点因电弧烧损以致厚薄不均时，可将桥形触点调换方向或相别，以延长其使用寿命。此时，应注意调整触点使之接触良好，每相下断点不同期接触的最大偏差不应超过 0.3 mm，并使每相触点的下断点较上断点滞后接触约 0.5 mm。

(11) 接触器主触点的银接点厚度磨损至不足 0.5 mm 时应更换新触点；主触点弹簧的压缩超程小于 0.5 mm 时，应进行调整或更换新触点。

(12) 对灭弧电阻和软联结，应特别注意检查，如有损坏等情况，则应立即进行修理或更换新件。

(13) 接触器出现异常现象时，应立即切断电源，查明原因，排除故障后可再次投入使用。

四 课程思政小故事

黄伯云和他的刹车片

2005 年 3 月 28 日，2004 年度国家科技奖励大会在人民大会堂隆重举行。黄伯云在热烈的掌声中，从胡锦涛总书记手中接过了国家技术发明一等奖的荣誉证书。这项代表中国科技界最高荣誉的奖项，在连续空缺 6 年后，终于被黄伯云院士率领的课题组以“高性能碳/碳航空制动材料的制备技术”所攻破。

黄伯云率领的课题组通过自主创新，解决了一个重大技术难题——“高性能碳/碳航空制动材料的制备技术”，打破了国外在该领域的技术垄断，使我国成为继英、法、美之后的第 4 个掌握该核心技术和具备批量生产能力的国家，实现了高性能航空制动材料核心技术的自主可控，对确保国家航空航天战略安全具有重大意义。

“我是一名中国人。我的成功与否代表着中国。”

飞机的起降和滑行都离不开刹车副。20 世纪 80 年代中期，美、英、法 3 国已生产出该材料并垄断着生产制备技术。多年来，我国大量的飞机依靠进口。这些飞机所采用的碳/碳复合刹车装置是消耗性器材，也全部依赖进口，每年国家要花费大量的外汇去购买，且受制于人。

这样，尽快掌握高性能碳/碳航空制动材料的制备技术，就成为国家急需解决的重大技术课题。

黄伯云 1980 年赴美国留学。1988 年 9 月 3 日，新华社播发了一条消息：黄伯云留美 8 年成就显著，博士后回国创业。这条消息不到 20 个字，影响却很大。因为他是我国改革开放后第一个在美国完成了硕士、博士、博士后学习的归国留学人员。

在美求学期间，黄伯云就常常提醒自己："我是一名中国人。我的成功与否代表着中国。"正是这种民族自尊心、自信心，激励着他奋发向上，不甘落后。

"进行自主创新，解决国家的大问题，解决民族的大问题。"

碳/碳航空制动材料是以碳纤维为增强体、碳为基体的先进复合材料。碳纤维就好像钢筋混凝土中的钢筋，碳原子就好像钢筋混凝土中的水泥、砂石。碳纤维只有人的头发丝的 1/10 粗，而碳原子则看不见、摸不着。它的制备过程相当复杂，需要难以计数的碳原子有序排列在碳纤维之间，并使排列结构、过程可控制，技术难度难以想象。为了垄断这项技术，掌握了这项技术的几个国家对该技术实行了高度保密。

当时，世界上的制造技术都是采用均温式炉，究竟是采用均温式炉，还是采用梯度式炉？回答很明确：均温式炉设备简单，技术成熟，而采用梯度式炉要承担巨大风险。经过反复的比较，黄伯云认为，作为一名科技工作者，要敢于为祖国的强大进行技术创新！他说："发现人家的技术并不是最先进的，这样跟在人家后面走，永远落后。为了国家，我们要敢于技术创新，敢于冒风险，即使失败了也在所不惜。"

但是，从金属刹车盘制备到碳/碳制动材料的制备绝不是简单的重复和模仿，而是一项全新的探索和创造，难度远远高于金属材料制备。他们也曾想派人到国外去学习，有一年黄伯云到国外一家很有名的公司参观时，对方说："很抱歉，你们不能参观我们的生产车间。我们的技术比你们领先 20 年。"言下之意是说我们 20 年也拿不下这个产品来。当时他们买了一个样品回来，可是一研究才发现这是个废品。外国专家的话和做法在课题组成员的心中激起了强烈的波澜。黄伯云说："国外技术封锁，别人靠不住，我们只能自主创新。中国人不仅应当自行研制和开发出这种产品，而且在技术上一定要超过他们！"

经过多年的努力，黄伯云领导的课题组在 2003 年研制的某型号大型客机国产碳/碳刹车副装机试飞成功。他们不仅依靠独特的技术路径生产出了新一代航空刹车副，而且产品性能指标"一路攀高"：使用强度提高了 30%，耐磨性提高了 20%，寿命提高了 9%，价格降低了 21%，生产效率提高了 100%，高能制动性超过 25%。"换句话说，100 米能刹住的飞机，我们用了 75 米就能刹住……20 年磨就一柄倚天长剑，就连涂层都是我们自己的专利。事实证明，只有超越，才不会受制于人，而我们在核心技术上实现了超越。"黄伯云自豪地说。

黄伯云坚信：科研不仅仅是写几篇好论文，更不是在实验室里做实验，重要的是要把科技成果转化为生产力，创造经济和社会价值，造福人民，这才是完整意义上的科学家。

2003 年 12 月，中南大学获得了中国民航总局颁发的第一个大型飞机碳/碳刹车副零部件制造批准书，同时获得了航天产品工艺定型书，中南大学生产的该产品开始在飞机上批量应用。

"中华大地是我们科技工作者创业的沃土，满足祖国的需求是我们的永恒追求！"黄伯云获奖后的发言说出了课题组成员的共同理想。正是黄伯云等一批老中青学术骨干，在外国对我们进行技术封锁的环境下，从零开始，白手起家，历经 20 年的沧桑，攻克了一个个技术难关，研制出了处于国际先进水平的航空制动复合材料，实现了多种飞机刹车材料的国产化，不仅避免了国外对我们“卡脖子”的危险，而且为国家节约了数以千万计的外汇。2017 年 5 月 5 日，国产大飞机 C919 首飞成功，这与黄伯云院士 20 余年磨一剑成功研制碳碳盘刹车片有着密不可分的联系。

黄伯云攻克飞机刹车片的故事展示了中国科学家的聪明才智、创新精神和为国家发展作出贡献的决心。他的工作不仅为中国飞机制造业提供了重要的支持，也为国内科技创新树立了榜样。这个故事激励着更多的科学家和工程师为国家的科技进步和发展贡献力量。

任务 1.4　热继电器的拆装与检修

任务描述

某机床在起动过程中，频繁出现热继电器的误动作，需要相关人员对其设定值进行重新调整。

任务目标

(1) 通过学习，了解热继电器的结构和原理。

(2) 能正确识读和绘制热继电器的电气符号。

(3) 能正确选择和使用热继电器。

(4) 通过操作，能正确检测和更换热继电器。

任务实施

热继电器的检测

1. 热继电器的检测

1) 热继电器的拆装

打开 2 个热继电器外盖，观察热继电器的内部结构，检测各相热元件的电阻值，将各零件的名称、作用及有关电阻值记入表 1 - 17、表 1 - 18 中。

表 1 - 17　热继电器基本结构即热元件电阻的检测记录 1

<table>
<tr><td colspan="3">型号</td><td colspan="2">主要零部件</td></tr>
<tr><td colspan="3"></td><td>名称</td><td>作用</td></tr>
<tr><td colspan="3">热元件电阻值</td><td rowspan="5"></td><td rowspan="5"></td></tr>
<tr><td>L_1 相</td><td>L_2 相</td><td>L_3 相</td></tr>
<tr><td></td><td></td><td></td></tr>
<tr><td colspan="3">整定电流值</td></tr>
<tr><td colspan="3"></td></tr>
<tr><td>检测结果</td><td colspan="4"></td></tr>
</table>

表 1－18　热继电器基本结构即热元件电阻的检测记录 2

型号			主要零部件	
			名称	作用
热元件电阻值				
L_1 相	L_2 相	L_3 相		
整定电流值				
检测结果				

2）热继电器的触点检测

用万用表电阻挡测量热继电器初始状态下常闭触点(95—96)和常开触点(97—98)的电阻值，按下过载测试钮，再次测量热继电器的常闭触点(95—96)和常开触点(97—98)的电阻值，将有关电阻值记入表 1－19、表 1－20 中。

表 1－19　热继电器的触点好坏检测记录 1

型号		
触点数量		
触点好坏检测		
初始状态	95—96 电阻值	97—98 电阻值
按下过载测试钮		
检测结果		

表 1－20　热继电器的触点好坏检测记录 2

型号		
触点数量		
触点好坏检测		
初始状态	95—96 电阻值	97—98 电阻值
按下过载测试钮		
测试结果		

根据测试结果判断哪个是已损坏的热继电器、哪个是完好的热继电器，贴上标签，上交给老师。

2. 热继电器的常见故障及检修方法

热继电器的常见故障及检修方法如表 1－21 所列。

表 1-21 热继电器的常见故障及检修方法

故障现象	产生原因	检修方法
热继电器误动作	(1) 选用热继电器规格不当或大负载选用热继电器电流值太小 (2) 整定热继电器电流值偏低 (3) 电动机起动电流过大,电动机起动时间过长 (4) 反复在短时间内起动电动机,操作过于频繁 (5) 连接热继电器主回路的导线过细、接触不良或主导线在热继电器接线端子上未压紧 (6) 热继电器受到强烈的冲击振动	(1) 更换热继电器,使它的额定值与电动机额定值相符 (2) 调整热继电器整定值,使其正好与电动机的额定电流值相符合并对应 (3) 减轻起动负载;电动机起动时间过长时,应将时间继电器的时间调整得稍短些 (4) 减少电动机的起动次数 (5) 更换连接热继电器主回路的导线,使其横截面积符合电流要求;重新压紧热继电器主回路的导线端子 (6) 改善热继电器使用环境
热继电器在超负载电流值时不动	(1) 热继电器动作电流整定得过高 (2) 动作二次接点有污垢,造成短路 (3) 热继电器烧坏 (4) 热继电器动作机构卡死或导板脱出 (5) 连接热继电器的主回路导线过粗	(1) 重新调整热继电器的电流值 (2) 用乙醇清洗热继电器的动作触点,更换损坏的部件 (3) 更换同型号的热继电器 (4) 调整热继电器的动作机构,并加以修理;如导板脱出,则要重新放入并调整好 (5) 更换成符合标准的导线
热继电器烧坏	(1) 热继电器在选择的规格上与实际负载电流不相匹配 (2) 流过热继电器的电流严重超载或负载短路 (3) 可能是操作电动机过于频繁 (4) 热继电器动作机构不灵,使热元件长期超载而不能保护热继电器 (5) 热继电器的主接线端子与电源线连接时有松动现象或氧化线头接触不良引起发热烧坏	(1) 热继电器的规格要选择适当 (2) 检查电路故障,在排除短路故障后,更换合适的热继电器 (3) 改变操作电动机的方式,减少起动电动机的次数 (4) 更换动作灵敏的合格热继电器 (5) 设法去掉接线头与热继电器接线端子的氧化层,并重新压紧热继电器的主接线

3. 热继电器的测试步骤

(1) 切断继电控制线路电源,再用试电笔或万用表电压挡测量确认无电后,拆除热继电器主回路上口连接导线和常闭触点的任一端连接导线。

(2) 用万用表的欧姆挡检查热元件上下口的通断情况是否正常。

(3) 用万用表电阻挡检查热继电器常闭触点在初始状态下的通断情况是否正常。用手按下常闭触点断开按钮,用万用表电阻挡检查常闭触点是否断开。

(4) 测量结束,恢复热继电器上口及常闭触点的接线。通电前应根据所保护电动机的容量确定热继电器的整定电流,用螺丝刀调节整定电流调节旋钮至整定值。

(5) 用螺丝刀调节复位按钮至手动复位位置。

(6) 接通电源试验时,用交流电压挡测量热继电器热元件下口输出的三相电压情况。

(7) 可以通过以下方法测试热继电器的整定电流:测试热继电器的整定电流时,可将各相热元件串联,对于具有断相保护的热元件,可将热元件分相串联。测试中应采用稳流电源或稳压电源，以保证试验电流稳定。测试工作应在环境温度为(20±5)℃的条件下进行测试，首先向热继电器输入 1.05 倍的额定电流，发热稳定后再将电流提升到 1.2 倍的额定电流，经 2～3 min，旋转热继电器的电流调节凸轮，使热继电器动作，此时的动作电流就是所要测试调定的热继电器的额定电流。也可以通过热继电器测试仪测试热继电器的整定电流。

任务评价

项目	评价内容	评分	自我评价	教师评价	综合评定
器件拆装	(1) 根据内容，正确选择热继电器的规格和型号	20			
	(2) 零部件名称和作用书写正确	20			
器件测试	(1) 仪表使用方法正确	10			
	(2) 测量数据准确	10			
	(3) 测量结果正确	20			
职业素质	(1) 认真仔细的工作态度	5			
	(2) 团结协作的工作精神	5			
	(3) 听从指挥的工作作风	5			
	(4) 安全及整理意识	5			
评语				成绩汇总	

知识链接

热继电器(FR)是一种应用于电动机及其他电气设备、线路过载保护的电气元件。热继电器利用电流的热效应原理，在出现电动机不能承受的过载时切断控制回路，为电动机提供过载保护。热继电器在电路图中的符号如图 1－11 所示。

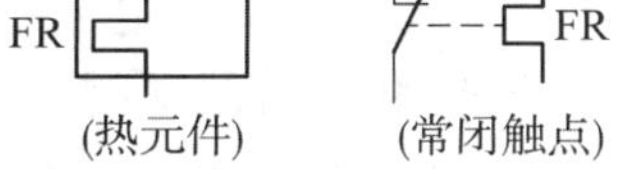

图 1－11　热继电器在电路图中的符号

热继电器的认识(1)

1. 热继电器的结构和工作原理

1) 热继电器的结构

热继电器的基本结构由发热元件、触点系统、动作机构、复位按钮、整定电流装置和温度补偿元件等部分组成，如图 1－12 所示。

(1) 发热元件是一段阻值不大的电阻丝，串接在被保护电动机的主电路中。

(2) 双金属片由两种不同热膨胀系数的金属片碾压而成。

(3) 整定电流旋钮，可根据电机的工作制和额定电流选择。

(4) 复位按钮，过载故障后，冷却一段时间，可按此按钮复位。复位按钮可设置为手动或者自动位置，一般设置在手动位置。

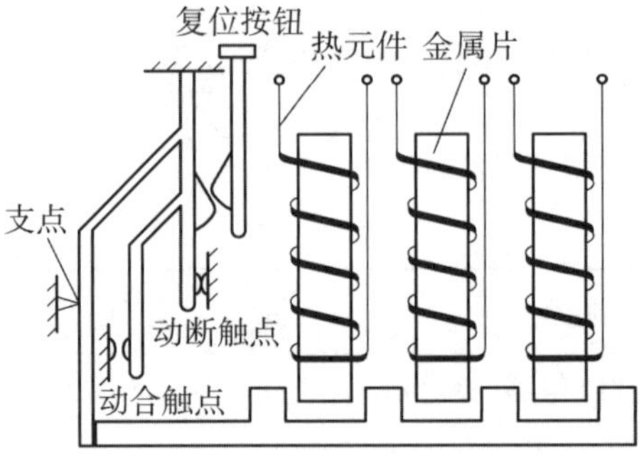

图 1－12　热继电器的结构示意图

热继电器的认识(2)

2）热继电器的工作原理

电流经热元件产生热量，使有不同膨胀系数的双金属片发生形变。当形变达到一定距离时，就推动连杆动作。膨胀系数大的称为主动层，膨胀系数小的称为被动层。图 1－13 中所示的双金属片，上层的膨胀系数小，下层的膨胀系数大。

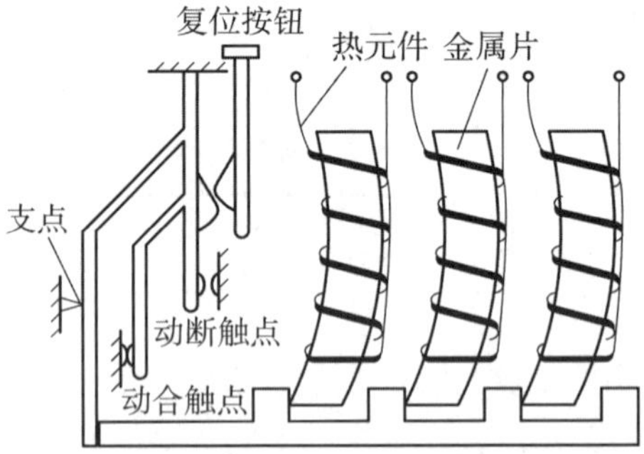

图 1－13　热继电器过载保护动作示意图

当电动机过载时，通过发热元件的电流超过整定电流，双金属片受热向上弯曲脱离扣板，产生的机械力带动常闭触点断开。由于热继电器的常闭触点串联在控制回路中，因此会断开控制回路电源，导致接触器线圈失电，从而使接触器的主触点断开，电动机的主电路断电，实现过载保护功能。

热继电器动作后，双金属片经过一段时间冷却，按下复位按钮即可复位。

2. 热继电器的主要技术参数

1）额定电压

额定电压是指热继电器能够正常工作的最高的电压值，一般为交流 220 V、380 V、600 V。

2）额定电流

热继电器的额定电流主要是指通过热继电器的电流。

3）额定频率

一般而言，其额定频率按照 45～62 Hz 设计。

4）整定电流范围

整定电流的范围由本身的特性来决定。在一定的电流条件下，热继电器的动作时间和电流的平方成正比。

3. 热继电器的型号及含义

热继电器的型号及含义如图 1－14 所示。

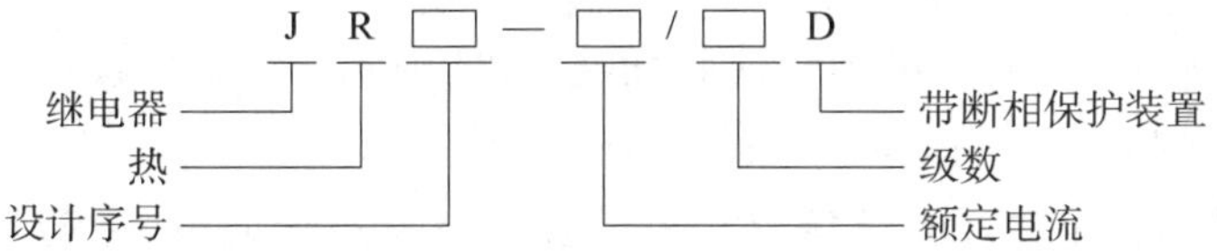

图 1－14　热继电器的型号及含义

4. 热继电器的选择

选择热继电器，主要是根据所保护电动机的额定电流来确定热继电器的规格和热元件的电流等级。

（1）根据电动机的额定电流选择热继电器的规格。一般应使热继电器的额定电流略大于电动机的额定电流。

（2）根据需要的整定电流值选择热元件的编号和电流等级。一般情况下，热元件的整定电流为电动机额定电流的 0.95～1.05 倍。但如果电动机拖动的是冲击性负载或起动时间较长及拖动的设备不允许停电的场合，那么热继电器的整定电流值可取电动机额定电流的 1.1～1.5 倍。如果电动机的过载能力较差，那么热继电器的整定电流可取电动机额定电流的 0.6～0.8 倍。同时，整定电流应留有一定的上下限调整范围。

（3）根据电动机定子绕组的连接方式选择热继电器的结构形式，即定子绕组做 Y 连接的电动机选用普通三相结构的热继电器，而做△连接的电动机应选用三相结构带断相保护装置的热继电器。

5. 热继电器的安装使用注意事项

（1）热继电器安装接线时，应清除触点表面污垢，以避免电路不通或因接触电阻太大而影响热继电器的动作特性。

（2）热继电器进线端子标志为 $1/L_1$、$3/L_2$、$5/L_3$，与之对应的出线端子标志为 $2/T_1$、$4/T_2$、$6/T_3$，常闭触点接线端子标志为 95、96，常开触点接线端子标志为 97、98。

（3）必须选用与所保护的电动机额定电流相同的热继电器，如不符合，则将失去保护作用。

（4）热继电器除了接线螺钉外，其余螺钉均不得拧动，否则其保护特性即行改变。

（5）热继电器安装接线时，必须切断电源。

（6）当热继电器与其他电器安装在一起时，应将它安装在其他电器的下方，以免其动作特性受到其他电器发热的影响。

（7）热继电器的主回路连接导线既不宜太粗，也不宜太细。如连接导线过细，则轴向导热性差，热继电器可能提前动作；反之，则连接导线太粗，轴向导热快，热继电器可能滞后动作。

(8) 当电动机起动时间过长或操作次数过于频繁时，会使热继电器误动作或烧坏电器，故这种情况一般不用热继电器做过载保护。

(9) 若热继电器双金属片出现锈斑，则可用棉布蘸上汽油轻轻擦拭，切忌用砂纸打磨。

(10) 当主电路发生短路事故后，应检查发热元件和双金属片是否已经发生永久变形，若已变形，则应更换。

(11) 热继电器在出厂时均调整为自动复位形式。

(12) 热继电器脱扣动作后，若要再次起动电动机，则必须待热元件冷却后，才能使热继电器复位。一般自动复位需 5 min，手动复位需 2 min。

(13) 热继电器的整定电流必须按电动机的额定电流进行调整，在调整时，绝对不允许弯折双金属片。

(14) 为使热继电器的整定电流与负荷的额定电流相符，可以旋动调节旋钮使所需的电流值对准白色箭头，旋钮上的电流值与整定电流值之间可能有误差，可在实际使用时按情况略微偏转。如需用两刻度之间的整定电流值，则可按比例转动调节旋钮，并在实际使用时适当调整。

四 课程思政小故事

让全世界重新认识中国古代数学的人

他是中国数学界的“泰山北斗”，是揭示中国数学过去和未来的大师，他在拓扑学、数学机械化、中国数学史三大领域取得了卓著的成就，激发了我国人工智能领域研究的跨越。

2019 年 9 月 29 日，中华人民共和国国家勋章和国家荣誉称号颁授仪式在人民大会堂金色大厅举行，吴文俊被授予“人民科学家”国家荣誉称号。

1956 年，吴文俊因在拓扑学方面取得的重大成就，与华罗庚、钱学森一起获得首届国家自然科学奖一等奖。这一年，吴文俊刚刚 37 岁。

1919 年 5 月 12 号，吴文俊出生在上海的一个书香世家。因为品学兼优，他被中学校长推荐，进入了上海交通大学数学系，因缘际会，开始了他的数学人生。

吴文俊：“这个校长决定把这个奖学金给我，所以我就去考交大数学系。我要是没有这个奖学金，我没有钱，家里面条件不够，当时学费都是挺高的。”

1941 年，吴文俊大学毕业，同年 12 月，上海各租界被日军占领，原先教书的中学解散，他不得不辗转在几所学校之间以代课谋生。1946 年，经人介绍，吴文俊结识了归国筹组中央研究院数学研究所的著名数学家陈省身，开始跟随他学习拓扑学。

拓扑学被称为“现代数学的女王”，是当时最前沿的数学研究领域。1947 年 11 月，吴文俊考取了中法交换生，赴法攻读博士学位。留学期间，他刻苦钻研，化繁为简，提出“吴示性类”和“吴公式”，实现了 20 世纪 50 年代拓扑学的重大突破，令国际数学界瞩目。可他却在 1951 年，毅然放弃了在法国的优越条件，义无反顾地回到百废待兴的中华人民共和国。

曾经有法国朋友跟他说，倘若他不回国，那么国际数学最高奖——菲尔兹奖的获奖者一定是他。吴文俊却不在乎。

吴文俊：“我不拿这个奖，也可以拿别的奖，国外的奖多得很，这个无所谓。”回国后，吴文俊先在北京大学数学系任教，一年后调到新成立的中国科学院数学所。吴文俊："中国的古代数学，我把它认识清楚了，这是我最自豪的，比机器证明其他的(数学证明)我都感到自豪。"

20世纪70年代，《数学学报》发表了一篇署名"顾今用"的文章，对中西方的数学发展进行深入比较，精辟独到地论述了中国古代数学的世界意义。"顾今用"是吴文俊的笔名。正如这一笔名所预示的，吴文俊逐步开拓出一个"古为今用"的数学原创领域。

吴文俊认为中国古代数学是算法化的数学，由此，开辟了中国数学史研究的新思路与新方法，开拓了数学机械化的崭新领域。

吴文俊："体力劳动机械化，我们没有份，就一落千丈了、挨打了，就与这有关系，现在脑力劳动机械化你不能错过，错过了这个机会就永世不得翻身，这是我一直坚决强调的，所以我对我的数学机械化寄予了厚望。"

他还将这一理论应用于多个高技术领域，解决了曲面拼接、机构设计、计算机视觉、机器人等高技术领域核心问题。

吴文俊："什么叫作计算机科学，其实研究的是算法，就是中国古代所谓的'术'。它的丰富多彩就已经得到充分的认识，计算机科学说穿了就是算法的科学。"

如今，算法早已不是高深的科学名词。掏出手机，打开导航软件规划路径、叫外卖、打网约车，甚至自拍时的美颜效果，都离不开算法的加持。

吴文俊："20世纪40年代计算机诞生以后，进入信息革命的时代，进入怎么考虑脑力劳动机械化的时代，这个时候就产生了一个新的学门，叫作人工智能。在人工智能这种思想影响下，产生了比如机器翻译、机器看病、机器推理、机器下棋，还有各式各样的专家系统，这样一系列的成就。"

2001年，鉴于对拓扑学与数学机械化的贡献，吴文俊获得首届国家最高科学技术奖。虽然早已功成名就，他还是在九十高龄之际，开始研究世界级难题"大整数分解"，这是当今使用最为广泛的密码的安全性的数学基础。吴文俊："我说六十岁以后的时候正是做事情的时候，没人说我老，老了就不行了，我没这么想。"

在身边人的眼中，吴文俊虽年事已高却有一颗童心，在网上，吴文俊坐在大象鼻子上的照片流传甚广，照片中的他开心得像个孩子，那时他已是八十多岁。也许，正是这份孩童般的纯真，让他一门心思"钻"进数学。

吴文俊："我说数学是适合笨人来做的，要下功夫，所以笨人下功夫，聪明的人老是灵机一动，这个是不合适的。"

2017年5月，吴文俊辞世。北京八宝山，千余人排着长队，来送他最后一程。中国工业与应用数学学会宣布设立了"吴文俊应用数学奖"。而他在拓扑学、数学机械化、博弈论等领域的开创性工作也被提升到人工智能领域。

中华人民共和国成立70周年之际，吴文俊被追授"人民科学家"国家荣誉称号。吴文俊的学生，中国科学院系统所研究员、中国科学院数学与系统科学研究院副院长高小山这样回答："吴先生获得了这样一个国家荣誉称号，不仅是国家对吴先生工作的肯定和表扬，我想也是鼓励我们这些晚辈能够以吴先生为榜样，能够继续努力工作，为我们国家的科学的发展作出我们的贡献。"

任务 1.5　中间继电器的拆装与检修

任务描述

某机床因使用时间过长，造成中间继电器触点熔焊，需要相关人员对其进行测量和检修。

任务目标

(1) 通过学习，了解中间继电器的结构和原理。

(2) 能正确识读和绘制中间继电器的电气符号。

(3) 能正确选择和使用中间继电器。

(4) 通过操作，能正确检测和更换中间继电器。

任务实施

1. 中间继电器的检测

分发两只中间继电器，将主要零部件的名称和作用记入表 1－22、表 1－23 中。用万用表电阻挡测试各对触点动作前后的电阻值及各类触点的数量、线圈数据，用绝缘电阻表测量每两相触点之间的绝缘电阻，记入表 1－22、表 1－23 中。

表 1－22　中间继电器的拆卸与测量记录 1

<table>
<tr><td colspan="2">型号</td><td colspan="2">容量</td><td rowspan="2">拆卸步骤</td><td colspan="2">主要零部件</td></tr>
<tr><td colspan="2"></td><td colspan="2"></td><td>名称</td><td>作用</td></tr>
<tr><td colspan="4">触点数</td><td rowspan="10"></td><td rowspan="10"></td><td rowspan="10"></td></tr>
<tr><td>主触点</td><td>辅助触点</td><td>辅助动合(常开)触点</td><td>辅助动断(常闭)触点</td></tr>
<tr><td></td><td></td><td></td><td></td></tr>
<tr><td colspan="4">触点电阻</td></tr>
<tr><td colspan="2">动合(常开)触点</td><td colspan="2">动断(常闭)触点</td></tr>
<tr><td>动作前</td><td>动作后</td><td>动作前</td><td>动作后</td></tr>
<tr><td></td><td></td><td></td><td></td></tr>
<tr><td colspan="4">线圈</td></tr>
<tr><td>线径</td><td>匝数</td><td>电压</td><td>电阻</td></tr>
<tr><td></td><td></td><td></td><td></td></tr>
<tr><td colspan="2">检测结果</td><td colspan="5"></td></tr>
</table>

表 1-23　中间继电器的拆卸与测量记录 2

<table>
<tr><td colspan="2">型号</td><td colspan="2">容量</td><td rowspan="2">拆卸步骤</td><td colspan="2">主要零部件</td></tr>
<tr><td colspan="2"></td><td colspan="2"></td><td>名称</td><td>作用</td></tr>
<tr><td colspan="4">触点数</td><td rowspan="12"></td><td rowspan="12"></td><td rowspan="12"></td></tr>
<tr><td>主触点</td><td>辅助触点</td><td>辅助动合（常开）触点</td><td>辅助动断（常闭）触点</td></tr>
<tr><td></td><td></td><td></td><td></td></tr>
<tr><td colspan="4">触点电阻</td></tr>
<tr><td colspan="2">动合（常开）触点</td><td colspan="2">动断（常闭）触点</td></tr>
<tr><td>动作前</td><td>动作后</td><td>动作前</td><td>动作后</td></tr>
<tr><td></td><td></td><td></td><td></td></tr>
<tr><td colspan="4">线圈</td></tr>
<tr><td>线径</td><td>匝数</td><td>电压</td><td>电阻</td></tr>
<tr><td></td><td></td><td></td><td></td></tr>
<tr><td colspan="2">检测结果</td><td colspan="5"></td></tr>
</table>

根据测试结果判断哪个是已损坏的中间继电器、哪个是完好的中间继电器，贴上标签，上交给老师。

2. 中间继电器的常见故障及检修方法

中间继电器的常见故障及检修方法如表 1-24 所列。

表 1-24　中间继电器的常见故障及检修方法

故障现象	产生原因	检修方法
中间继电器铁芯释放缓慢或不能释放	(1) 中间继电器铁芯端面有油污造成释放缓慢 (2) 反作用弹簧损坏，造成释放缓慢 (3) 中间继电器铁芯机械动作机构被卡住或生锈导致动作不灵活 (4) 中间继电器触点熔焊造成不能释放	(1) 取出动铁芯，用棉布把两铁芯端面油污擦净，重新装配好 (2) 更换新的反作用弹簧 (3) 修理或更换损坏的零件，清除杂物与除锈 (4) 用螺丝刀把动触点分开，并用钢锉修整触点表面
中间继电器铁芯吸合不上或不能完全吸合	(1) 电源电压过低 (2) 中间继电器控制线路有误或接不通电源 (3) 中间继电器线圈断线或烧坏 (4) 中间继电器衔铁机械部分不灵活或动触点卡住 (5) 触点弹簧压力过大或超程过大	(1) 调整电压达正常值 (2) 更正中间继电器机械控制线路，更换损坏的电气元件 (3) 更换线圈 (4) 修理中间继电器的机械故障，去除铁锈，并在机械动作机构处加些润滑油；更换损坏零件 (5) 按技术要求重新调整触点弹簧压力

续 表

故障现象	产生原因	检修方法
中间继电器线圈过热或烧毁	(1) 电源电压过高或过低 (2) 操作中间继电器过于频繁 (3) 环境温度过高会使接触器难以散热或线圈在有腐蚀性气体或潮湿环境下工作 (4) 中间继电器铁芯端面不平，消剩磁气隙过大或有污垢 (5) 中间继电器动铁芯机械故障使其通电后不能吸上 (6) 线圈有机械损伤或中间短路	(1) 调整电压到正常值 (2) 改变操作中间继电器的频度或更换合适的中间继电器 (3) 改善工作环境 (4) 清理擦拭中间继电器铁芯端面。严重时更换铁芯 (5) 检查中间继电器机械部分动作不灵或卡死的原因，修复后如线圈烧毁则应更换同型号线圈 (6) 更换中间继电器线圈，排除造成中间继电器线圈机械损伤的故障
中间继电器相间短路	(1) 中间继电器工作环境极差 (2) 中间继电器灭弧罩损坏或脱落 (3) 负载短路 (4) 正反转中间继电器操作不当加上联锁互锁不可靠，造成换向时两只中间继电器同时吸合	(1) 改善工作环境 (2) 重新选配中间继电器灭弧罩 (3) 处理负载短路故障 (4) 重新联锁换向中间继电器互锁电路，并改变操作方式，不能同时按下两只换向中间继电器起动按钮
中间继电器触点过热或灼伤	(1) 中间继电器在环境温度过高的地方长期工作 (2) 操作过于频繁或触点容量不够 (3) 触点超程太小 (4) 触点表面有杂质或不平 (5) 触点弹簧压力过小 (6) 三相触点不能同步接触 (7) 负载侧短路	(1) 改善工作环境 (2) 尽可能减少操作频率或更换大一级容量的中间继电器 (3) 重新调整触点超程或更换触点 (4) 清理触点表面 (5) 重新调整弹簧压力或更换新弹簧 (6) 调整中间继电器三相动触点，使其同步接触静触点 (7) 排除负载短路
中间继电器工作时噪声过大	(1) 通入中间继电器线圈的电源电压过低 (2) 铁芯端面生锈或有杂物 (3) 铁芯吸合时歪斜或有机械卡住故障 (4) 中间继电器铁芯短路环断裂或脱掉 (5) 铁芯端面不平，磨损严重 (6) 中间继电器触点压力过大	(1) 调整电压 (2) 清理铁芯端面 (3) 重新装配、修理中间继电器机械动作机构 (4) 焊接短路环并重新装上 (5) 更换中间继电器铁芯 (6) 重新调整中间继电器弹簧压力，使其适当为止
触点过度磨损	(1) 中间继电器选择不当，在以下场合时容量不足；反接制动；操作频率过高 (2) 三相触点动作不同步 (3) 负责侧短路	(1) 降容使用中间继电器或改用适于繁重任务的中间继电器 (2) 调整至同步 (3) 排除短路故障，更换触点

任务评价

项目	评价内容	评分	自我评价	教师评价	综合评定
器件拆装	(1) 根据内容，正确选择熔断器的规格和型号	20			
	(2) 零部件名称和作用书写正确	20			
器件测试	(1) 仪表使用方法正确	10			
	(2) 测量数据准确	10			
	(3) 测量结果正确	20			
职业素质	(1) 认真仔细的工作态度	5			
	(2) 团结协作的工作精神	5			
	(3) 听从指挥的工作作风	5			
	(4) 安全及整理意识	5			
评语				成绩汇总	

知识链接

中间继电器是一种用来转换控制信号的中间元件。传统的中间继电器如 JZ7、JZ14 系列。新型中间继电器的结构和工作原理与新型接触器基本相同，因此又称为中间继电器，如 JZC1、JZC3 等系列，如图 1-15 所示。

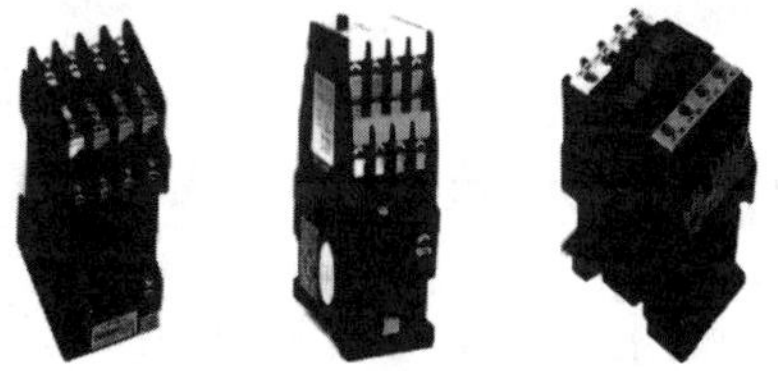

(a)　　(b)　　(c)

图 1-15　中间继电器

(a)JZ7；(b)JZC1；(c)JZC3

1. 技术数据

1）额定电流

额定电流是指中间继电器触点在额定工作条件下的电流值。由于中间继电器一般不用于直接控制大电流的主电路，因此其触点无主辅之分，其额定电流均为 5 A。

2）动作值

中间继电器的动作电压不低于线圈额定电压的 70%，释放电压不高于线圈额定电压的 5%。

3）寿命

中间继电器的寿命包括电寿命和机械寿命。在正常负荷下，继电器的电寿命不低于 1 万次。

2. 结构和工作原理

中间继电器较传统的中间继电器具有工作可靠、触点电流容量大、动作灵敏、使用寿命长、触点扩展方便灵活等特点。

1）结构

中间继电器的基本结构与小型交流接触器基本相同，同样是由电磁线圈、动静铁芯、触点系统、反作用弹簧和复位弹簧等组成。中间继电器的触点系统也可以根据需要选择外挂触点，外挂方式及触点类型与接触器相同。

2）用途

接触器式（中间）继电器实质上是电压继电器的一种，它的触点数多。其主要用途是当其他接触器、继电器的触点数或触点容量不够时，可借助中间继电器来扩大它们的触点数或触点容量，从而起到中间转换的作用。

3）工作原理

接触器式（中间）继电器的工作原理也与小型交流接触器基本相同，这里不再重复叙述。

4）电气符号

中间继电器的电气符号如图 1－16 所示。中间继电器有直流和交流两种形式，其结构也是由电磁机构和触点系统组成。电磁机构与接触器相似，其触点因为通过控制电路的电流容量较小（一般为 5～10 A），所以不需加装灭弧装置，触点形式多为双断点桥式触点。

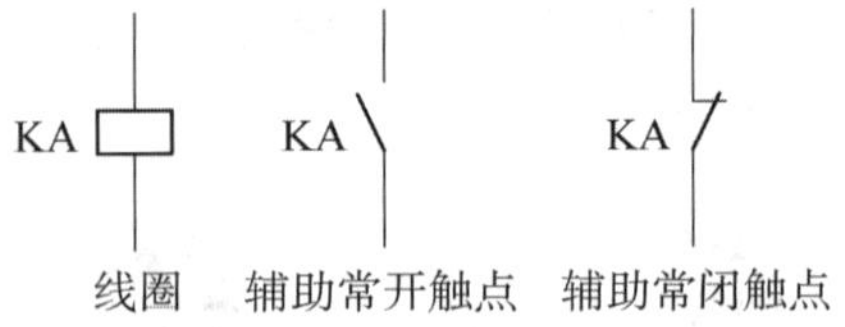

图 1－16　接触器式中间继电器电气符号

中间继电器在控制电路中起信号传递与转换作用，由于它的触点多，可实现多路控制，并可将小功率的控制信号转换为大容量的触点动作，因此主要起扩充其他电器的控制作用。

选择中间继电器需要根据控制电路的电压等级，同时还要考虑触点的数量、种类及容量，以满足控制电路的要求。

中间继电器的型号表示方法及含义如图 1－17 所示。

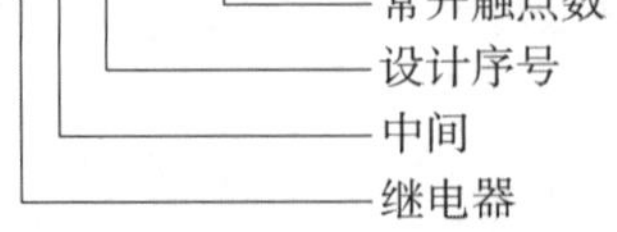

图 1－17　中间继电器的型号表示方法及含义

另外，JTX 插入式中间继电器的型号表示方法及含义如图 1－18 所示。

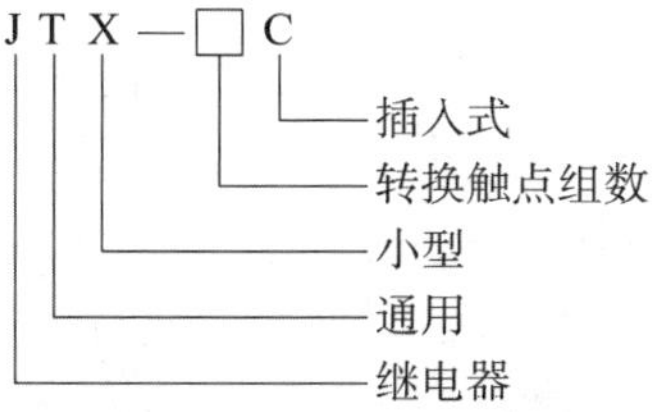

图 1－18　JTX 插入式中间继电器的型号表示方法及含义

转换触点数 1、2、3 分别表示：一常开一常闭、二常开二常闭、三常开三常闭三种方式。JZ7 系列中间继电器的技术参数如表 1－25 所列。

表 1－25　JZ7 系列中间继电器的技术参数

型号	触点额定电压/V		触点额定电流/A	触点数量		额定操作频率/(次·h^{-1})	吸引线圈电压/V		吸引线圈消耗功率/W	
	直流	交流		常开	常闭		50 Hz	60 Hz	起动	吸持
JZ7－44	440	500	5	4	4	1 200	12，24，36，48，110，127，220，380，420，440，500	12，36，110，127，220，380，440	75	12
JZ7－62				6	2					
JZ7－80				8	0					

JTX 系列中间继电器的技术参数如表 1－26 所列。该继电器是插入式的，所以更换很方便。

表 1－26　JTX 系列中间继电器的技术参数

额定电压/V	额定电流/A			
	JTX－1C、JTX－2C		JTX－3C	
	阻性	感性	阻性	感性
220	7.5	3.0	5.0	2.0
380	3.0	1.5	2.0	1.0

四　课程思政小故事

量子追梦人

“近代科学没能在中国诞生，中国人能不能赶上科学前沿、引领重大创新？”潘建伟说，“中国科研工作者都憋着一股劲儿，希望通过自己的努力证明，不仅在国外可以做得很优秀，在国内也能做出很好的成就。”

潘建伟，中国科学技术大学常务副校长。利用去年 8 月发射的全球首颗量子科研卫星“墨子号”，潘建伟团队近期连续实现“千里纠缠、星地传密、隐形传态”三个国际科研重大突破。他的“量子雄心”，在祖国的创新热土上，一飞冲天。

潘建伟的“量子梦”始于二十多年前。

1992 年，中科大本科生潘建伟在毕业论文中，不乏莽撞地向“不合常理”的量子力学理论质疑。

“我试图在论文中找个例证，来否认这个理论。”正是在这次“挑战”中，潘建伟迷恋上量子世界的奥妙与未知。从此，他将量子作为一生的研究方向。

当时中国的量子物理研究，无论理论还是实验都远远落后于国际先进水平。1996 年，潘建伟来到量子力学的诞生地奥地利，进入因斯布鲁克大学攻读博士学位。

在量子物理学大师塞林格教授带领下的科研小组里，潘建伟很快崭露头角，1997 年以他为第二作者的论文“实验量子隐形传态”，被美国《科学》杂志评为年度全球十大科技进展。

但成为国际一流学者并不是潘建伟梦想的全部。

第一次见到导师时，塞林格问他：“潘，你的梦想是什么？”“我的梦想是，在中国建一个和这里一样的世界一流的量子光学实验室。”

追随梦想，潘建伟 2001 年回到祖国，在中国科大与同学杨涛一起组建量子信息实验室。

在基础极为薄弱的状况下，潘建伟组织科研队伍、开展实验室建设，同时与国际先进研究机构保持密切联系。他“国内国外两边跑”，在奥地利维也纳大学、德国海德堡大学等机构从事合作研究。

量子信息研究集多学科于一体，要想取得突破，必须拥有不同学科背景的人才。多年来，潘建伟一直有针对性地选送学生出国留学，把他们送到量子信息研究的优秀国际小组加以锻炼。

近年来，这些年轻人悉数回国，使潘建伟的量子研究团队得到了空前壮大，一支特色鲜明、优势互补的年轻量子信息科研队伍，在中国成型、迸发出惊人的力量。

他们的成果多次入选“国际年度十大科技进展”“国际年度物理学重大进展”，十余次入选两院院士评选的“年度中国十大科技进展新闻”。

以潘建伟等学者为代表的中国科大科研团队，已使中国成为国际量子信息领域的重要研究中心之一。今年以来，他们连续实现多项重大突破，使中国在量子信息多个领域成为“国际领跑者”。

2017 年 5 月，潘建伟团队在 2016 年首次实现十光子纠缠操纵的基础上，利用高品质量子点单光子源构建了世界首台超越早期经典计算机的光量子计算机，实现了目前世界上最大数目超导量子比特的纠缠。

2017 年 6 月，潘建伟团队宣布，利用“墨子号”在国际上率先成功实现了千公里级的星地双向量子纠缠分发。他们用严格的科学实证，回答了爱因斯坦的“百年之问”。

2017 年 8 月，潘建伟团队宣布，“墨子号”在国际上首次成功实现了从卫星到地面的量子密钥分发和从地面到卫星的量子隐形传态。

至此，“墨子号”三大既定科学目标均成功实现，为我国未来继续引领世界量子通信技术发展和空间尺度量子物理基本问题检验等前沿研究，奠定了坚实基础，兼具实用化和科学意义。

“这标志着我国在量子通信领域的研究，在国际上达到全面领先的优势地位。”中国科学院院长白春礼介绍，这为我国在国际上抢占了量子科技创新制高点，成为国际同行的标杆，实现了“领跑者”的转变。

“墨子号”连续取得重大科研突破，潘建伟团队牵头研制的全球第一条远距离量子保密通信干线“京沪干线”很快全线开通。与卫星、地面站互联，人类历史上第一个“天地一体化”的洲际量子通信网络实现了。

“这是中国几代科学家经过长期积累、共同努力结出的创新成果。”潘建伟认为，经过几十年的持续积累，我国已到了“创新爆发”阶段。

他把量子研究的突飞猛进归功于中国“集中力量办大事”的优势。以“墨子号”卫星为例：中国科学院上海技术物理研究所、微小卫星创新研究院、光电技术研究所、国家天文台、紫金山天文台、国家空间科学中心……卫星的每一个部件都凝聚了各个科研机构的心血。

“不同机构纷纷给我们提供所需的基础元件，让我们的创新想法有了很好的工程基础。我在欧洲、美国、加拿大的同行，都曾有过这样的科学设想，但没有这样的国家全力支持。”潘建伟说。

潘建伟未来的目标还有很多：构建“天地一体化”的广域量子通信网络体系，形成具有国际引领地位的战略性新兴产业和下一代国家信息安全生态系统，探索对广义相对论、量子引力等物理学基本原理的检验……

“随着中国科技的迅猛发展，我相信量子通信将在10年左右时间辐射千家万户。期盼在我有生之年，能目睹以量子计算为终端、以量子通信为安全保障的量子互联网的诞生。”潘建伟说，“我相信中国科学家们做得到。”

任务1.6　时间继电器的拆装与检修

任务描述

某机床因使用时间过长，造成时间继电器烧毁，需要相关人员对时间继电器进行测量和更换。

任务目标

(1) 通过学习，了解时间继电器的结构和原理。
(2) 能正确识读和绘制时间继电器的电气符号。
(3) 能正确选择和使用时间继电器。
(4) 通过操作，能正确检测和更换时间继电器。

任务实施

1. 时间继电器的检测

1) 空气阻尼式时间继电器的主要结构

观察空气阻尼式时间继电器的结构，将主要零件的名称、作用及触点数量记录在表1-27中。

时间继电器的检测

表 1-27　空气阻尼式时间继电器结构检测记录表

型号	线圈额定电压	主要零部件	
		名称	作用
常开触点数(副)	常开触点数(副)		
延时触点数(副)	延时触点数(副)		
延时分断触点数	延时闭合触点数		

2）空气阻尼式时间继电器的触点检测

用万用表电阻挡测量空气阻尼式时间继电器初始状态下延时触点和瞬时触点的电阻值：先用一字螺钉旋具调节延时时间 3 s，再用手按住衔铁，再次测量按住衔铁瞬间和 3 s 后时间继电器的延时常开触点和延时常闭触点、瞬时常开触点和瞬时常闭触点的电阻值。有关电阻值记入表 1-28 中。

表 1-28　空气阻尼式时间继电器的触点检测记录表

型号	电阻值			
	延时触点		瞬时触点	
	常开触点	常闭触点	常开触点	常闭触点
初始状态				
按住衔铁				
按住衔铁 3 s 后				

3）时间继电器的时间调节

空气阻尼式时间继电器定时精确度不高，时间调节直接用一字螺钉旋具转动调节旋钮的最长延时时间为 180 s。

电子式时间继电器定时精度高，延时时间长，时间调节直接转动时间调节盘面，使指针指向设定的时间刻度即可。

2. 时间继电器的常见故障及检修方法

时间继电器的常见故障及检修方法如表 1-29 所列。

表 1-29　时间继电器的常见故障及检修方法

故障现象	产生原因	检修方法
延时时间缩短	(1) 空气阻尼式时间继电器的气室装配不严，漏气 (2) 空气阻尼式时间继电器的气室内橡皮薄膜损坏	(1) 修理或调换气室 (2) 更换橡皮薄膜

续 表

故障现象	产生原因	检修方法
延时触点不动作	(1) 空气阻尼式时间继电器的电磁铁线圈断线 (2) 电动式时间继电器的同步电动机线圈断线 (3) 电动式时间继电器的棘爪无弹性,不能刹住棘齿 (4) 电动式时间继电器的游丝断裂 (5) 电子式时间继电器的插脚接触不良 (6) 电子式时间继电器的电子元件部分故障或脱焊	(1) 更换线圈 (2) 重绕电动机线圈,或调换同步电动机 (3) 更换新的合格的棘爪 (4) 更换游丝 (5) 更换底座 (6) 更换或维修时间继电器
延时变长	(1) 空气阻尼式时间继电器的气室内有灰尘,使气道阻塞 (2) 电动式时间继电器的传动机构缺润滑油 (3) 电子式时间继电器的电子元件部分故障	(1) 清除气室内灰尘,使气道畅通 (2) 加入适量的润滑油 (3) 更换或维修时间继电器

3. 时间继电器的检测步骤

(1) 切断继电控制线路电源,再用试电笔或万用表电压挡测量确认无电后,拆除时间继电器的连接导线。

(2) 用万用表的欧姆挡检测时间继电器线圈的直流电阻值,观察线圈的电阻值是否正常。

(3) 用万用表电阻挡检测时间继电器的常开、常闭触点在初始状态下的通断情况是否正常。如果是空气阻尼式的,那么可以用手按下电磁结构或动作指示按钮使触点动作,再用万用表电阻挡检查触点状态是否正常。

(4) 若以上测试正常,则恢复时间继电器线圈两端的接线。通电前应根据线路要求确定时间继电器的时间整定电流,整定时间调节旋钮至整定值。

(5) 根据线圈的电压等级接通控制电压,用万用表电阻挡检测时间继电器的常开、常闭触点,判断在通电状态下的触点通断情况是否正常。

任务评价

项目	评价内容	评分	自我评价	教师评价	综合评定
器件拆装	(1) 根据内容,正确选择时间继电器的规格和型号	20			
	(2) 零部件名称和作用书写正确	20			
器件测试	(1) 仪表使用方法正确	10			
	(2) 测量数据准确	10			
	(3) 测量结果正确	20			
职业素质	(1) 认真仔细的工作态度	5			
	(2) 团结协作的工作精神	5			
	(3) 听从指挥的工作作风	5			
	(4) 安全及整理意识	5			
评语				成绩汇总	

知识链接

时间继电器(KT)是一种利用电磁原理或机械动作原理来实现触点延时接通或断开的自动控制电器。按它的动作原理可分为电磁式、空气阻尼式、模拟电动式以及数字电子式等,按延时方式可分为通电延时型和断电延时型两种。

1. 时间继电器在电路图中的符号

时间继电器在电路图中的符号如图 1-19 所示。

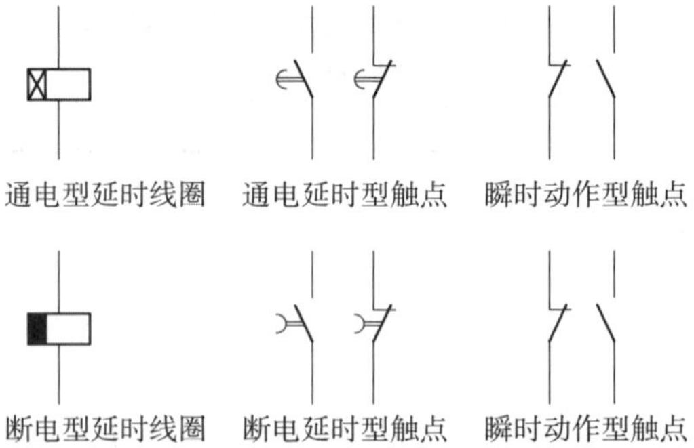

图 1-19　时间继电器在电路图中的符号

选择时间继电器主要考虑控制回路所需要的延时触头的延时方式(通电延时还是断电延时),以及各类触头的数目;根据使用条件选择品种规格。

时间继电器是输入信号输入后,经一定的延时才有输出信号的继电器。它的种类很多,有电磁式、电动式、空气阻尼(气囊)式和电子式等。目前应用较为广泛的是空气阻尼式(特别是空气延时头式)和电子式时间继电器。空气延时头式一般是将时间继电器与 JZC3 系列中间继电器或 CJX2 系列接触器组合,构成空气延时中间继电器,在电路中起延时作用,如图 1-20 所示。电子式时间继电器在时间继电器中已成为主流产品,包括晶体管式时间继电器(采用晶体管或集成电路和电子元件等构成)和单片机控制时间继电器。其中晶体管式时间继电器的输出形式有两种:有触点式和无触点式,前者是用晶体管驱动小型电磁式继电器,后者是采用晶体管或晶闸管输出。

图 1-20　时间继电器

(a)空气阻尼式;(b)电磁式;(c)电动式;(d)电子式

2. 型号

不同的生产厂家会采用不同的字母表示时间继电器的类组代号，如有的厂家用 SK 表示空气延时头，而有的厂家则用 LA 表示空气延时头；国内厂家一般用 JSZ 表示电子式时间继电器，而国外厂家如富士则用 ST 表示电子式时间继电器。其他含义大体相同，具体介绍如下。

（1）空气延时头式时间继电器的型号如图 1－21 所示。

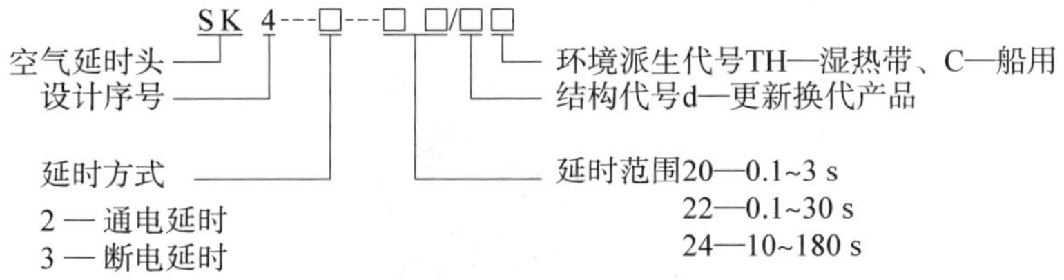

图 1－21　空气延时头式时间继电器的型号

（2）电子式时间继电器的型号如图 1－22 所示。

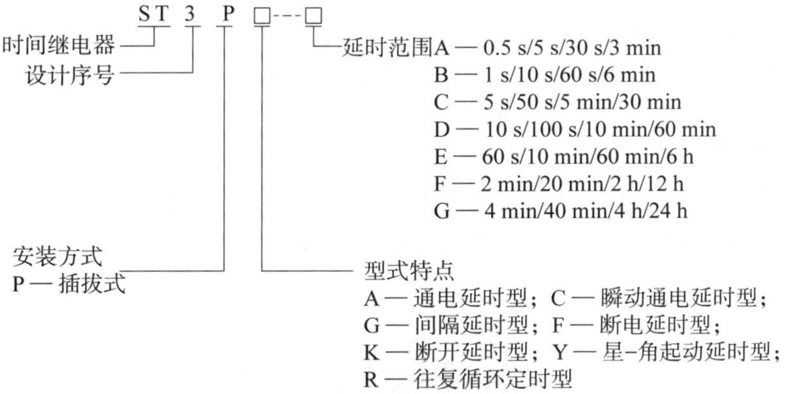

图 1－22　电子式时间继电器的型号

3. 技术数据

1）额定工作电压

额定工作电压是指时间继电器能可靠正常工作时线圈所需要的电压。根据继电器的型号不同，其额定工作电压既可以是直流电压，也可以是交流电压。通常时间继电器的常见额定工作电压为 24 V、48 V、110 V、220 V 和 380 V 几种。时间继电器的控制电压应在额定电源电压的 85％～110％范围内使用。

2）延时范围

每一种规格的电子式时间继电器的延时范围一般有四挡，可以根据需要进行选择。

3）寿命

时间继电器的寿命包括电气寿命和机械寿命。目前时间继电器的机械寿命已达 1 000 万次以上，电气寿命大于 100 万次。

4）延时控制精度

要求时间继电器的延时控制精度不大于设定值的0.5%。

4. 结构

1）空气延时头式时间继电器的结构

空气延时头式时间继电器的结构如图1-23所示。其中，空气延时头主要由调节旋钮、滤气片、调节盘、密封垫、气室、壳体、动作机构等组成。

图1-23 空气延时头式时间继电器的结构

2）电子式时间继电器的结构

电子式时间继电器一般由时间调节旋钮、刻度板、指示灯及延时范围转换开关等组成，如图1-24所示。采用固定底座插拔式安装方式。应用较为广泛的ST3P系列时间继电器一般具有两个刻度板和四种延时挡位。可以通过前面板上的延时范围转换开关来调节。调节方法是先取下时间调节旋钮，再卸下刻度板，参照铭牌上的延时范围示意图拨动延时范围转换开关，再按原样装上刻度板和时间调节旋钮。注意转换开关的位置应与刻度板上开关的位置标记相一致。

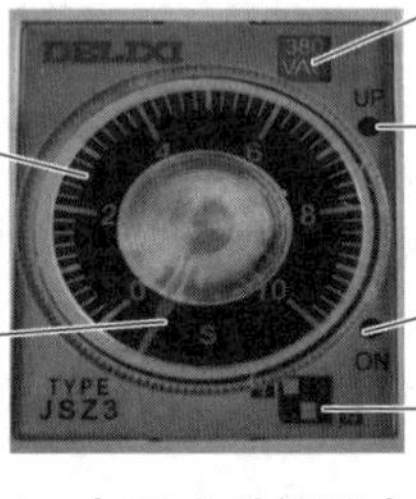

图1-24 电子式时间继电器的结构

5. 工作原理

1）空气延时头式时间继电器的工作原理

空气延时头式与中间继电器或接触器组合，构成空气延时中间继电器，当中间继电器或接触器线圈得电时，中间继电器或接触器的动作机构带动延时头内的塔式弹性气囊动作，产生延时效果。通过调节时间整定旋钮，改变锥型气道的长短，从而改变延时时间的长短。

2）电子式时间继电器的工作原理

电子式时间继电器是利用延时电路来进行延时的。其中晶体管式时间继电器以RC电路充电时电容器上的电压逐步上升的原理为基础。电路有单结晶体管电路和场效应管电路两种。数字式时间继电器是通过晶振产生高频高精度的脉冲信号，利用数字集成电路进行分频计数从而计时并进行延时控制的；单片机控制时间继电器是靠软件编程计数、计时并进行延时控制的。电子式时间继电器的引脚接线根据型号和功能的不同会有一定的差别，以ST3PA为例，引脚接线如图1-25所示。

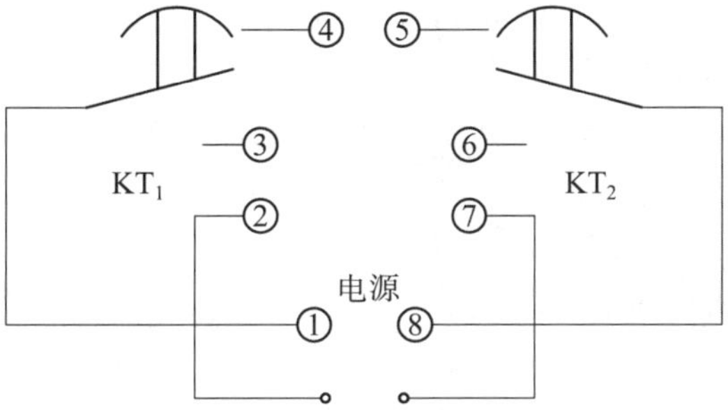

图1-25 电子式时间继电器引脚接线图

6. 时间继电器的选择

1）类型的选择

在要求延时范围大、延时准确度较高的场合，应选用电动式或电子式时间继电器。在延时精度要求不高、电源电压波动大的场合，可选用价格较低的电磁式或气囊式时间继电器。

2）线圈电压的选择

根据控制线路的电压来选择时间继电器吸引线圈的电压。

3）延时方式的选择

时间继电器有通电延时和断电延时两种，应根据控制线路的要求选择使用哪一种延时方式的时间继电器。

7. 安装使用注意事项

（1）必须按接线端子图正确接线，核对继电器额定电压与将接的电源电压是否相符，电子式时间继电器可以在额定控制电源电压的85%～110%范围内使用。注意直流型电源的极性。

（2）对于晶体管时间继电器，延时刻度不表示实际延时值，仅供调整参考。若需精确的延时值，则需在使用时先核对延时数值。

（3）JS7-A系列空气阻尼式时间继电器因无刻度，故不能准确地调整延时时间。同时，气室的进排气孔也有可能被尘埃堵住而影响延时的准确性，因此应经常清除灰尘及油污。另外对于JS7-A系列空气阻尼式时间继电器，只要将线圈转动180°即可将通电延时改为断电延时。

（4）电子式时间继电器的时间调节旋钮不应超出刻度范围，“0”刻度不是表示时间为“0”而是表示可设定的最小延时时间。

（5）不应在时间继电器延时过程中转动时间调节旋钮，否则延时时间将不正确。重复时间，两次间的休止时间应大于500 ms。

（6）插拔时间继电器时应注意继电器本体凸起与底座凹槽的方向，切忌用力损坏继电器与底座间有扣襟锁紧的继电器。在拔出继电器本体前先扳开扣襟，然后缓缓拔出继电器。

四 课程思政小故事

雕刻火药的大国工匠

固体燃料火箭能够顺利发射，离不开固体燃料发动机。在固体火箭发动机的制造过程中，需要将浇注料浆固化后的燃料面进行修整。这种燃料的主要成分为高效能火药，于是这道危险的修整工序又被称为“雕刻”火药。

很长一段时间内，单靠机器“雕刻”不了火药，只能靠人工。要胆大心细，要技术过硬，徐立平一干就是三十多年。

1989 年，徐立平迎来了人生中的一次重大考验。

那时，航天科技集团四院承担的我国重点型号发动机进入研制的攻坚阶段。就在这个关键时刻，发动机的固体燃料方面出现了问题。

专家组经过再三研究，决定成立突击队开展挖药工作——试验队员要钻进装有火药的发动机狭小的药柱里，一点一点地挖开填注好的火药，寻找问题部位。

在成吨火药的包围下，一旦由于摩擦产生静电或火花，引发燃烧及爆炸，将会危及操作人员的生命，后果无可挽回。

“人爬进去，趴在火药堆上去操作。它的内孔非常小，人只能半跪半躺着一点点去抠挖。整个被火药包裹的那种感觉，当时真的能听见自己的心跳声，咚咚咚的。”徐立平回忆起那个时刻，仍然心有余悸。

这是一场漫长的接力战，整场作业持续了将近 3 个月的时间，徐立平和队友们像蚂蚁搬家一样，共挖出了二百多千克的固体推进剂，保证了国家重点型号的研制计划顺利推进。

徐立平的母亲温荣书是中国航天固体火箭发动机生产基地装药车间最早的员工之一。

再危险的工作也得有人去干，再艰难的道路总要有人走。母亲的这句话也成了徐立平的座右铭，也使徐立平更坚定地走上了航天的道路。

为了降低人身伤害的风险，把雕刻火药由人工转为机械化操作势在必行。其实，徐立平和徒弟们很早就开始了这方面的研究。

徐立平表示，现在已经研制出了多种专用的机械整形装置，未来一定能够最终实现用机械来替代人工操作。

磨刀、铲药、雕刻，三十多年日复一日。在远离城市喧嚣的车间里，徐立平从青春岁月干到了年逾半百，一次次行走于危险边缘，但又一直保持着合格率百分之百和安全事故为零的纪录。

当发射指令响起，火箭稳稳飞入苍穹，所有的付出和艰辛都在这一刻化为辉煌的尾焰，在美丽的天空中华丽绽放！

任务 1.7　控制按钮的拆装与检修

任务描述

某机床因使用时间过长，造成控制按钮损坏，需要相关人员对控制按钮进行测量和更换。

任务目标

（1）通过学习，了解控制按钮的结构和原理。
（2）能正确识读和绘制控制按钮的电气符号。
（3）能正确选择和使用控制按钮。
（4）通过操作，能正确检测和更换控制按钮。

任务实施

1. 控制按钮的检测

按钮的检测

拆卸 2 只控制按钮，分别将拆卸步骤、主要零部件的名称和作用、各对触点动作前后的电阻值及各类触点数量等测量数据记入表 1－30、表 1－31 中。

表 1－30 控制按钮的拆卸与测量记录 1

<table>
<tr><td colspan="4">型号</td><td rowspan="2">拆卸步骤</td><td colspan="2">主要零部件</td></tr>
<tr><td colspan="4"></td><td>名称</td><td>作用</td></tr>
<tr><td colspan="4">触点数</td><td rowspan="7"></td><td rowspan="7"></td><td rowspan="7"></td></tr>
<tr><td colspan="2">常开触点</td><td colspan="2">常闭触点</td></tr>
<tr><td colspan="2"></td><td colspan="2"></td></tr>
<tr><td colspan="4">触点电阻</td></tr>
<tr><td colspan="2">常开触点</td><td colspan="2">常闭触点</td></tr>
<tr><td>动作前</td><td>动作后</td><td>动作前</td><td>动作后</td></tr>
<tr><td></td><td></td><td></td><td></td></tr>
<tr><td colspan="2">测试结果</td><td colspan="5"></td></tr>
</table>

表 1－31 控制按钮的拆卸与测量记录 2

<table>
<tr><td colspan="4">型号</td><td rowspan="2">拆卸步骤</td><td colspan="2">主要零部件</td></tr>
<tr><td colspan="4"></td><td>名称</td><td>作用</td></tr>
<tr><td colspan="4">触点数</td><td rowspan="7"></td><td rowspan="7"></td><td rowspan="7"></td></tr>
<tr><td colspan="2">常开触点</td><td colspan="2">常闭触点</td></tr>
<tr><td colspan="2"></td><td colspan="2"></td></tr>
<tr><td colspan="4">触点电阻</td></tr>
<tr><td colspan="2">常开触点</td><td colspan="2">常闭触点</td></tr>
<tr><td>动作前</td><td>动作后</td><td>动作前</td><td>动作后</td></tr>
<tr><td></td><td></td><td></td><td></td></tr>
<tr><td colspan="2">测试结果</td><td colspan="5"></td></tr>
</table>

2. 控制按钮的常见故障及检修方法

控制按钮的常见故障及检修方法如表 1-32 所列。

电气操作实训柜上按钮的检测

表 1-32　控制按钮的常见故障及检修方法

故障现象	产生原因	检修方法
按下起动按钮时有触电感觉	(1) 按钮的防护金属外壳与连接导线接触 (2) 按钮帽的缝隙间充满铁屑，使其与导电部分形成通路	(1) 检查按钮内连接导线，排除故障 (2) 清理按钮及触点，使其保持清洁
按下起动按钮，不能接通电路，控制失灵	(1) 接线头脱落 (2) 触点磨损松动，接触不良 (3) 动触点弹簧失效，使触点接触不良 (4) 触点长时间使用产生氧化	(1) 重新连接接线 (2) 检修触点或调换按钮 (3) 更换按钮 (4) 检测触点连接情况，触点压合是否松动
按下停止按钮，不能断开电路	(1) 接线错误 (2) 尘埃或者机油、乳化液等流入按钮形成短路 (3) 绝缘击穿短路	(1) 更正错误接线 (2) 清扫按钮并采取相应密封措施 (3) 更换按钮

任务评价

项目	评价内容	评分	自我评价	教师评价	综合评定
器件拆装	(1) 根据内容，正确选择熔断器的规格和型号	20			
	(2) 零部件的名称和作用书写正确	20			
器件测试	(1) 仪表使用方法正确	10			
	(2) 测量数据准确	10			
	(3) 测量结果正确	20			
职业素质	(1) 认真仔细的工作态度	5			
	(2) 团结协作的工作精神	5			
	(3) 听从指挥的工作作风	5			
	(4) 安全及整理意识	5			
评语				成绩汇总	

知识链接

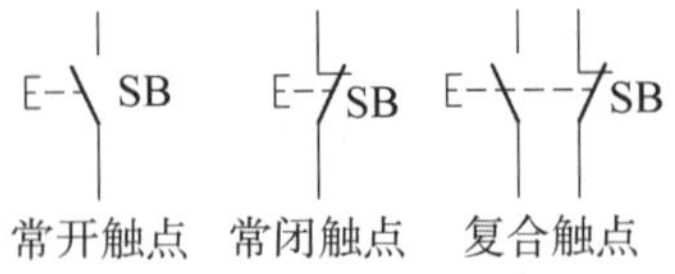

图 1-26　控制按钮在电路图中的符号

控制按钮(SB)是一种结构简单、应用广泛的主令电器，主要用于远距离控制接触器、电磁起动器、继电器线圈及其他控制线路，也可用于电气联锁线路等。控制按钮在电路图中的符号如图 1-26 所示。

1. 控制按钮的结构和工作原理

1）控制按钮的结构

控制按钮一般由按钮、复位弹簧、触头和外壳等部分组成，其结构如图1－27所示。在电器控制线路中，常开按钮常用来起动电动机，也称起动按钮；常闭按钮常用于控制电动机停车，也称停车按钮；复合按钮用于联锁控制电路中。为了便于识别各个按钮的作用，通常按钮帽有不同的颜色，一般红色表示停车按钮，绿色或黑色表示起动按钮。

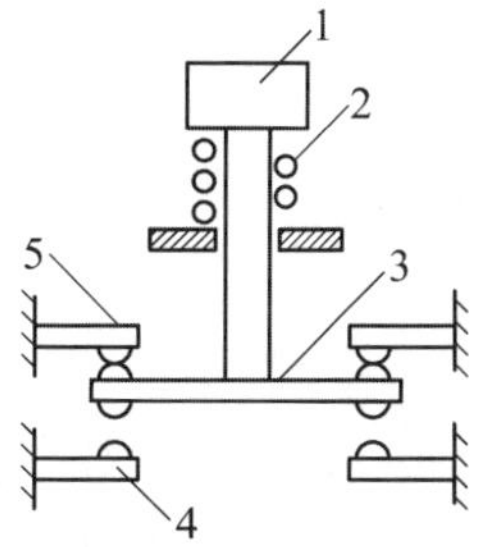

1—按钮帽；2—复位弹簧；3—动触点；4—常开静触点；5—常闭静触点。

图1－27　控制按钮的结构示意图

2）控制按钮的工作原理

按钮通常做成复合式，即具有常闭触点和常开触点。

按下按钮时，先断开常闭触点，后接通常开触点；按钮释放后，在复位弹簧的作用下，按下触点自动复位的先后顺序相反。通常，在无特殊说明的情况下，有触点电器的触点动作顺序均为“先断后合”。

2. 控制按钮型号的含义及电气符号

LA系列控制按钮型号的含义如图1－28所示。

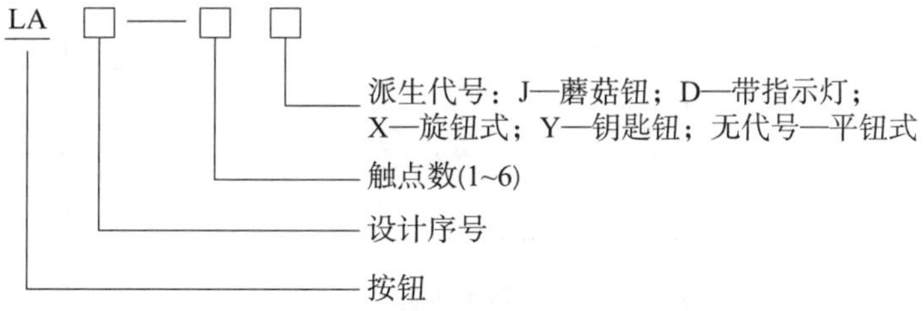

图1－28　LA系列控制按钮型号的含义

按钮的认识（1）

控制按钮的图形符号及文字符号如图1－29所示。

(a)　(b)　(c)

图1－29　控制按钮的图形符号及文字符号

(a)动合触点；(b)动断触点；(c)复合式触点

按钮的认识（2）

3. 控制按钮的选择

（1）根据使用场合，选择控制按钮的种类，如开启式、保护式、防水式、防腐式等。

（2）根据用途，选用合适的型式，如旋钮式、钥匙式、紧急式、带指示灯式等。

（3）按控制回路的需要，确定不同的按钮数，如单钮、双钮、三钮、多钮等。

（4）按工作状态指示和工作情况的要求，选择按钮及指示灯的颜色。按钮的颜色、信号灯的颜色的含义与典型用途如表1－33、表1－34所列。

表 1-33　按钮颜色及其含义

颜色	颜色含义	典型应用
红	急情出现时动作	急停
	停止或断开	(1) 总停 (2) 停止一台或几台电动机 (3) 停止机床的一部分 (4) 停止循环(如果操作者在循环期间按此按钮,那么机床在有关循环完成后停止) (5) 断开开关装置 (6) 兼有停止作用的复位
黄	干预	排除反常情况或避免不希望的变化,如当循环尚未完成时,把机床部件返回到循环起始点,按压黄色按钮可以超越预选的其他功能
绿	起动或接通	(1) 总起动 (2) 开动一台或几台电动机 (3) 开动机床的一部分 (4) 开动辅助功能 (5) 闭合开关装置 (6) 接通控制电路
蓝	红、黄、绿三种颜色未包含的任何特定含义	(1) 红、黄和绿色含义未包括的特殊情况,可以用蓝色 (2) 蓝色:复位
黑、灰、白		除专用"停止"功能按钮外,可用于任何功能,如黑色为点动,白色为控制与工作循环无直接关系的辅助功能

表 1-34　指示灯的颜色及其含义

颜色	灯亮的含义	说明	典型应用
红	危险或报警	警报潜在危险或要求立刻行动的情况	(1) 润滑系统压力出故障 (2) 温度超过规定(安全)极限 (3) 命令立即停止机床(如因为过载) (4) 主要设备因保护器件动作而停止 (5) 出现容易接触的带电或运动部件的危险
黄	警告	情况发生变化或即将发生变化	(1) 温度(或压力)不正常 (2) 出现短时的有限过载 (3) 自动循环正在运行
绿	安全	表示安全,授权开始工作,表示无障碍	(1) 冷却液循环正常 (2) 机床准备就绪可以工作,所有必需的辅助工作完毕,各种机构处于起动状态,液压或电动发电机组输出电压在额定范围内等 (3) 循环完毕,机床准备重新起动
蓝	按照情况需要赋予的特定含义	上述红、黄、绿三色未包括的任何特定含义都可由蓝色表示	(1) 遥控指示 (2) 选择开关处于"整定状态" (3) 装置处于"正向"状态 (4) 刀架或装置微量进给

续　表

颜色	灯亮的含义	说明	典型应用
白	未赋予特定含义	使用红、绿、黄存在问题时，可以用白色，如作证明用	(1) 开关电源接通 (2) 正在选择速度或转向 (3) 与工作循环无关的辅助设备正在工作

常用按钮的技术参数、按钮颜色的含义及典型应用、不同结构按钮的型式及应用场合分别如表 1 - 35～表 1 - 37 所列。

表 1 - 35　常用按钮的技术参数

型号	额定电压/V	额定电流/A	结构形式	触点对数		钮数	用途
				常开	常闭		
LA2	500	5	元件	1	1	1	作为单独元件用
LA10 - 2K			开启式	2	2	2	用于电动机起动、停止控制
LA10 - 2H			保护式				
LA10 - 2A			开启式	3	3	3	用于电动机倒、顺、停控制
LA10 - 3H			保护式				
LA19 - 11D			带指示灯式	1	1	1	
LA18 - 22Y			钥匙式	2	2	1	特殊用途
LA18 - 44Y			钥匙式	4	4	1	

表 1 - 36　按钮颜色的含义及典型应用

颜色	颜色的含义	典型应用
红	急停或停止	急停、总停、部分停止
黄	干预	循环中途的停止
绿	起动或接通	总起动、部分起动
蓝		复位
黑	未赋予	点动
白	未赋予	控制辅助功能

表 1 - 37　不同结构按钮的型式及应用场合

型式	应用场合	型号
紧急式	钮帽突出，便于紧急操作	LA19 - 11J
旋钮式	用手动操作	LA18 - 22X
带指示灯式	钮帽中装有信号灯，供信号显示	LA19 - 11D
钥匙式	利用钥匙方能操作	LA18 - 22Y
保护式	触点被外壳封闭，防止触电	LA10 - 2H

四 课程思政小故事

深海“蛟龙”守护者

蛟龙号载人潜水器是目前世界上潜深最深的载人潜水器，这只“蛟龙”全身上下有十几万个零部件，组装起来要求密封性、精密度达到“丝”级水平。

在中国载人潜水器的组装中，能实现这个精密度的只有一个人，他就是中国船舶重工集团公司第七〇二研究所水下工程研究开发部职工、蛟龙号载人潜水器首席装配钳工技师顾秋亮，也正因为有着这样的绝活儿，顾秋亮被人称为“顾两丝”。

用精密仪器来控制这么小的间隔或许不算难，难就难在载人舱观察窗的玻璃异常娇气，不能与任何金属仪器接触。因为一旦摩擦出一个小小的划痕，在深海几百个大气压的水压下，玻璃窗就可能漏水，甚至破碎，危及下潜人员的生命。因此，安装载人舱玻璃，也是组装载人潜水器里最精细的活儿。

蛟龙号的研制目标是“下得去，上得来，能干活”，为此安装了很多高精度的传感器和执行单元，如艉部的四个矢量布置的推力器。推力器的安装要求定位精确，但蛟龙号的钛合金支架是焊接结构，其安装焊接、应力释放是一个综合而复杂的过程，焊接变形量无法预估。顾秋亮利用高精度激光水平仪找平、测距仪测量实际偏差、轴径向拉钢丝确认位置等，确保了安装工作保质保量地完成。

类似的技术难题层出不穷，作为首席装配钳工技师，顾秋亮能够见招拆招，靠的就是工作四十余年来养成的“螺丝钉”精神。他爱琢磨善钻研，喜欢啃工作中的“硬骨头”。凡是交给他的活儿，他总是绞尽脑汁想着如何改进安装方法和工具，提高安装精度，进而确保高质量地完成安装任务。当学徒那会儿，10 厘米的一块方铁要锉到 0.5 厘米，为了这个，他锉了十五六块方铁，锉刀都用断了几十把。

2009 年，蛟龙号载人潜水器拉开了海上试验的序幕。作为蛟龙号海上试验技术保障骨干，已是五十多岁的顾秋亮，克服严重的晕船反应等诸多困难，义无反顾地投入海试中，为蛟龙号保驾护航。

多年来，顾秋亮带领全组成员，保质保量完成了蛟龙号总装集成、数十次水池试验和海试过程中的蛟龙号部件拆装与维护，用实际行动演绎着对祖国载人深潜事业的忠诚与热爱。

如今，顾秋亮又肩负起了新的挑战——组装 4 500 米载人潜水器。已近花甲的顾秋亮仍坚守在科研生产第一线，为载人深潜事业不断书写我国深蓝乃至世界深蓝的奇迹默默奉献。

任务 1.8 行程开关的拆装与检修

任务描述

某机床因使用时间过长，造成行程开关损坏，需要相关人员对行程开关进行测量和更换。

任务目标

(1) 通过学习，了解行程开关的结构和原理。

（2）能正确识读和绘制行程开关的电气符号。

（3）能正确选择和使用行程开关。

（4）通过操作，能正确检测和更换行程开关。

任务实施

拆卸 1 只行程开关，将拆卸步骤、主要零部件的名称及作用、各对触点动作前后的电阻值及各类触点的数量等数据记入表 1－38 中。

表 1－38　行程开关的拆卸与测量记录

型号			拆卸步骤	主要零部件	
				名称	作用
初始状态（不通电）	通电后				
	遇障碍物前	遇障碍物后			
输出端电阻	输出端电压	输出端电压			

任务评价

项目	评价内容	评分	自我评价	教师评价	综合评定
器件拆装	（1）根据内容，正确选择行程开关的规格和型号	20			
	（2）零部件的名称和作用书写正确	20			
器件测试	（1）仪表的使用方法正确	10			
	（2）测量数据准确	10			
	（3）测量结果正确	20			
职业素质	（1）认真仔细的工作态度	5			
	（2）团结协作的工作精神	5			
	（3）听从指挥的工作作风	5			
	（4）安全及整理意识	5			
评语				成绩汇总	

知识链接

1. 行程开关

行程开关又称限位开关，是一种自动开关，也是主令电器的一种。通常行程开关被用来限制机械运动的位置或行程，使运动机械按一定的位置或行程实现自动停止、反向运动、变速运动或自动往返运动等。行程开关在电路图中的符号如图 1－30 所示，行程开关型号的表示方法及含义如图 1－31 所示。

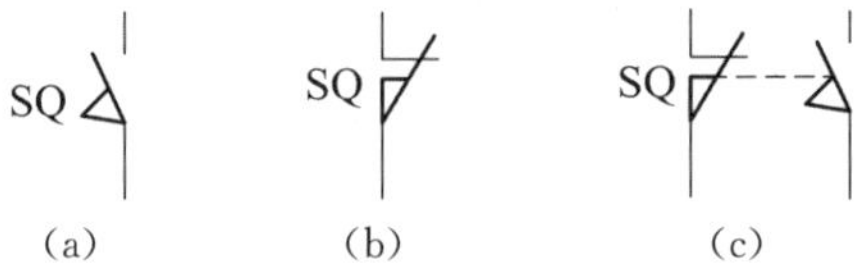

图 1-30　行程开关在电路图中的符号

(a)常开触点;(b)常闭触点;(c)复合触点

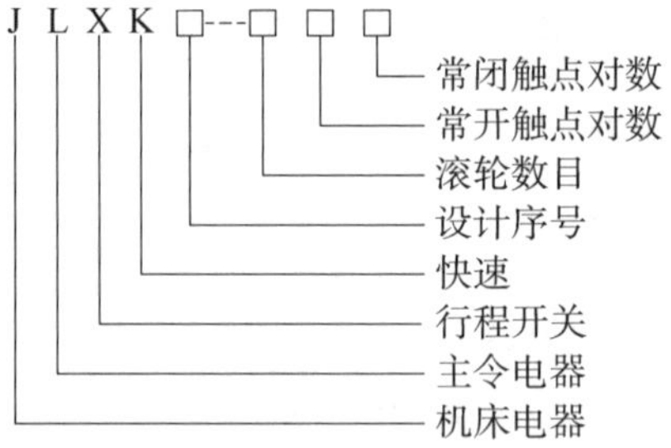

图 1-31　行程开关型号的表示方法及含义

1) 行程开关的结构和工作原理

(1) 直动式行程开关。图 1-32 为直动式行程开关的结构示意图,其动作原理同按钮类似,区别在于:按钮是手动操作,而行程开关是由运动部件的撞块碰撞动作。外界运动部件上的撞块碰压按钮使其触头动作,当运动部件离开后,在弹簧作用下,其触头自动复位。触点的分合速度取决于生产机械的运行速度,不宜用于速度低于 0.4 m/min 的场所。

(2) 滚轮式行程开关。图 1-33 为单轮自动恢复式行程开关的结构示意图,当被控机械上的撞块撞击带有滚轮的撞杆时,撞杆转向右边,带动凸轮转动,顶下推杆,使微动开关中的触点迅速动作。当运动机械返回时,在复位弹簧的作用下,各部分动作部件复位。而双轮旋转式行程开关不能自动复原,它是依靠运动机械反向移动时,挡铁碰撞另一滚轮将其复原。

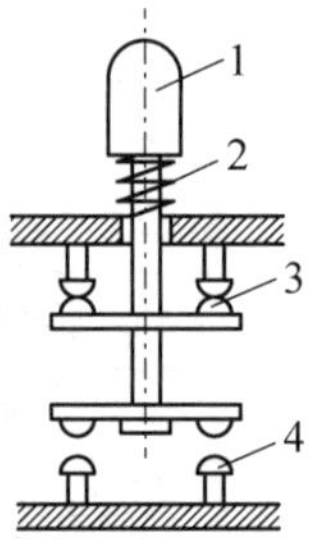

1—推杆;2—弹簧;
3—常闭触点;4—常开触点。

图 1-32　直动式行程开关的结构示意图

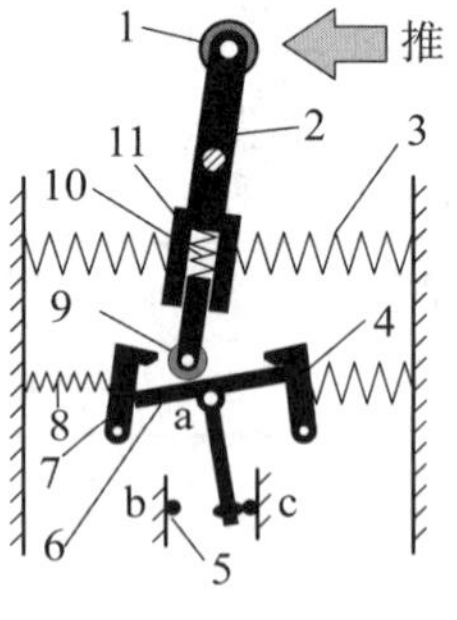

1—滚轮;2—上转臂;3、8、10—弹簧;4—滑轮;
5—压板;6、7—触点;9—横板;11—套架。

图 1-33　单轮自动恢复式行程开关的结构示意图

(3) 微动开关式行程开关。图 1-34 为微动开关式行程开关的结构示意图。当推杆被机械作用力压下时,弹簧片产生机械变形,储存能量并产生位移。当达到临界点时,弹簧片连同桥式动触头瞬时动作。当外力失去后,推杆在弹簧片作用下迅速复位,触头恢复原来状态。微动开关采用瞬动结构，触头换接速度不受推杆压下速度的影响。

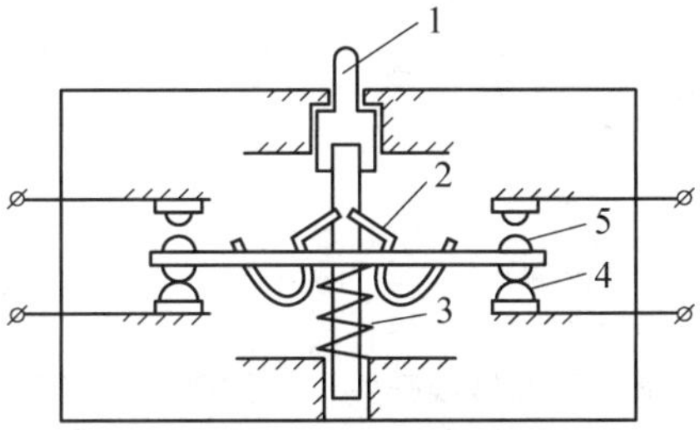

1—推杆；2—弹簧；3—动合触点；
4—动断触点；5—压缩弹簧。

图 1 - 34　微动开关式行程开关的结构示意图

2）行程开关的选择

（1）根据使用场合和控制对象来确定行程开关的种类。

当生产机械的运动速度不是太快时，通常选用一般用途的行程开关；当生产机械行程通过的路径不宜装设直动式行程开关时，应选用凸轮轴转动式的行程开关；在工作效率很高、对可靠性及精度要求也很高时，应选用接近开关。

（2）根据使用环境条件，选择开启式或保护式等行程开关的防护形式。

（3）根据控制电路的电压和电流选择行程开关的系列。

（4）根据生产机械的运动特征，选择行程开关的结构形式（操作方式）。

2. 万能转换开关

万能转换开关是由多组相同结构的触点组件叠装而成的多回路控制电器，它具有寿命长、使用可靠、结构简单等优点，适用于交流 50 Hz、380 V，直流 220 V 及以下的电源引入，5 kW 以下小容量电动机的直接起动，电动机的正、反转控制及照明控制的电路中，但每小时的转换次数不宜超出 15～20 次的范围。

万能转换开关由接触系统、操作机构、转轴、手柄、齿轮啮合机构等主要部件组成，用螺栓组装成整体，其结构原理如图 1 - 35 所示。在每层触头底座上可装三对触头，由凸轮经转轴来控制这三对触头的通断。凸轮的工作位置有 45°和 30°两种，凸轮的材料为尼龙，根据开关控制回路的要求，凸轮也有不同的形式。

万能转换开关的触点在电路图中的图形符号如图 1 - 36 所示。由于其触点的分合状态是与操作手柄的位置有关的，因此，在电路图中除画出触点图形符号之外，还应有操作手柄位置与触点分合状态的表示方法。其表示方法有两种：一种是在电路图中画虚线和画“•”的方法（见图 1 - 36），即用虚线表示操作手柄的位置，用有无“•”表示触点的闭合和打开状态。比如，在触点图形符号下方的虚线位置上面画“•”，则表示当操作手柄处于该位置时该触点处于闭合状态；若在虚线位置上未画“•”，则表示该触点处于打开状态。另一种是在电路图中既不画虚线也不画“•”，而是在触点图形符号上标出触点编号，再用通断表表示操作手柄在不同位置时的触点分合状态（见表 1 - 39），在通断表中用有无“×”表示操作手柄在不同位置时触点的闭合和断开状态。

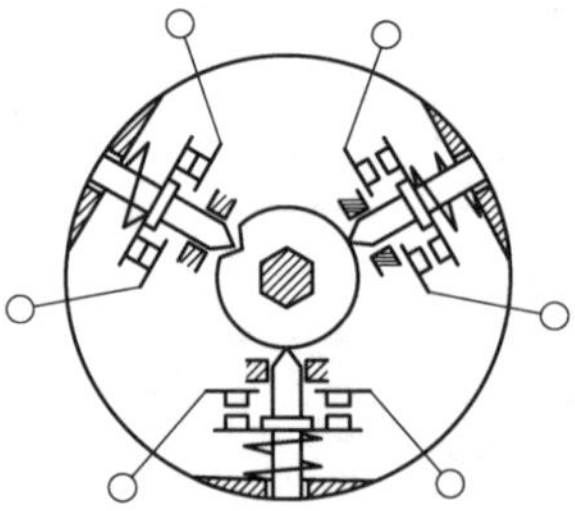

图 1－35　万能转换开关的结构示意图

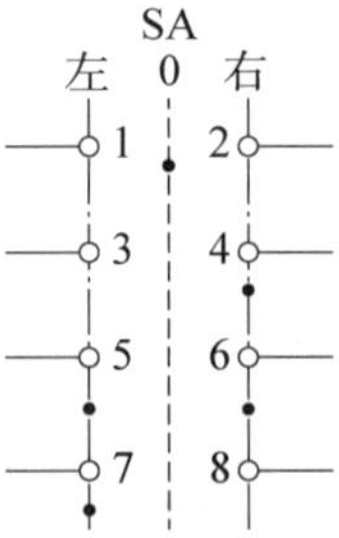

图 1－36　万能转换开关的图形符号

表 1－39　触点接线表

触点号	位　　置		
	左	0	右
1—2		×	
3—4			×
5—6	×	×	
7—8	×		

3. 低压开关

开关是最为普通的电器之一，主要用于低压配电系统及电气控制系统中，对电路和电器设备进行不频繁地通断、转换电源或负载控制，有的还可用作小容量笼型异步电动机的直接起动控制。所以，低压开关也称低压隔离开关，是低压电器中结构比较简单、应用较广的一类手动电器。低压开关主要有刀开关、组合开关、负荷开关、低压断路器等。

1）刀开关

刀开关是手动电器中结构最简单的一种，主要用作电源隔离开关，也可用来非频繁地接通和分断容量较小的低压配电线路。刀开关在电路图中的符号如图 1－37 所示。

（1）刀开关的结构。刀开关由手柄、触刀、静插座、铰链支座和绝缘底板等组成，其结构如图 1－38 所示。它依靠手动来实现触刀插入插座与脱离插座的控制。触刀与插座的接触一般为楔形线接触。为使刀开关分断时有利于灭弧，加快分断速度，设计有带速断刀刃的刀开关和触刀能速断的刀开关，有的还装有灭弧罩。按刀的极数的不同，刀开关有单极、双极与三极之分。

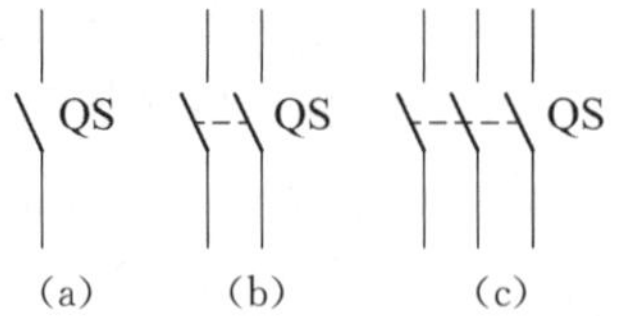

图 1－37　刀开关在电路图中的符号

(a)单极；(b)双极；(c)三极

图 1－38　刀开关的结构示意图

安装刀开关时，手柄要向上，不得倒装或平装。如果安装正确，作用在电弧上的电动力和热空气的上升方向一致，就能使电弧迅速拉长而熄灭；反之，两者方向相反，电弧将不易熄灭，严重时会使触点、刀片烧伤，甚至造成极间短路。另外，如果倒装，手柄可能会因自动下落而引起误动作合闸，将可能造成人身和设备安全事故。接线时应将电源线接在上端，负载接在下端，这样拉闸后刀片与电源隔离，可防止意外事故发生。

(2) 刀开关的型号及含义如图 1－39 所示。

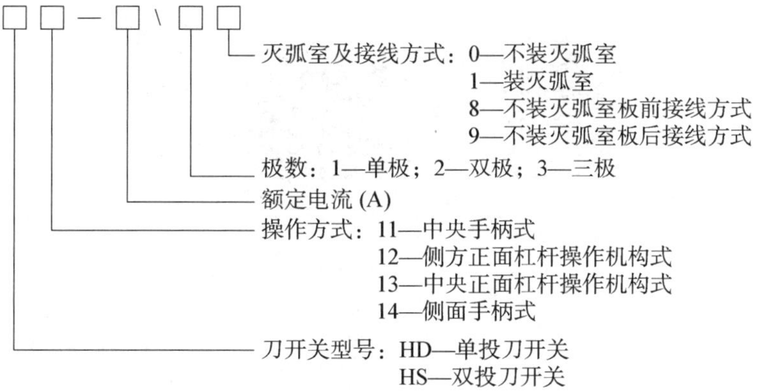

图 1－39　刀开关的型号及含义

(3) 刀开关的主要技术参数。刀开关的主要技术参数有额定电压、额定电流、通断能力、动稳定电流、热稳定电流等。

① 动稳定电流是指在电路发生短路故障时，刀开关并不因短路电流产生的电动力作用而发生变形、损坏或触刀自动弹出之类的现象。这一短路电流(峰值)即为刀开关的动稳定电流，其数值可高达额定电流的数十倍。

② 热稳定电流是指发生短路故障时，刀开关在一定时间(通常为 1 s)内通过某一短路电流并不会因温度急剧升高而发生熔焊现象，这一短路电流的最大值称为刀开关的热稳定电流。刀开关的热稳定电流也可高达额定电流的数十倍。

(4) 刀开关的选择。选择刀开关时应考虑以下两个方面：

① 刀开关结构形式的选择。应根据刀开关的作用和装置的安装形式来选择，如是否带灭弧装置，当分断负载电流时，应选择带灭弧装置的刀开关。根据装置的安装形式来选择是正面、背面或侧面操作形式，是直接操作还是杠杆传动，是板前接线还是板后接线的结构形式。

② 刀开关的额定电流的选择。一般应等于或大于所分断电路中各个负载额定电流的总和。对于电动机负载，应考虑其起动电流，所以应选用额定电流大一级的刀开关。若再考虑电路出现的短路电流，还应选用额定电流更大一级的刀开关。

2) 负荷开关

在电力拖动控制线路中，负荷开关由刀开关和熔断器组合而成。负荷开关分为开启式负荷开关和封闭式负荷开关两种。负荷开关在电路图中的符号如图 1－40 所示。

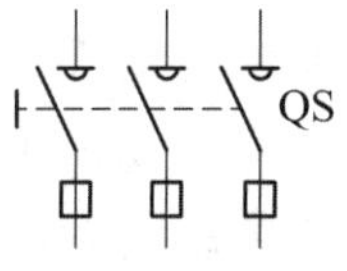

图 1－40　负荷开关在电路图中的符号

(1) 开启式负荷开关。开启式负荷开关俗称胶盖瓷底刀开关，主要用作电气照明电路、电热电路的控制开关，也可用作分支电路的配电开关。三极负荷开关在降低容量的情况下，可用作小容量三相感应电动机非频繁起动的控制开关。由于它价格便宜，使用维修方便，故应用十分普遍。与刀开关相比，负荷开关增设了熔体与防护外壳胶盖两部分，可实现短路保护。

① 开启式负荷开关的结构。

开启式负荷开关由瓷质手柄、触刀、触刀座、插座、进线座、出线座、熔体、瓷底板及上、下胶盖等部分组成。其结构如图 1－41 所示。

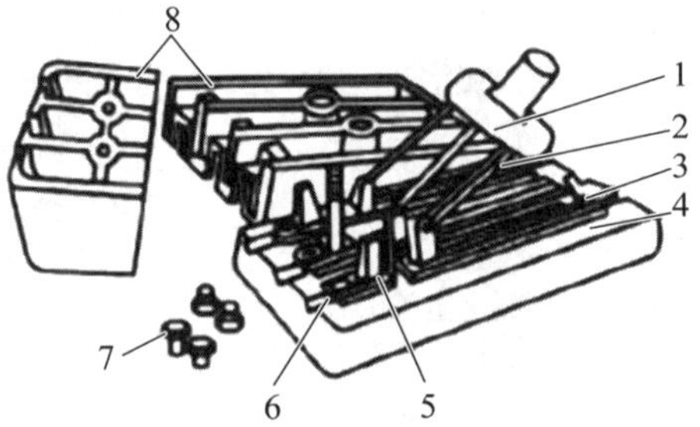

1—瓷质手柄；2—动触头；3—出线座；
4—瓷底座；5—静触头；6—进线座；
7—胶盖紧固螺钉；8—胶盖。

图 1－41　开启式负荷开关的结构示意图

② 开启式负荷开关的型号及含义。

开启式负荷开关的型号及含义如图 1－42 所示。

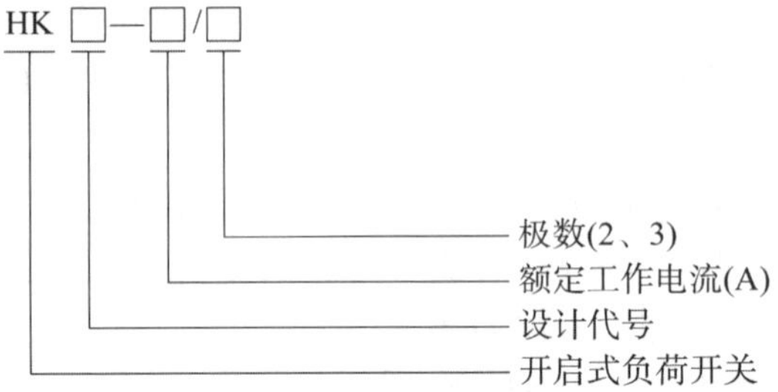

图 1－42　开启式负荷开关的型号及含义

③ 开启式负荷开关的选择。

开启式负荷开关的结构简单，价格便宜，在一般的照明电路和功率小于 5.5 kW 的电动机控制线路中被广泛采用。但这种开关没有专门的灭弧装置，其刀式动触头和静触头易被电弧灼伤引起接触不良，因此不宜用于操作频繁的电路。具体选用方法如下：

a. 用于照明和电热负载时，选用额定电压为 220 V 或 250 V，额定电流不小于电路所有负载额定电流之和的两极开关。

b. 用于控制电动机的直接起动和停止时，选用额定电压为 380 V 或 500 V，额定电流不小于电动机额定电流 3 倍的三极开关。

（2）封闭式负荷开关。封闭式负荷开关俗称铁壳开关。封闭式负荷开关一般用于电力排灌、电热器、电气照明线路的配电设备中，用来不频繁地接通与分断电路。其中容量较小者（额定电流为 60 A 及以下的)，还可用作感应电动机的非频繁全电压起动的控制开关。

① 封闭式负荷开关的结构。

封闭式负荷开关主要由触头和灭弧系统、熔体及操作机构等组成。其装于一防护外壳内。封闭式负荷开关操作机构有两个特点：一是采用储能闭合方式，即利用一根弹簧执行闭合和断开的功能，使开关的闭合和分断速度与操作速度无关(它既有助于改善开关的动作性能和灭弧性能，又能防止触头停滞在中间位置)；二是设有联锁装置，以保证开关闭合后便不能打开箱盖，而在箱盖打开后，不能再闭合。其结构如图 1 - 43 所示。

封闭式负荷开关的型号及含义如图 1 - 44 所示。

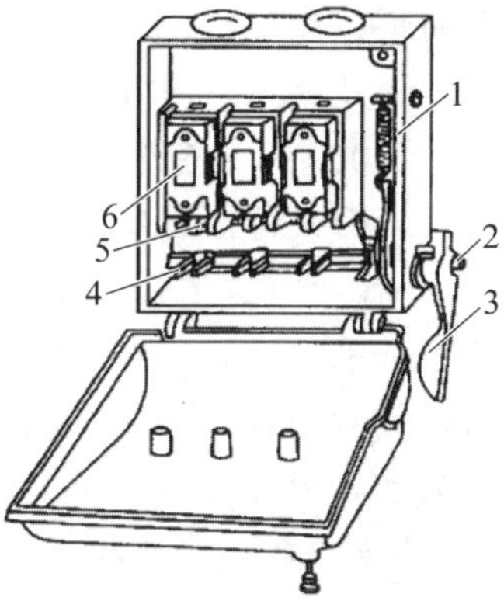

1—速断弹簧；2—转轴；
3—手柄；4—刀式触头；
5—静夹座；6—熔断器。

图 1 - 43　封闭式负荷开关的结构示意图

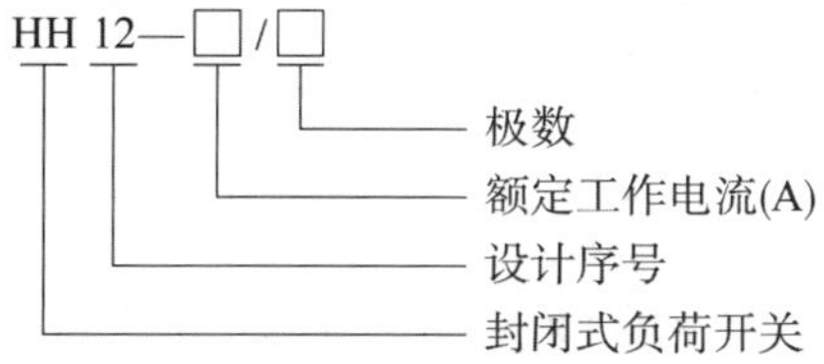

图 1 - 44　封闭式负荷开关的型号及含义

② 封闭式负荷开关的型号及含义。

③ 封闭式负荷开关的选择。

a. 封闭式负荷开关的额定电压应不小于线路工作电压。

b. 封闭式负荷开关用来控制电动机时，负荷开关的额定电流应是电动机额定电流的 2 倍左右。若用来控制一般电热、照明电路，则其额定电流按该电路的额定电流选择。

四　课程思政小故事

高铁上的中国精度

舒适、快捷的高速动车让人们出行更加方便，大家在享受动车内优雅环境的同时，很少有人在意车体下面的机械构造。

宁允展是中车青岛四方机车车辆股份有限公司的车辆钳工高级技师，他的工作就是研磨高铁列车的定位臂，这个部件相当于列车的“脚踝”。

50 微米，细如发丝，是宁允展精雕细琢的最大空间。磨少了，高铁的安全性无法保证；磨多了，整个高铁的转向架可能报废。要在发丝间把手艺做到极致，靠的是在平凡技工岗位上的“工匠精神”。

十多年如一日，宁允展在细如发丝的空间里追求极致，研磨技艺和效率均达到世界领先水平。手持磨具的他，打造出一件件中国制造业的“艺术品”，以高度的责任感和敬畏心助力中国高铁梦腾飞。

身穿灰色工装，戴上安全帽和防护镜，宁允展手持牙膏大小的磨具专注打磨一件十多平方厘米的金属卡槽，为了保证贴合率，宁允展不时将检测芯轴放在卡槽中用锤子敲打几下，再反复研磨。

十几年来，这样的情景，在中车青岛四方机车车辆股份有限公司车间内已经成为常态。

2006年，宁允展被选为第一位学习380A型列车转向架“定位臂”精细研磨技术的蓝领工人。转向架是高速动车组的关键技术之一，定位臂则是转向架的核心部位。对于宁允展这个高铁新人来说，无数个他无法解决的问题扑面而来。

如果把高铁列车比作长跑运动员，转向架就是人的“腿脚”，定位臂相当于“脚踝”，是转向架的核心部位，通过定位节点和轮对连为一体。在高速运行状态下，定位臂接触面要承受几十吨的冲击力。为保证安全可靠，定位臂和轮对节点必须要达到75%以上的贴合率。

“多向别人学习，工作中态度一定要认真，这是在日常工作中表现出来的。把活儿干好了，心里才舒服。如果这个活儿干得不好，心里就会不得劲儿。”宁允展说，在喜欢的工作岗位上乐此不疲，就会觉得时间过得飞快。

高速动车组进入批量生产后，转向架的研磨效率跟不上生产进度，宁允展大胆摒弃外方研磨工艺，采用更加精准科学的方法，他研发的“风动砂轮纯手工研磨操作法”将研磨效率提高了一倍多，接触面贴合率从75%提高到90%以上，这项长期制约转向架批量生产的瓶颈在他这里被打破。

不仅如此，过于光滑的表面相互接触后，在扭转外力的作用下，容易产生烧结、粘连等问题，影响系统功能，因此采用研磨工艺使面接触变为网状线接触，技术要求高，施工难度非常大。宁允展不论在研磨精度还是效率方面，都达到了行业领先的水平。

有统计显示，从宁允展和他团队手中研磨的转向架，装上了一千四百多列复兴号动车组，奔驰二十多亿公里，相当于绕地球5万多圈。

1991年，宁允展从铁路技校毕业，进入铁道部四方机车车辆厂（中车四方前身）做钳工，工作之余他自学电焊、机床等技能。别看他平时沉默寡言，创新工作上绝不含糊。难题面前，挡不住宁允展。

以前，转向架内腔的铁屑需要通过冲压清理，只能用双手压住风压口，不仅危险系数高，效果也不彻底。宁允展通过不断试验，发明了一套装置，可以自动释放转向架内腔清理时的压力，清理效率一下提高了80%。

长久以来，转向架检修加工部位容易损伤，由于精度要求高，修复起来十分困难。宁允展将研磨技术和焊接手法巧妙结合，发明了一套“精加工表面缺陷焊修方法”，修复精度最高可达0.01毫米，这种有效还原加工部位的操作法被中国中车认定为集团级别“绝招绝技”。

工作中的难题、瓶颈，在宁允展这里似乎都可以尝试破解。比如，动车组排风消音器、动车定位臂螺纹引头定位工装、动车空簧孔防护、动车踏面清扫器座螺纹引头工装、制动夹钳开口销开劈工具等，宁允展的这些发明和创新，有3项被认定为国家专利，每年为公司节约创效可达300万元。

“有些技术以前是引进的，现在自己研发制作，要比以前引进的产品强很多，已经超过了国外的技术。”宁允展说。

在宁允展看来，起初是严格按照引进的技术标准来操作，在这个过程中，他和工人们的技术提升了，他们还在不断摸索，在实践中积累经验。

事实上，作为中车首席技能专家、国内第一位从事高铁转向架“定位臂”研磨的工人，宁允展这些年获得的各种荣誉数不胜数。

他先后独创绝招绝技和先进操作法 13 项，完成公司级改善提案 12 项，获得 13 项国家发明技术专利。他擅长“一技多能”解决各种生产难题，是生产一线名副其实的“解扣专家”。

2015 年 5 月，宁允展成为全国总工会和中央电视台联合推出的首届 8 位大国工匠人物之一。由于在高铁研磨领域贡献突出，宁允展收获“全国五一劳动奖章”“全国最美职工”“全国职工职业道德建设标兵”等荣誉，但宁允展并不张扬，只是执着于钻研手艺，说起奖励和头衔总是微微一笑。正是有了像宁允展这样精益求精、不断求索的大国工匠，中国高铁提速奔腾才有十足的底气和自信。

项目2

电动机基本控制电路的设计、安装、接线与调试

项目要点

（1）了解电路图、接线图和布置图的画法。

（2）掌握电气控制线路的设计及元器件的选择。

（3）掌握三相异步电动机直接起动控制电路、正反转控制电路、多地控制电路、顺序起动（按钮控制）电路、顺序起动（时间继电器控制）电路、星-三角降压起动（按钮控制）电路、星-三角降压起动（时间继电器控制）电路、双速异步电动机起动（按钮控制）电路、双速异步电动机起动（时间继电器控制）电路、定子绕组串联电阻起动自动控制电路、延边三角形降压起动自动控制电路 11 种控制线路的构成、工作原理及安装、调试与维修方法。

项目目标

（1）能正确绘制、识读电路图、接线图和布置图。

（2）能进行简单电气控制线路的设计。

（3）能正确掌握三相异步电动机直接起动控制电路、正反转控制电路、多地控制电路、顺序起动（按钮控制）电路、顺序起动（时间继电器控制）电路、星-三角降压起动（按钮控制）电路、星-三角降压起动（时间继电器控制）电路、双速异步电动机起动（按钮控制）电路、双速异步电动机起动（时间继电器控制）电路、定子绕组串联电阻起动自动控制电路、延边三角形降压起动自动控制电路 11 种控制线路的构成、工作原理及安装、调试与维修方法。

（4）能根据负荷特性正确选择所需要的元器件。

任务 2.1　识读、绘制电气控制系统图

任务描述

电气控制系统图包括电气原理图、电气布置图、电气安装接线图。为了表达电气控制系统的结构、原理，便于进行电器元件的安装、调整、使用和维修，在绘制电气控制系统图时，应根据简明易懂的原则，使用统一规定的电气图形符号和文字符号。

任务目标

（1）通过学习，熟悉识读电路图、布置图和接线图的原则。

（2）通过学习，熟悉电气控制系统图的绘制原则。

知识链接

1. 常用电气图形符号、文字符号

电气控制线路图是电气工程技术的通用语言。如表 2－1 所示，为了便于交流与沟通，国家标准局参照国际电工委员会(IEC)颁布的有关文件，制定了我国电气设备的有关标准，采用新的图形和文字符号及回路标号，颁布了 GB/T 4728.1—2018《电气简图用图形符号　第 1 部分：一般要求》，GB/T 20939—2007《技术产品及技术产品文件结构原则　字母代码按项目用途和任务划分的主类和子类》，GB/T 6988.1—2024《电气技术用文件的编制　第 1 部分：规则》，并按照上述文件的要求来绘制电气控制系统图。

表 2－1　常用电气图形符号、文字符号一览表

类别	名称	图形符号	文字符号	类别	名称	图形符号	文字符号
开关	单极控制开关		SA	位置开关	常开触头		SQ
	手动开关一般符号	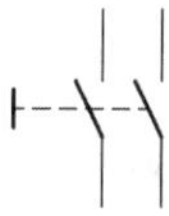	SA		常闭触头		SQ
	三极控制开关	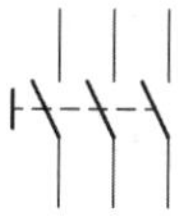	QS		复合触头		SQ
	三极隔离开关	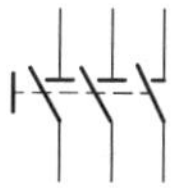	QS	按钮	常开按钮		SB
	三极负荷开关	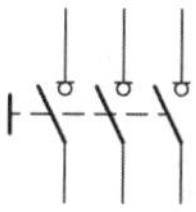	QS		常闭按钮		SB
	组合旋钮开关	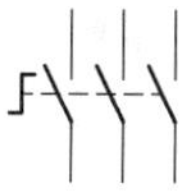	QS		复合按钮		SB
	低压断路器	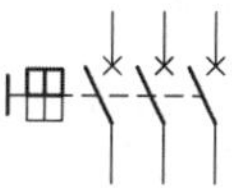	QF		急停按钮		SB
	控制器或操作开关	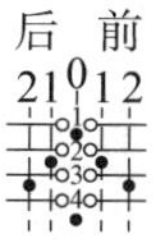	SA		钥匙操作式按钮		SB

续　表

类别	名称	图形符号	文字符号	类别	名称	图形符号	文字符号
接触器	线圈操作器件	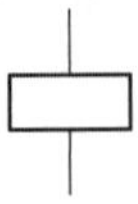	KM	热继电器	热元件	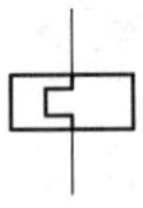	FR
	常开主触头	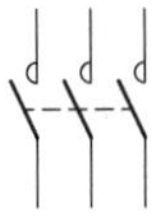	KM		常闭触头		FR
	常开辅助触头		KM	中间继电器	线圈	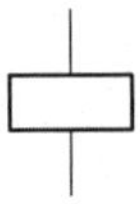	KA
	常闭辅助触头		KM		常开触头		KA
时间继电器	通电延时（缓吸）线圈	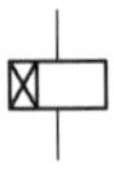	KT		常闭触头		KA
	断电延时（缓放）线圈	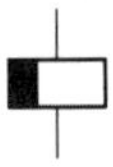	KT	电流继电器	过电流线圈	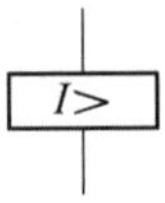	KA
	瞬时闭合的常开触头		KT		欠电流线圈	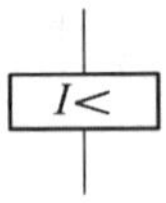	KA
	瞬时断开的常闭触头		KT		常开触头		KA
	延时闭合的常开触头	 或 	KT		常闭触头		KA
	延时断开的常闭触头	 或 	KT	电压继电器	过电压线圈	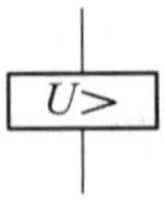	KV
	延时闭合的常闭触头	 或 	KT		欠电压线圈	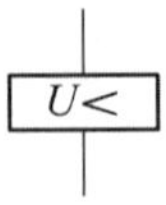	KV
	延时断开的常开触头	 或 	KT		常开触头		KV
电磁操作器	电磁铁的一般符号	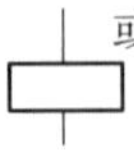 或 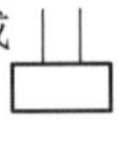	YA		常闭触头		KV

续　表

类别	名称	图形符号	文字符号	类别	名称	图形符号	文字符号
电磁操作器	电磁吸盘	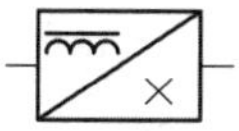	YH	电动机	三相笼型异步电动机	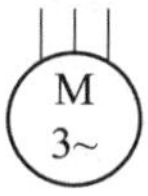	M
	电磁离合器	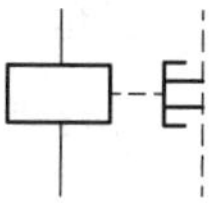	YC		三相绕线转子异步电动机		M
	电磁制动器	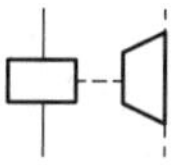	YB		他励直流电动机		M
	电磁阀	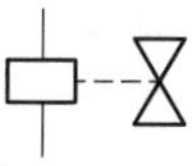	YV		并励直流电动机		M
非电量控制的继电器	速度继电器常开触头	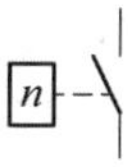	KS		串励直流电动机	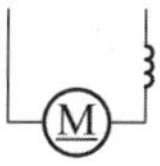	M
	压力继电器常开触头	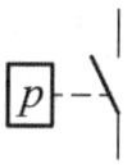	KP	熔断器	熔断器		FU
发电机	发电机		G	变压器	单相变压器	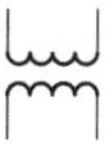	TC
	直流测速发电机		TG		三相变压器	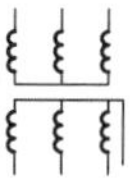	TM
灯	信号灯（指示灯）		HL	互感器	电压互感器	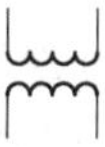	TV
	照明灯		EL		电流互感器		TA
接插器	插头和插座	 或 	X 插头 XP 插座 XS		电抗器		L

2. 电气原理图

电气原理图是根据生产机械运动形式对电气控制系统的要求，采用国家统一规定的电气图形符号和文字符号，按照电气设备和电器的工作顺序，详细表示电路、设备或成套装置的全部基本组成和连接关系，而不考虑其实际位置的一种简图。

电气原理图能充分表达电气设备和电器的用途、作用和工作原理，是电气线路安装、调试和维修的理论依据。

绘制、识读电气原理图时应遵循以下原则。

(1) 电气原理图一般分电源电路、主电路和辅助电路三部分绘制。

① 电源电路画成水平线，三相交流电源相序 L_1、L_2、L_3 自上而下依次画出，中线 N 和保护地线 PE 依次画在相线之下。直流电源的“+”端画在上边，“−”端画在下边。电源开关要水平画出。

② 主电路是指受电的动力装置及控制、保护电器的支路等，它是由主熔断器、接触器的主触头、热继电器的热元件以及电动机等组成的。主电路通过的电流是电动机的工作电流，电流较大。主电路图要画在电路图的左侧并垂直于电源电路。

③ 辅助电路一般包括控制主电路工作状态的控制电路、显示主电路工作状态的指示电路、提供机床设备局部照明的照明电路等。它是由主令电器的触头、接触器线圈及辅助触头、继电器线圈及触头、指示灯和照明灯等组成的。辅助电路通过的电流都较小，一般不超过 5 A。画辅助电路图时，辅助电路要跨接在两相电源线之间，一般按照控制电路、指示电路和照明电路的顺序依次垂直画在主电路图的右侧，且电路中与下边电源线相连的耗能元件(如接触器继电器的线圈、指示灯、照明灯等)要画在电路图的下方，而电器的触头要画在耗能元件与上边电源线之间。为读图方便，一般应按照自左至右、自上而下的排列来表示操作顺序。

(2) 电气原理图中，各电器的触头位置都按照电路未通电或电器未受外力作用时的常态位置画出。分析原理时，应从触头的常态位置出发。

(3) 电气原理图中，不画各电器元件实际的外形图，而采用国家统一规定的电气图形符号画出。

(4) 电气原理图中，同一电器的各元件不按它们的实际位置画在一起，而是按其在线路中所起的作用分画在不同电路中。但它们的动作是相互关联的，因此，必须标注相同的文字符号。当图中相同的电器较多时，需要在电器文字符号后面加注不同的数字，以示区别，如 KM1、KM2 等。

(5) 画电气原理图时，应尽可能减少线条和避免线条交叉。对于有直接电联系的交叉导线连接点，要用小黑圆点表示；无直接电联系的交叉导线则不画小黑圆点。

(6) 电气原理图采用电路编号法，即对电路中的各个接点用字母或数字编号。

① 单台三相交流电动机(或设备)的三根引出线按相序依次编号为 U、V、W。主电路在电源开关的出线端按相序依次编号为 U_{11}、V_{11}、W_{11}。然后按从上至下、从左至右的顺序，每经过一个电器元件后，编号要递增，如 U_{12}、V_{12}、W_{12}，U_{13}、V_{13}、W_{13}……对于多台电动机引出线的编号，为了不致引起误解和混淆，可在字母前用不同的数字加以区别，如 1U、1V、1W，2U、2V、2W……

② 辅助电路编号按“等电位”原则从上至下、从左至右的顺序用数字依次编号，每经过一个电器元件后，编号要依次递增。控制电路编号的起始数字必须是 1，其他辅助电路编号的起始数字依次递增 100，如照明电路编号从 101 开始、指示电路编号从 201 开始等。

3. 电器元件布置图

电器元件布置图表示电气原理图中各元器件的实际安装位置，按实际情况分别绘制如电气控制箱中的电器元件布置图、控制面板图等。电器元件布置图是控制设备生产及维护的技术文件，布置电器元件时应注意下面几点。

(1) 体积大和较重的元器件应安装在电器安装板的下方，发热元件应安装在电器安装板的上方。

(2) 电器元件的布置应考虑整齐、美观、对称。外形尺寸与结构类似、电路联系紧密的电器应安装在一起，以利于安装和配线。

(3) 需经常维护检修、调整的电器元件的安装位置不宜过高或过低。

(4) 电器元件的布置不宜过密，应留有一定间距。若用走线槽，则应加大各排电器的间距，以利于布线和维修。

(5) 强电、弱电应分开，弱电应有屏蔽措施，防止外界干扰。

(6) 电器元件布置图根据电器元件的外形尺寸绘出，并标明各元件的间距尺寸。控制盘内电器元件与盘外电器元件的连接应经过端子排，在电器元件布置图中应画出接线端子排，并按一定顺序标出接线号。

4. 电气安装接线图

电气安装接线图是根据电气设备和电器元件的实际位置和安装情况绘制的，只用来表示电气设备和电器元件的位置、配线方式和接线方式，而不明显表示电气动作原理。主要用于安装接线、线路的检查维修和故障处理。

绘制、识读电气安装接线图时应遵循以下原则。

(1) 接线图中一般标示出如下内容：电气设备和电器元件的相对位置、文字符号、端子号、导线号、导线类型、导线截面积、屏蔽和导线绞合等。

(2) 所有的电气设备和电器元件都按其所在的实际位置绘制在图纸上，且同一电器的各元件根据其实际结构，使用与电气原理图相同的图形符号画在一起，并用点划线框上，其文字符号以及接线端子的编号应与电路图中的标注一致，以便对照检查接线。

(3) 接线图中的导线有单根导线、导线组(或线扎)、电缆等之分，可用连续线和中断线来表示。凡导线走向相同的可以合并，用线束来表示，到达接线端子板或电器元件的连接点时再分别画出。在用线束表示导线组、电缆等时，可用加粗的线条表示，在不引起误解的情况下也可采用部分加粗。另外，导线及管子的型号、根数和规格应标注清楚。

5. 电动机基本控制线路的安装步骤

电动机基本控制线路的安装一般应按以下步骤进行。

(1) 识读电气原理图，明确线路所用电器元件及其作用，熟悉线路的工作原理。

(2) 根据电气原理图或元件明细表配齐电器元件，并进行检验。

(3) 根据电器元件选配安装工具和控制面板。

(4) 根据电气原理图绘制电器元件布置图和安装接线图，然后按要求在控制面板上固定电器元件(电动机除外)，并贴上醒目的文字符号。

(5) 根据电动机容量选配电路导线的截面。控制电路一般采用截面为 1 mm^2 的铜芯线(BVR),按钮线一般采用截面为 0.75 mm^2 的铜芯线(BVR),接地线一般采用截面不小于 1.5 mm^2 的铜芯线(BVR)。

(6) 根据电器安装接线图布线,同时将剥去绝缘层的两端线套上标有与电气原理图相一致编号的编码套管。

(7) 安装电动机。

(8) 连接电动机和所有电器元件金属外壳的保护接地线。

(9) 连接电源、电动机等控制面板外部的导线。

(10) 自检。

(11) 校验。

(12) 通电试车。

知识扩展

电气控制系统常用的保护环节

电气控制系统除了要能满足生产机械的加工工艺要求外,还应保证设备长期安全、可靠、无故障地运行,因此保护环节是所有电气控制系统不可缺少的组成部分,用来保护电动机、电网、电气控制设备以及人身安全等。

电气控制系统中常用的保护环节有短路保护、过电流保护、过载保护、零压保护、欠电压保护及弱磁保护。一般的电气控制系统至少应具有短路保护、过载保护这两种或者以上的保护环节,否则,就不能称之为一种完整的电气控制系统。

1. 短路保护

1) 短路保护的原因

电动机、电器元件及导线的绝缘损坏或线路发生故障时,都可能造成短路事故。很大的短路电流和电动力可能使电器设备损坏。因此,要求当发生短路故障时,控制电路应能迅速、可靠地切断电路进行保护,并且保护装置不应受起动电流的影响而误动作。

2) 常用的短路保护元件

常用的短路保护元件主要有熔断器、自动开关等。

(1) 熔断器。熔断器价格便宜,断弧能力强,所以过去一般电路几乎无例外地使用它作短路保护。但是熔体的品质、老化及环境温度等因素对其动作值影响较大,用其保护电动机时,可能会因一相熔体熔断而造成电动机单相运行。因此,熔断器适用于动作准确度和自动化程度较差的系统,如小容量的笼型电动机、普通交流电源等。

(2) 自动开关。自动开关又称自动空气断路器,它有短路、过载和欠电压保护。这种开关在线路发生短路故障时,其电流线圈动作,就会自动跳闸,将三相电源同时切断。自动开关结构复杂,价格较贵,不宜频繁操作,现在广泛应用于工厂供配电系统和电气设备控制系统。

3) 短路保护的动作过程

短路保护是一种瞬时动作过程,当发生短路故障时,若短路保护元件为熔断器,则熔体立即熔断;若短路保护元件为自动开关,则自动开关立即跳闸。因为发生短路故障时产生的短路电流至少是负载额定电流的 7 倍，由此产生的热效应和动效应对电器设备损坏严重，因此短路保护元件应快速动作切断电源，才能起到保护作用。

2. 过电流保护

1）过电流保护的原因

电动机不正确地起动或负载转矩剧烈增加会引起电动机过电流运行。一般情况下这种过电流比短路电流小，但比电动机额定电流却大得多。过电流的危害虽没有短路那么严重，但同样会造成电动机的损坏。

2）常用的过电流保护元件

常用的过电流保护元件是过电流继电器。

根据线圈中电流的大小而动作的继电器称为电流继电器。这种继电器线圈的导线较粗，匝数较少，串联在电路中。触点的动作与否与线圈电流的大小直接有关，当线圈流过的电流超过某一整定值时，衔铁吸合，触点动作。起到过电流保护作用的电流继电器被称为过电流继电器。

由于笼型电动机的起动电流很大，如果要使起动时过电流保护元件不动作，其整定值就要大于其起动电流，一般的过电流无法使之动作，所以过电流保护一般不用于笼型电动机而只用在直流电动机和绕线式异步电动机上。整定过电流动作值一般为起动电流的 1.2 倍。

3）过电流保护的动作过程

过电流保护是利用瞬时动作的过电流继电器与交流接触器配合，其中过电流继电器作为测量元件，交流接触器作为执行元件，过电流继电器常闭触点串接在交流接触器线圈的控制电路中，当发生过电流故障时，电流继电器的触点立即动作，其常闭触点断开，交流接触器线圈失电，其主触点断开，从而切断了三相交流电源，起到过电流保护的作用。

3. 过载保护

1）过载保护的原因

电动机长期超载运行，电动机绕组温升将超过其允许值，造成绝缘材料变脆，寿命减少，严重时会使电动机损坏。过载电流越大，达到允许温升的时间就越短。

2）常用的过载保护元件

常用的过载保护元件是热继电器。

热继电器可以满足如下要求：当电动机为额定电流时，电动机为额定温升，热继电器不动作；当过载电流较小时，热继电器要经过较长时间才动作；当过载电流较大时，热继电器经过较短时间就会动作。

3）过载保护的动作过程

过载保护是一种延时的间接保护，当过载电流流过电阻丝时，双金属片受热膨胀，因为两片金属的膨胀系数不同，所以就弯向膨胀系数较小的一面，利用这种弯曲的位移动作，可以切断热继电器的常闭触点，从而断开控制电路，使接触器线圈失电，接触器主触点断开，电动机便停止工作，起到了过载保护的作用。

由于热惯性的原因，热继电器不会受电动机短时过载冲击电流或短路电流的影响而瞬时动作，因此在使用热继电器做过载保护的同时，还必须设有短路保护，选作短路保护的熔断器熔体的额定电流不应超过4倍热继电器发热元件的额定电流。

必须强调指出，短路、过电流、过载保护虽然都是电流保护，但由于故障电流的动作值、保护特性和保护要求以及使用元件的不同，它们之间是不能相互取代的。

4. 零电压保护和欠电压保护

1）零电压和欠电压保护的原因

电动机在运行中，如果电源电压因某种原因消失，那么在电源电压恢复时，若电动机自行起动，将可能使生产设备损坏，也可能造成人身事故。对供电系统的电网来说，同时有许多电动机及其他用电设备自行起动，也会引起不允许的过电流及瞬间网络电压下降。为防止电网失电后恢复供电时电动机自行起动的保护叫作零电压保护。

电动机正常运行时，电源电压过分地降低将引起一些电器释放，造成控制电路工作不正常，甚至发生事故。电网电压过低，如果电动机负载不变，那么由于三相异步电动机的电磁转矩与电压的二次方成正比，因此会因电磁转矩的降低而带不动负载，造成电动机堵转停车，电动机电流增大使电动机发热，严重时烧坏电动机。所以，在电源电压降到允许值以下时，需要采用保护措施，及时切断电源，这就是欠电压保护。

2）常用的零电压和欠电压保护元件

通常是采用欠电压继电器，或设置专门的零电压继电器来实现。欠电压继电器是当继电器线圈电压不足以所规定的电压下限时，衔铁吸合，而当线圈电压很低时衔铁才释放，在电路中用于欠电压保护。

3）零电压和欠电压保护的动作过程

在主电路和控制电路由同一个电源供电时，具有电气自锁的接触器兼有欠电压和零电压保护作用。当故障电网电压下降到允许值以下时，接触器线圈释放，从而切断电动机电源；当电网电压恢复时，由于自锁已解除，因此电动机也不会再自行起动。

欠电压继电器的线圈直接跨接在定子的两相电源线上，其常开触点串接在控制电动机的接触器线圈控制电路中。自动开关的欠电压脱扣也可作为欠电压保护。主令控制器的零位操作是零电压保护的典型环节。

5. 弱磁保护

1）弱磁保护的原因

直流电动机在磁场有一定强度的情况下才能起动。如果磁场太弱，电动机的起动电流就会很大；如果直流电动机正在运行时磁场突然减弱或消失，电动机的转速就会迅速升高，甚至发生“飞车”。因此，需要采取弱磁保护。

2）常用的弱磁保护元件

常用的弱磁保护是通过在电动机的励磁回路中串入欠电流继电器来实现的。欠电流继电器是当线圈电流降低到某一整定值时释放的继电器。

3）弱磁保护的动作过程

在电动机运行中，如果励磁电流消失或降低太多，欠电流继电器就会释放，其触点切断主回路接触器线圈控制电路，使电动机断电停车。

除了上述几种保护措施外，控制系统中还可能有其他各种保护，如联锁保护、行程保护、油压保护、温度保护等。只要在控制电路中串接上能反映这些参数的控制电器的常开触点或常闭触点，就可实现有关保护。

四　课程思政小故事

碳达峰碳中和

气候变化是人类面临的最严峻挑战之一。工业革命以来，人类活动燃烧化石能源、工业过程以及农林和土地利用变化排放的大量二氧化碳滞留在大气中，是造成气候变化的主要原因。除二氧化碳之外，具有增暖效应的温室气体还包括甲烷、氧化亚氮、氢氟碳化物、全氟化碳和六氟化硫。为了应对气候变化，促进人类社会的可持续发展，必须努力减少温室气体排放。

碳达峰是指全球、国家、城市、企业等主体的碳排放在某个时期达到峰值。大多数发达国家已经实现碳达峰，碳排放进入下降通道。我国目前碳排放虽然比2000—2010年的快速增长期增速放缓，但仍呈增长态势，尚未达峰。

碳中和是指人为排放源与通过植树造林、碳捕集与封存(CCS)技术等人为吸收达到平衡。碳中和的目标可以设定在全球、国家、城市、企业活动等不同层面，狭义指二氧化碳排放，广义也可指所有温室气体排放。对于二氧化碳，碳中和与净零碳排放的概念基本可以通用，根据2018年政府间气候变化专门委员会(IPCC)1.5C特别报告的主要结论，要实现《巴黎协定》下的2℃目标，要求全球在2030年比2010年减排25%，在2070年左右实现碳中和；而实现1.5℃目标，则要求全球在2030年比2010年减排45%，在2050年左右实现碳中和。无论如何，全球碳排放都应在2020—2030年尽早达峰。

2015年巴黎会议前夕，中国承诺2030年左右实现碳达峰，到2020年单位国内生产总值二氧化碳排放比2005年下降40%～45%，非化石能源占一次能源消费比重达到15%左右，森林面积比2005年增加4 000万公顷，森林蓄积量比2005年增加13亿立方米。

2020年9月22日，习近平主席在联合国一般性辩论时宣布中国2030年前实现碳排放达峰，2060年前实现碳中和。

2020年12月12日，习近平主席在气候雄心峰会上进一步提出了中国国家自主贡献新举措，到2030年单位国内生产总值二氧化碳排放将比2005年下降65%以上。非化石能源占一次能源消费比重将达到25%左右，森林蓄积量将比2005年增加60亿立方米，风电、太阳能发电总装机容量将达到12亿千瓦以上。

一诺千金，言出必行。3年来，以习近平同志为核心的党中央把碳达峰、碳中和纳入生态文明建设整体布局和经济社会发展全局，推动“双碳”工作取得良好开局和积极成效。我国构建起碳达峰、碳中和“1+N”政策体系，部署实施“碳达峰十大行动”，不断夯实统计核算、标准计量、科技创新、人才培养等工作基础；建成全球规模最大的清洁发电体系，截至2023年上半年，全国可再生能源装机突破13亿千瓦，历史性超过煤电；新能源汽车保有量超1620万辆，产销量已连续8年稳居世界第一。

任务 2.2 电气控制线路的设计及元器件选择

任务描述

学习电动机的电气控制线路，不仅应掌握继电器—接触器控制线路的典型环节，还应具备一般生产机械电气控制线路的分析能力和一般生产机械电气控制线路的设计能力。本任务介绍继电器—接触器电气控制线路的设计方法，包括电气控制线路设计的内容、一般程序、设计原则、设计方法和步骤，以及电气控制系统的安装、调试方法。

任务目标

(1) 通过学习，熟悉电气控制线路的设计方法。

(2) 通过学习，熟练掌握元器件的选择方法。

知识链接

1. 电气控制线路设计的主要内容

电气控制线路设计的基本任务是根据控制要求，设计和编制设备制造和使用维修过程中所必需的图纸、资料，包括电气原理线路图、电器元件布置图、电气安装接线图、电气箱图及控制面板等，编制外购件目录、单台消耗清单、设备说明书等资料。

由此可见，电气控制线路的设计包括原理设计和工艺设计两部分。现以电力拖动控制系统为例，说明两部分的设计内容。

1) 原理设计内容

(1) 拟定电气设计任务书(技术条件)。

(2) 确定电力拖动方案(电气传动形式)及控制方案。

(3) 选择电动机，包括电动机的类型、电压等级、容量及转速，并选择具体型号。

(4) 设计电气控制的原理框图，包括主电路、控制电路和辅助控制电路，确定各部分之间的关系，拟定各部分的技术要求。

(5) 设计并绘制电气原理图，计算主要技术参数。

(6) 选择电器元件，制定电机和电器元件明细表，以及装置易损件及备用件的清单。

(7) 编写设计说明书。

2) 工艺设计内容

工艺设计的主要目的是便于组织电气控制装置的制造，实现电气原理设计所要求的各项技术指标，为今后的设备使用、维修提供必要的图纸资料。工艺设计主要包括以下内容。

(1) 根据已设计完成的电气原理图及选定的电器元件，设计电气设备的总体配置，绘制电气控制系统的总装配图及总接线图。总图应反映出电动机、执行电器、电气箱各组件、操作台布置、电源及检测元件的分布状况和各部分之间的接线关系与连接方式，这部分的设计资料供总体装配调试及日常维护使用。

(2) 按照电气原理框图或划分的组件，对总原理图进行编号，绘制各组件原理电路图，列出各组件的元件目录表，并根据总图编号标出各组件的进出线号。

(3) 根据各组件的原理电路及选定的元件目录表，设计各组件的装配图(包括电器元件的布置图和安装图)、接线图，图中主要反映各电器元件的安装方式和接线方式，这部分资料是各组件电路的装配和生产管理的依据。

(4) 根据组件的安装要求，绘制零件图纸，并标明技术要求，这部分资料是机械加工和对外协作加工所必需的技术资料。

(5) 设计电气箱，根据组件的尺寸及安装要求，确定电气箱的结构与外形尺寸，设置安装支架，标明安装尺寸、安装方式、各组件的连接方式、通风散热及开门方式，在这一部分的设计中，应注意操作维护的方便与造型的美观。

(6) 将总原理图、总装配图及各组件原理图等资料进行汇总，分别列出外购件清单、标准件清单，以及主要材料消耗定额，这部分是生产管理和成本核算所必须具备的技术资料。

(7) 编写使用说明书。

在实际设计过程中，根据生产机械设备的总体技术要求和电气系统的复杂程度，对上述步骤进行适当的调整及修正。

2. 电气控制线路的设计

1) 电气控制线路设计的原则

一般来说，当生产机械的电力拖动方案和控制方案确定以后，即可着手进行电气控制线路的具体设计。对于不同的设计人员，由于其自身知识的广度、深度不同，导致所设计的电气控制线路的形式灵活多变。因此，若要设计出满足生产工艺要求的最合理的方案，就要求电气设计人员必须不断地扩展自己的知识面，开阔思路，总结经验。电气控制系统的设计一般应遵循以下原则。

(1) 最大限度满足生产机械和工艺对电气控制系统的要求。

电气控制系统是为整个生产机械设备及其工艺过程服务的。因此，在设计之前，首先要弄清楚生产机械设备需满足的生产工艺要求，对生产机械设备的整个工作情况做全面、细致的了解。同时深入现场调查研究，收集资料，并结合技术人员及现场操作人员的经验，以此作为设计电气控制线路的基础。

(2) 在满足生产工艺要求的前提下，力求使控制线路简单、经济。

① 尽量选用标准电器元件，尽量减少电器元件的数量，尽量选用相同型号的电器元件，以减少备用品的数量。

② 尽量选用标准的、常用的或经过实践考验的典型环节或基本电气控制线路。

③ 尽量减少不必要的触点，以简化电气控制线路。在满足生产工艺要求的前提下，使用的电器元件越少，电气控制线路中所涉及的触点的数量也越少，因而控制线路就越简单。同时还可以提高控制线路的工作可靠性，降低故障率。

减少触点数目的方法通常有下面几种：

a. 合并同类触点。在图 2-1 中，(a)、(b)实现的控制功能一致，但(b)比(a)少了一对触点。合并同类触点时，应注意所用触点的容量应大于两个线圈电流之和。

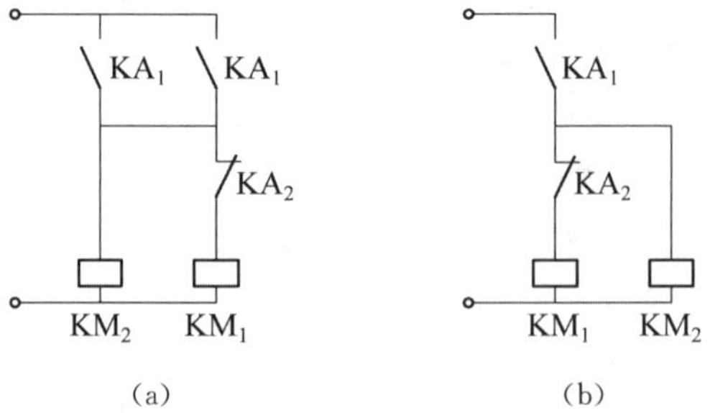

图 2-1　同类触点合并

b. 利用转换触点的方式。利用具有转换触点的中间继电器将两对触点合并成一对转换触点，如图 2-2 所示。

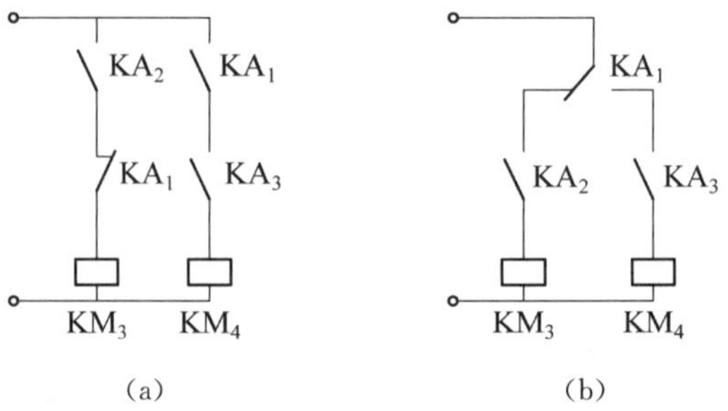

图 2-2　具有转换触点的中间继电器的应用

c. 利用半导体二极管的单向导电性减少触点的数目。如图 2-3 所示，利用二极管的单向导电性可减少一个触点。这种方法只适用于控制电路所用电源为直流电源的场合，在使用中还要注意电源的极性。

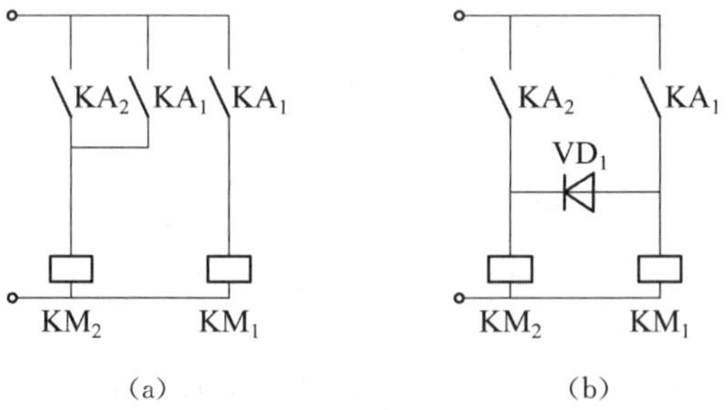

图 2-3　利用二极管简化控制电路

d. 利用逻辑代数的方法来减少触点的数目。如图 2-4 中(a)所示，图中含有的触点数目为 5 个，其逻辑表达式为

$$K = A\bar{B} + A\bar{B}C \tag{2-1}$$

经逻辑化简后，$K = A\bar{B}$，这样就可以将原图简化为只含有两个触点的电路，如图 2-4(b)所示。

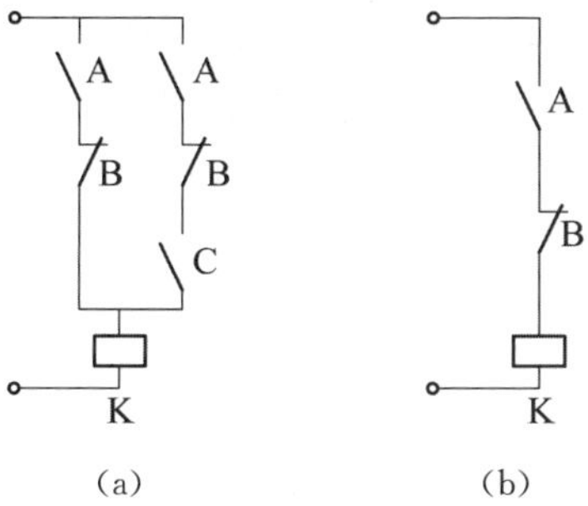

图 2-4　利用逻辑代数减少触点

④ 尽量缩短连接导线的数量和长度。在设计电气控制线路时，应根据实际环境情况，合理考虑并安排各种电气设备和电器元件的位置及实际连线，以保证各种电气设备和电器元件之间连接导线的数量最少、导线的长度最短。

如图 2-5 所示，仅从控制线路上分析没有什么不同，但若考虑实际接线，则图 2-5(a)中的接线不合理。因为按钮安装在操作台上，接触器安装在电气柜内，按图 2-5 的接法，从电气柜到操作台需引 4 根导线。

图 2-5(b)中的接线合理，因为它将起动按钮和停止按钮直接相连，从而保证了两个按钮之间的距离最短、导线连接最短。此时，从电气柜到操作台只需引出 3 根导线。所以，一般都将起动按钮和停止按钮直接连接。

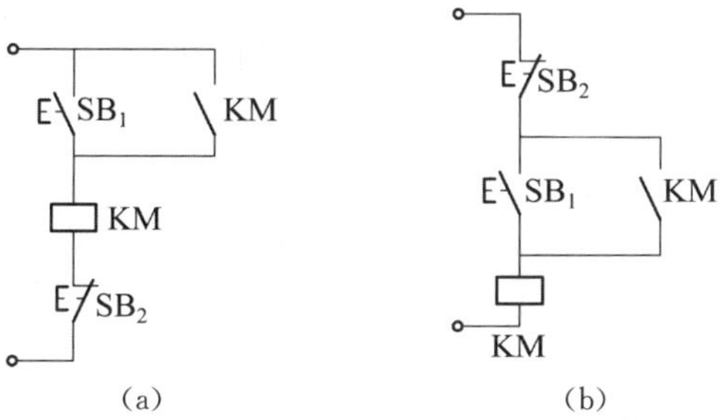

图 2-5　电器的连接图

(a)不合理；(b)合理

特别要注意，同一电器的不同触点在电气线路中应尽可能具有更多的公共连接线。这样，可减少导线段数和缩短导线长度，如图 2-6 所示。行程开关安装在生产机械上，继电器安装在电气柜内。例如，图 2-6(a)中用 4 根长导线连接，而图 2-6(b)中只需用 3 根长导线。

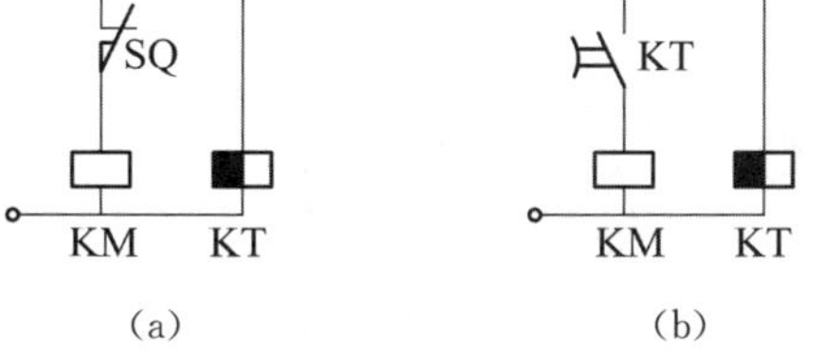

图 2-6　节省连接导线的方法

⑤ 控制线路在工作时，除必要的电器元件必须通电外，其余的电器元件尽量不通电以节约电能。如图 2－7(a)所示，在接触器 KM_2 得电后，接触器 KM_1 和时间继电器 KT 就失去了作用，不必继续通电。若控制线路部分改成图 2－7(b)，则 KM_2 得电后，切断了 KM_1 和 KT 的电源，节约了电能，延长了该电器元件的寿命。

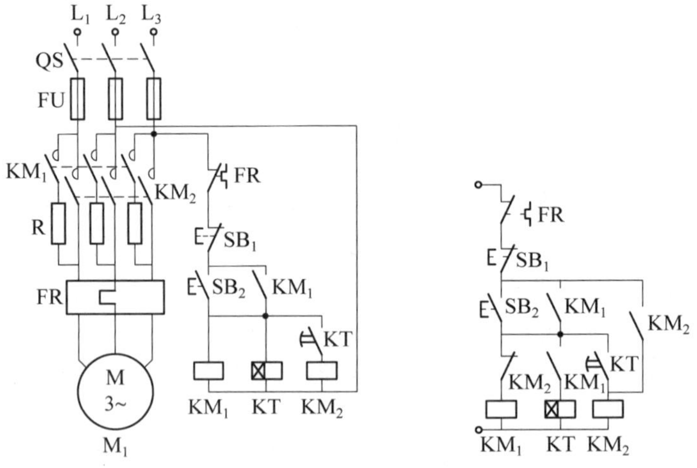

(a) (b)

图 2－7 减少通电电器的线路

(3) 保证电气控制线路工作的可靠性。

最主要的是选择可靠的电器元件。同时，在具体的电气控制线路设计上要注意以下几点。

① 正确连接电器元件的触点。同一电器元件的常开和常闭触点靠得很近，如果分别接在电源的不同相上，如图 2－8(a)所示的限位开关 SQ 的常开和常闭触点，常开触点接在电源的一相，常闭触点接在电源的另一相，那么当触点断开产生电弧时，可能在两触点间形成飞弧造成电源短路。如果改成图 2－8(b)的形式，那么由于两触点间的电位相同，因此不会造成电源短路。所以，在控制线路设计时，应使分布在线路不同位置的同一电器触点尽量接到同一个极或尽量共接同一等电位点，以避免在电器触点上引起短路。

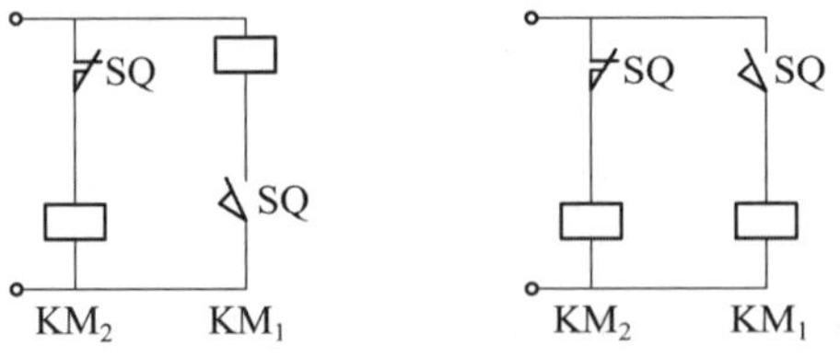

(a) (b)

图 2－8 触点的连接

(a)正确；(b)错误

② 正确连接电器的线圈。

a. 在交流控制线路中，即使外加电压是两个线圈额定电压之和，也不允许两个电器元件的线圈串联，如图 2－9(a)所示。这是因为每个线圈上所分配到的电压与线圈的阻抗成正比，而两个电器元件的动作总是有先有后，不可能同时动作。若接触器 KM_1 先吸合，则线圈的电感显著增加，其阻抗比未吸合的接触器 KM_2 的阻抗大，因而在该线圈上的电压降增大，使

KM_2 的线圈电压达不到动作电压，此时 KM_1 线圈电流增大，有可能将线圈烧毁。因此，若需要两个电器元件同时工作，则其线圈应并联连接，如图 2－9(b)所示。

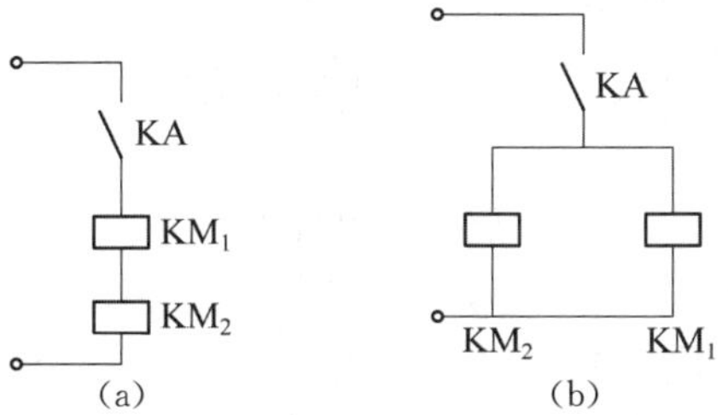

图 2－9 线圈的连接

(a)错误；(b)正确

b. 两电感量相差悬殊的直流电压线圈不能直接并联，如图 2－10(a)所示。YA 为电感量较大的电磁铁线圈，KA 为电感量较小的继电器线圈，当 KM 触点断开时，由于电磁铁 YA 线圈的电感量较大，产生的感应电势加在电压继电器 KA 的线圈上，因此流经 KA 线圈上的电流有可能达到其动作值，从而使继电器 KA 重新吸合，过一段时间 KA 又释放。这种情况显然是不允许的。为此，应在 KA 的线圈电路中单独串接 KM 的常开触点，如图 2－10(b)所示。

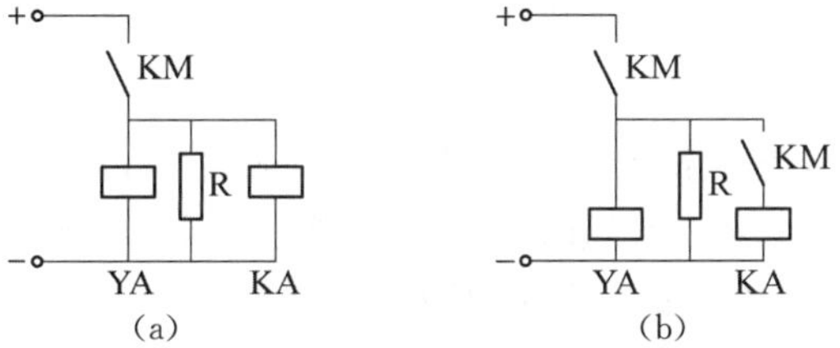

图 2－10 电磁铁与继电器线圈的连接

(a)错误；(b)正确

③ 避免出现寄生电路。在电气控制线路的动作过程中，发生意外接通的电路称为寄生电路。寄生电路将破坏电器元件和控制线路的工作顺序或造成误动作。如图 2－11(a)所示是一个具有指示灯和过载保护的电动机正反向控制电路。正常工作时，该电路能完成正反向起动、停止和信号指示。但当热继电器 FR 动作时，产生寄生电路，电流流向如图中虚线所示，使正向接触器 KM_1 不能释放，起不了保护作用。如果将指示灯与其相应的接触器线圈并联，就可防止寄生电路，如图 2－11(b)所示。

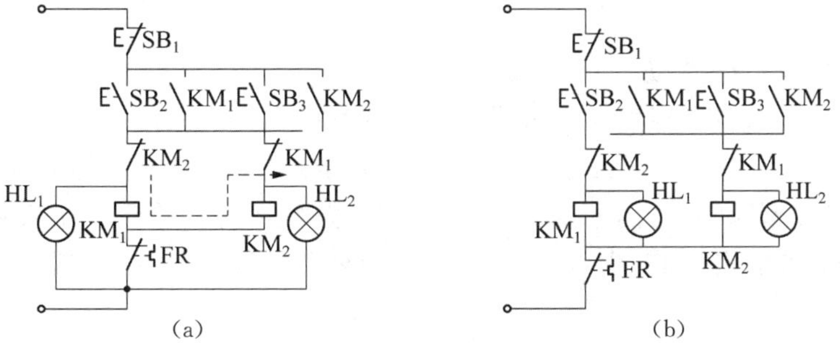

图 2－11 防止寄生电路

(a)错误；(b)正确

④ 在电气控制线路中，应尽量避免许多电器元件依次动作才能接通另一个电器元件的现象。

⑤ 在频繁操作的可逆线路中，正反向接触器之间要有电气联锁和机械联锁。

⑥ 设计的电气控制线路应能适应所在电网的情况，并据此来决定电动机的起动方式是直接起动还是间接起动。

⑦ 在设计电气控制线路时，应充分考虑继电器触点的接通和分断能力。若要增加接通能力，则可用多触点并联；若要增加分断能力，则可用多触点串联。

(4) 应力求使操作、维护、检修方便。

电气控制线路对电气控制设备而言，应力求维修方便、使用简单。为此，在具体进行电气控制线路的安装与配线时，电器元件应留有备用触点，必要时留有备用元件；为检修方便，应设置电气隔离，避免带电检修；为调试方便，控制方式应操作简单，能迅速实现从一种控制方式到另一种控制方式的转换，如从自动控制转换到手动控制等；设置多点控制，便于在生产机械旁进行调试；操作回路较多时，如要求正反向运转并调速，应采用主令控制器，不要采用许多按钮。

3. 电气控制线路设计的程序

电气控制系统的设计一般按如下程序进行。

1) 拟定设计任务书

电气控制系统设计的技术条件通常是以电气设计任务书的形式加以表达的，电气设计任务书是整个系统设计的依据，拟定电气设计任务书应聚集电气、机械工艺、机械结构三方面的设计人员，根据所设计的机械设备的总体技术要求，共同商讨，拟定认可。在电气设计任务书中，应简要说明所设计的机械设备的型号、用途、工艺过程、技术性能、传动要求、工作条件、使用环境等。除此之外，还应说明以下技术指标及要求。

(1) 控制精度，生产效率要求。

(2) 有关电力拖动的基本特性，如电动机的数量、用途、负载特性、调速范围以及对反向、起动和制动的要求等。

(3) 用户供电系统的电源种类、电压等级、频率及容量等要求。

(4) 有关电气控制的特性，如自动控制的电气保护、联锁条件、动作程序等。

(5) 其他要求，如主要电气设备的布置草图、照明、信号指示、报警方式等。

(6) 目标成本及经费限额。

(7) 验收标准及方式。

2) 电力拖动方案与控制方式的选择

电力拖动方案的选择是以后各部分设计内容的基础和先决条件。

电力拖动方案是指根据生产工艺要求、生产机械的结构、运动部件的数量、运动要求、负载特性、调速要求及投资额等条件，来确定电动机的类型、数量、拖动方式，并拟定电动机的起动、运行、调速、转向、制动等控制要求，作为电气控制原理图设计及电器元件选择的依据。

3) 电动机的选择

根据已选择的拖动方案，可以进一步选择电动机的类型、数量、结构形式，以及容量、额定电压、额定转速等。

电动机选择的基本原则如下。

(1) 电动机的机械特性应满足生产机械提出的要求，要与负载特性相适应，以保证生产过程中的运行稳定性，并具有一定的调速范围与良好的起动、制动性能。

(2) 电动机的结构形式应满足机械设计提出的安装要求，并适应周围环境的工作条件。

(3) 根据电动机的负载和工作方式，正确选择电动机的容量。选择电动机的容量时可以按以下四种类型进行。

① 对于恒定负载长期工作制的电动机，其容量的选择应保证电动机的额定功率等于或大于负载所需要的功率；

② 对于变动负载长期工作制的电动机，其容量的选择应保证当负载变到最大时电动机仍能给出所需要的功率，同时电动机的温升不超过允许值；

③ 对于短时工作制的电动机，其容量的选择应按照电动机的过载能力进行；

④ 对于重复短时工作制的电动机，其容量的选择原则上可按照电动机在一个工作循环内的平均功耗进行。

(4) 电动机电压的选择应根据使用地点的电源电压来决定，常用为380 V、220 V。

(5) 在没有特殊要求的场合，一般均采用交流电动机。

4) 电气控制方案的确定

在几种电路结构及控制形式均可以达到同样的控制技术指标的情况下，到底选择哪一种控制方案，往往要综合考虑各个控制方案的性能、设备投资、使用周期、维护检修、发展等因素。

选择电气控制方案的主要原则如下。

(1) 自动化程度与国情相适应。根据现代科学技术的发展，电气控制方案尽可能选用最新科学技术，同时又要与企业自身的经济实力及各方面的人才素质相适应。

(2) 控制方式应与设备的通用及专用化相适应。对于工作程序固定的专用机械设备，使用中并不需要改变原有程序，可采用继电器—接触器控制系统，控制线路在结构上连接成"固定"式的；对于要求较复杂的控制对象或者要求经常变换工序和加工对象的机械设备，可以采用可编程序控制器控制系统。

(3) 控制方式随控制过程的复杂程度而变化。在生产机械控制自动化中，随控制要求及控制过程的复杂程度不同，可以采用分散控制或集中控制的方案，但是各台单机的控制方式和基本控制环节应尽量一致，以简化设计和制造过程。

(4) 控制系统的工作方式，应在经济、安全的前提下，最大限度地满足工艺要求。此外，控制方案的选择还应考虑采用自动、半自动循环，工序变更、联锁、安全保护、故障诊断、信号指示、照明等。

5) 设计电气控制原理图

设计电气控制原理线路图，并合理选择元器件，编制元器件目录清单。

6) 设计电气设备的施工图

设计电气设备制造、安装、调试所必需的各种施工图纸，并以此为依据编制各种材料的定额清单。

7) 编写说明书

电气操作
实训柜介绍

4. 常用电器元件的选择

电气控制系统的电路设计完成之后，就应着手进行有关电器元件的选择。一个大型的自动控制系统常由成百上千个元器件组成，如果其中某一个元器件失灵，就会影响整个控制系统的正常工作，或出现故障，或使生产停滞。因此，正确、合理地选用控制电器是控制电路安全、可靠工作的重要保证。电器元件选择的基本原则如下。

(1) 按照电器元件的功能要求确定电器元件的类型。

(2) 确定电器元件承载能力的临界值及使用寿命。根据电器控制的电压、电流及功率的大小确定电器元件的规格。

(3) 确定电器元件预期的工作环境及供应情况，如防油、防尘、防水、防爆及货源情况。

(4) 根据电器元件在应用中所要求的可靠性进行选择。

(5) 确定电器元件的使用类别如表 2-2 所列。

表 2-2 低压电器常用使用类别及其代号

电流种类	使用类别代号	典型用途举例	有关产品
A. C.	AC-1	无感或低感负载、电阻炉	低压接触器和电动机起动器
	AC-2	绕线式感应电动机的起动、分断	
	AC-3	鼠笼式感应电动机的起动、运转中分断	
	AC-4	鼠笼式感应电动机的起动、反接制动或反向运转、点动	
	AC-5a	放电灯的通断	
	AC-5b	白炽灯的通断	
	AC-6a	变压器的通断	
	AC-6b	电容器组的通断	
	AC-7a	家用电器和类似用途的低感负载	
	AC-7b	家用的电动机负载	
	AC-8a	具有手动复位过载脱扣器的密封制冷压缩机中的电动机控制	低压接触器和电动机起动器
	AC-8b	具有自动复位过载脱扣器的密封制冷压缩机中的电动机控制	
	AC-12	控制电阻负载和光耦合器隔离的固态负载	控制电路电器和开关元件
	AC-13	控制变压器隔离的固态负载	
	AC-14	控制小容量电磁铁负载	
	AC-15	控制交流电磁铁负载	
	AC-20	空载条件下闭合和断开电路	低压开关、隔离器、隔离开关及熔断器等组合电器
	AC-21	通断电阻负载，包括通断适中的过载	
	AC-22	通断电阻电感混合负载，包括通断适中的过载	

续 表

电流种类	使用类别代号	典型用途举例	有关产品
	AC－23	通断电动机负载或其他高电感负载	
A. C. 和 D. C.	A	无额定短时耐受电流要求的电路保护	低压断路器
	B	具有额定短时耐受电流要求的电路保护	
D. C.	DC－1	无感或低感负载，电阻炉	低压接触器
	DC－3	并激电动机的起动、反接制动或反向运转、点动，电动机在动态中分断	
	DC－5	串激电动机的起动、反接制动或反向运转、点动，电动机在动态中分断	
	DC－6	白炽灯的通断	
	DC－12	控制电阻负载和光耦合器隔离的固态负载	控制电路电器及开关元件
	DC－13	控制直流电磁铁	
	DC－14	控制电路中有经济电阻的直流电磁铁负载	
	DC－20	空载条件下闭合和断开电路	低压开关、隔离器、隔离开关及熔断器组合电器
	DC－21	通断电阻负载，包括通断适中的过载	
	DC－22	通断电阻电感混合负载，包括通断适中的过载(如并激电动机)	
	DC－23	通断高电感负载(如串激电动机)	

1) 按钮、开关类电器的选择

(1) 按钮。按钮主要根据所需要的触点数、使用场合、颜色标注以及额定电压、额定电流进行选择。国标 GB 5226.1—2019《机械安全　机械电气设备　第 1 部分：通用技术条件》对按钮的颜色做了如下规定：

① “停止”和“急停”按钮必须是红色的。当按下红色按钮时，必须使设备停止工作或断电。

② “起动”按钮的颜色是绿色。

③ “起动”与“停止”交替动作的按钮必须是黑色、白色或灰色，不得用红色和绿色。

④ “点动”按钮必须是黑色。

⑤ “复位”按钮(如保护继电器的复位按钮)必须是蓝色。当复位按钮还有停止的作用时，必须是红色。

按钮颜色的含义及应用如表 2－3 所列。

表 2-3　按钮的颜色、含义及应用

颜色	含义	典型应用
红	处理事故	紧急停机；扑灭燃烧
	“停止”或“断电”	正常停机； 停止一台或多台的电动机； 装置的局部停机； 切断一个开关； 带有“停止”或“断电”功能的复位
黄	参与	防止意外情况； 参与抑制反常的状态； 避免不需要的变化(事故)
绿	“起动”或“通电”	“起动”或“通电”正常起动； 起动一台或多台的电动机； 装置的局部起动； 接通一个开关装置(投入运行)
蓝	红、黄、绿三种颜色未包括的任何特定用意	凡红、黄和绿色未包含的用意，皆可采用蓝色
黑、灰、白	无特定用意	除单功能的“停止”或“断电”按钮外的任何功能

(2) 行程开关。行程开关主要根据机械设备的运动方式与安装位置，如挡铁的形状、工作速度、工作力、工作行程、触点数量，以及额定电压、额定电流来选择。

(3) 万能转换开关。万能转换开关根据控制对象的接线方式、触点形式与数量、动作顺序和额定电压、额定电流等参数进行选择。

(4) 电源引入开关的选择。机械设备引入电源的控制开关常选用刀开关、组合开关和断路器等。

① 刀开关与铁壳开关的选用。

刀开关与铁壳开关适用于接通或断开有电压而无负载电流的电路，用于不频繁接通与断开，且长期工作的机械设备的电源引入。根据电源种类、电压等级、电动机的容量及控制的极数进行选择。用于照明电路时，刀开关或铁壳开关的额定电压、额定电流应等于或大于电路中的最大工作电压与工作电流。用于电动机的直接起动时，刀开关与铁壳开关的额定电压为 380 V 或 500 V、额定电流等于或大于电动机额定电流的 3 倍。

② 组合开关的选用。

组合开关主要用于电源的引入。根据电流种类、电压等级、所需触点数量及电动机容量等进行选择。当用于控制 7 kW 以下电动机的起动、停止时，组合开关的额定电流应等于电动机额定电流的 3 倍。若不直接用于起动和停机，则其额定电流只需稍大于电动机的额定电流即可。

③ 断路器的选用。

断路器的选择包括正确选用开关的类型、容量等级和保护方式。在选用之前，必须对被保护对象的容量、使用条件及要求进行详细调查，通过必要的计算后，再对照产品使用说明书的数据进行选用。

a. 断路器的额定电压和额定电流应不小于电路的正常工作电压和工作电流。

b. 热脱扣器的整定电流应与所控制的电动机的额定电流或负载额定电流一致。

c. 电磁脱扣器的瞬时脱扣整定电流应大于负载电路正常工作时的峰值电流。对于电动机来说，断路器电磁脱扣器的瞬时脱扣整定电流值 I 可按下式计算：

$$I \geqslant K \cdot I_{ST} \tag{2-2}$$

式中，K——安全系数，可取 $K = 1.7$；

I_{ST}——电动机的起动电流，A。

2）熔断器的选择

选择熔断器时，首先应确定熔体的额定电流；其次，根据熔体的规格，选择熔断器的规格；最后，根据被保护电路的性质，选择熔断器的类型。

(1) 熔体额定电流的选择。熔体的额定电流与负载的性质有关。

① 负载较平稳，无尖峰电流，如照明电路、信号电路、电阻炉电路等。

$$I_{FUN} \geqslant I \tag{2-3}$$

式中，I_{FUN}——熔体额定电流，A；

I——负载额定电流，A。

② 负载出现尖峰电流，如笼型异步电动机的起动电流为 4～7 倍 I_{ed}（I_{ed} 为电动机额定电流）。

单台不频繁起动、停机，且长期工作的电动机：

$$I_{FUN} = (1.5 \sim 2.5) I_{ed} \tag{2-4}$$

单台频繁起动、长期工作的电动机：

$$I_{FUN} = (3 \sim 3.5) I_{ed} \tag{2-5}$$

多台长期工作的电动机共用熔断器：

$$I_{FUN} \geqslant (1.5 \sim 2.5) I_{emax} + \sum I_{ed} \tag{2-6}$$

或

$$I_{FUN} \geqslant I_m / 2.5 \tag{2-7}$$

式中，I_{emax}——容量最大的一台电动机的额定电流，A；

$\sum I_{ed}$——其余电动机的额定电流之和，A；

I_m——电路中可能出现的最大电流，A。

当几台电动机不同时起动时，电路中的最大电流：

$$I_m = 7 I_{emax} + \sum I_{ed} \tag{2-8}$$

③ 采用降压方法起动的电动机：

$$I_{FUN} \geqslant I_{ed} \tag{2-9}$$

(2) 熔断器规格的选择。熔断器的额定电压必须大于电路的工作电压，额定电流必须等于或大于所装熔体的额定电流。

(3) 熔断器类型的选择。熔断器的类型应根据负载保护特性的短路电流的大小及安装条件来选择。

3）交流接触器的选择

接触器分交流与直流两种。应用最多的是交流接触器。选择接触器时主要考虑主触点的额定电压与额定电流、辅助触点的数量、吸引线圈的电压等级、使用类别、操作频率等。选择交流接触器时，其主触点的额定电流应等于或大于负载或电动机的额定电流。

（1）额定电压与额定电流。主要考虑接触器主触点的额定电压与额定电流。

$$U_{KMN} \geqslant U_{CN} \tag{2-10}$$

$$I_{KMN} \geqslant I_{N} = \frac{P_{MN} \times 10^{3}}{KU_{MN}} \tag{2-11}$$

式中，U_{KMN}——接触器的额定电压，V；

U_{CN}——负载的额定线电压，V；

I_{KMN}——接触器的额定电流，A；

I_{N}——接触器主触点的电流，A；

P_{MN}——电动机的功率，W；

U_{MN}——电动机的额定线电压，V；

K——经验常数，$K=1\sim1.4$。

按照接触器的工作制、安装及散热条件的不同，其额定电流的使用值也不同。接触器触点通电持续率大于或等于 40%时，额定电流值可降低 10%～20%使用；接触器安装在控制柜内，其冷却条件较差时，额定电流应降低 10%～20%使用；接触器在重复短时工作制，且通电持续率不超过 40%时，其允许的负载额定电流可提高 10%～25%；若接触器安装在控制柜内，则允许的负载额定电流仅提高 5%～10%。

（2）吸引线圈的电流种类及额定电压。对于频繁动作的场合，宜选用直流励磁方式，一般情况下采用交流控制。线圈的额定电压应根据控制电路的复杂程度，维修、安全要求，设备所采用的控制电压等级来综合考虑。此外，有时还应考虑车间乃至全厂所使用控制电路的电压等级，以确定线圈的额定电压。

（3）其他方面。

① 考虑辅助触点的额定电流、种类和数量。

② 根据使用环境选择有关系列接触器或特殊用途的接触器。

③ 随着电子技术的发展，计算机、微机、PLC 的应用，在控制电路中，有时电器的固有动作时间应加以考虑。除此之外，还应考虑电器的使用寿命和操作频率。

4）继电器的选择

（1）电磁式通用继电器。选用电磁式通用继电器时首先考虑的是交流类型或直流类型，而后根据控制电路的需要，确定采用电压继电器还是电流继电器，或是中间继电器。作为保护用时，应考虑的是过电压（或过电流）、欠电压（或欠电流）继电器的动作值和释放值，中间继电器触点的类型和数量，以及选择励磁线圈的额定电压或额定电流值。

（2）时间继电器。根据时间继电器的延时方式、延时精度、延时范围、触点形式及数量、工作环境等因素确定采用何种形式的时间继电器，然后再选择线圈的额定电压。

（3）热继电器。热继电器结构形式的选择主要取决于电动机绕组的接法及是否要求断相保护。

热继电器热元件的整定电流可按下式选取：

$$I_{FUN}=(0.95\sim1.05)I_{ed} \tag{2-12}$$

式中，I_{FUN}——热元件整定电流，A。

对于工作环境恶劣、起动频繁的电动机，则按下式选取：

$$I_{FUN}=(1.15\sim1.5)I_{ed} \tag{2-13}$$

对于过载能力较差的电动机，热元件的整定电流为电动机额定电流的 60%～80%。

对于重复短时工作制的电动机，其过载保护不宜选用热继电器，而应选用温度继电器。

(4) 速度继电器。根据机械设备的安装情况及额定工作转速，选择合适的速度继电器型号。

四　课程思政小故事

心有大我，至诚报国

黄大年，男，广西南宁市人，汉族。国家“千人计划”特聘专家(第二批)教育部国家重点学科对口引进。黄大年同志是著名地球物理学家，生前担任吉林大学地球探测科学与技术学院教授、博士生导师。曾任吉林大学地球探测科学与技术学院全职教授，从事教学和科研工作。

2017 年 1 月 8 日 13 时 38 分，国家“千人计划”专家联谊会第三届执委会委员、副会长黄大年教授，因病医治无效在长春逝世，享年 58 岁。

2017 年 4 月 28 日，教育部追授吉林大学黄大年教授“全国优秀教师”荣誉称号。

2017 年 5 月 26 日，为贯彻落实习近平总书记对黄大年同志先进事迹作出的重要指示精神，中央宣传部向全社会公开宣传发布“践行社会主义核心价值观的优秀知识分子”黄大年的先进事迹，追授黄大年同志“时代楷模”荣誉称号。

1992 年，黄大年迎来人生的一个重要转折点。“中英友好奖学金项目”启动，通过层层筛选，黄大年拿到了全国仅有的 30 个公派出国名额中的一个，他被派往英国利兹大学地球科学系攻读博士学位，是同批留学生中唯一来自地学领域的博士生。

“我一定会把国外的先进技术带回来!”临别时，黄大年铿锵的话语，至今留在老师、同学的心中。

1996 年 12 月，黄大年以排名第一的成绩获得利兹大学地球物理学博士学位，成为该系获评优秀学生中唯一的海外学生。

博士毕业后，黄大年回到了母校。此时，国外同行在航空地球物理方面的研究日新月异，黄大年唯恐落下追赶的脚步。第二年，经单位同意，他又前往英国，继续从事探测深水油气和水下隐伏目标的研究，成为当时该领域的少数中国人之一。

2008 年 12 月，中国决定实施“千人计划”，旨在引进海外高层次人才回国工作或以适当的方式为国服务。

2009 年 4 月，时任吉林大学地球探测科学与技术学院院长的刘财，把国家“千人计划”有关材料试探性地发送给远在英伦的黄大年。黄大年第一时间就明确表示，考虑回国。“现在正是国家最需要我们的时候，我们这批人应该带着经验、技术、想法和追求回来。”在黄大年给刘财的一封邮件中，爱国之情一览无余。

2009 年 12 月 24 日，黄大年正式回到了祖国怀抱，担任吉林大学地球探测科学与技术学院教授。他因此成为东北地区第一个国家“千人计划”专家。

2009年4月22日，第四十个“世界地球日”到来的时候，我国“深部探测技术与实验研究专项”正式启动，叩响了“地球之门”。这是我国历史上实施规模最大的地球深部探测计划，是赶超世界科技先进水平的重大战略计划。该计划设置9大项目49个课题，集中了国内118家机构、1600多位科学家和技术专家参与其中，被称为中国地学界的“集结号”。

黄大年作为第九分项“深部探测关键仪器装备研制与实验”的首席科学家，他以吉林大学为中心，组织全国优秀科研人员数百人，开启了深地探测关键装备攻关研究。

黄大年深知，要想叩开“地球之门”，必须靠中国人自己。

一人力量小，“千人”力量大。黄大年搞交叉，搞融合，在碰撞中寻求突破，在差异中做大增量。在黄大年的感召和努力下，王献昌、马芳武、崔军红等“千人”纷纷来到吉林大学，他们在不同学部、不同领域相互交叉、融合。

2016年6月28日，北京青龙桥，中国地质科学院地球深部探测中心，黄大年作为首席科学家主持的“地球深部探测关键仪器装备项目”通过了评审验收。专家组一致认为，项目总体达到国际领先水平！这表明，作为精确探测地球深处的高端技术装备，航空移动平台探测技术装备项目用5年时间，走完了西方发达国家二十多年的路程。学校曾多次催他申报院士，他都风轻云淡地说：“先把事情做好，名头不重要。”

在黄大年看来，每个学生都是一块璞玉，只要因材施教就能成才。在给学生设计研究方向时，他总是考虑学生的兴趣爱好和发展前途。他说，自己最看重的身份是教师。“中国正努力从科技大国向科技强国迈进，而这段并不平坦的进程需要几代人去完成。如何培养更优秀的人才，让文化与智慧长久地传承下去，值得每个人思考。”

身为人师的黄大年，不仅以身作则，是学生效仿的楷模，还亲力亲为，在学习和生活上给予了学生无尽的关爱。病重后，他在病床上仍坚持坐起来给学生辅导功课，用插满针管的手不断演算。他对学生说：“你们一定要出去，出去了一定要回来；你们一定要有出息，出息了一定要报国！”

在学生心里，黄大年既是一位严师，又是一位慈父。怕学生节假日想家，他就邀请学生去自己家做客；谁感冒了，他抽屉里永远预备着感冒冲剂；听说一个学生父母腰有病痛，就托人从国外带回药片；要出远门，他带着学生的作业在路上批改；住进了重症监护室，仍不忘叮嘱学生修改作业中的错漏……

黄大年是中国知识分子的楷模，是460万留学生的楷模。他的精神感染、激励和鼓舞的绝不仅仅是一个团队、几届学生、一所学校，而将是一个领域、一批学子、一代人。

从“修身齐家治国平天下”，到“天下兴亡、匹夫有责”，我国知识分子历来有浓厚的家国情怀，有强烈的社会责任感。黄大年赓续了这种精神血脉，他以短暂而精彩的一生告诉我们，只有把个人的前途命运与国家和民族的前途命运紧密相连，把个体奋斗融入实现中国梦的时代洪流中，才能超越自我、升华自我，写下俯仰无愧的人生篇章，成就利国利民的不平凡事业。

任务 2.3　电动机基本控制电路的分析与安装

任务描述

工厂的各种生产机械大都以电动机为动力来进行拖动，继电器—接触器控制是最常见的控制方式，称为电气控制。

电气控制线路是将各种有触点的继电器、接触器、按钮、行程开关等电器元件，按一定方式连接起来组成的控制线路。其作用是实现对电力拖动系统的起动、正反转、多地、顺序控制等运行性能的控制，实现对拖动系统的保护，满足生产工艺的要求，实现生产加工自动化。

任何复杂的电气设备或系统都是由基本控制线路组成的。本任务介绍 11 个典型的基本控制电路，由浅入深、由易到难，逐步掌握电气控制线路的分析阅读方法。

任务目标

通过学习，熟练掌握三相异步电动机直接起动控制电路、正反转控制电路、多地控制电路、顺序起动(按钮控制)电路、顺序起动(时间继电器控制)电路、星-三角降压起动(按钮控制)电路、星-三角降压起动(时间继电器控制)电路、双速异步电动机起动(按钮控制)电路、双速异步电动机起动(时间继电器控制)电路、定子绕组串联电阻起动自动控制电路、延边三角形降压起动自动控制电路 11 种控制线路的构成、工作原理及安装、调试与维修方法。

任务实施

实训一　电动机直接起动控制电路的分析与安装

1. 电路原理图

三相异步电动机直接起动电路原理图如图 2 - 12 所示。

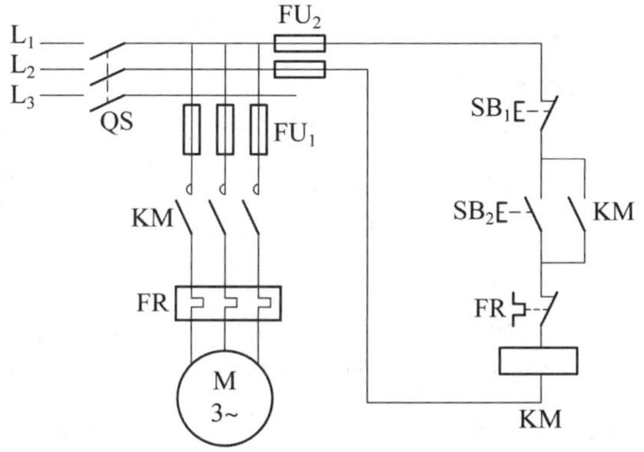

图 2 - 12　三相异步电动机直接起动电路原理图

三相异步电动机直接起动电路的安装

三相异步电动机直接起动原理

2. 安装接线

要求完成主电路、控制电路的安装布线，按要求进行线槽布线，导线必须沿线槽内布线，接线端加编码套管，线槽出线应整齐美观，线路连接应符合工艺要求，不损坏电器元件，安装前应对元器件进行检查，安装工艺符合相关行业标准。

1) 安装线路步骤

(1) 看图。认真阅读电路原理图，在明确实训要达到的技能目标，充分地搞清了控制线路的工作原理后，方可进行下一步的实训。

(2) 选元器件。按照图 2－12 所示的电路原理图配齐所需元件，将元件的型号规格和质量检查情况记录在表 2－4 中。

表 2－4　三相异步电动机直接起动控制电路实训所需元器件清单

元件名称	文字符号	型号	数量	作用
三极断路器			1	主电路短路保护
三极熔断器			1	主电路短路保护
二极熔断器			1	控制电路短路保护
交流接触器			1	控制电动机电源
热继电器			1	电动机过载保护
起动按钮			1	起动电动机
停止按钮			1	停止电动机
三相异步电动机			1	拖动

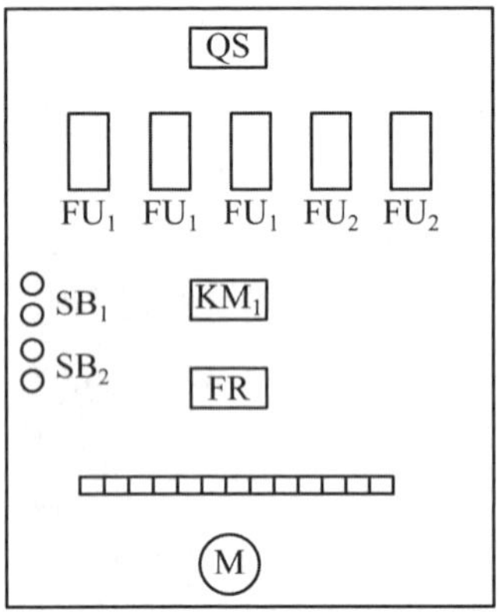

图 2－13　三相异步电动机直接起动元件布置图

(3) 判断元器件性能。动手固定元器件前先判断元器件的好坏，有损坏的应提出来，要求老师给予更换。

(4) 按图 2－13 固定元器件。基本上按照主电路元件的先后次序进行元件的布局，兼顾横平、竖直、排列美观，并将其固定在电动机控制线路安装模拟接线板上。

(5) 先给电气原理图编号，然后按图接线。在电动机控制线路安装模拟接线板上分别安装三相异步电动机直接起动的主电路和控制电路。接线时注意接线方法和工艺，各接点要牢固、接触良好，同时，要注意安全文明操作，保护好各电器元件。

2) 板前布线工艺要求

(1) 布线通道尽可能少，同路并行导线按主电路、控制电路分类集中，单层密排，紧贴安装面布线。

(2) 布线要横平竖直，分布均匀。变换走向时应垂直。

(3) 同一平面的导线应高低一致或前后一致，不能交叉。非交叉不可时，此根导线应在接线端子引出时就水平架空跨越，且必须走线合理。

(4) 布线时严禁损伤线芯和导线绝缘。

三相异步电动机直接起动电路的安装

(5) 布线顺序一般以接触器为中心，由里向外，由低到高，先控制电路后主电路进行，以不妨碍后续布线为原则。

(6) 导线与接线端子或接线桩连接时，不得压绝缘层、不反圈、不露铜过长。

(7) 同一元件、同一回路的不同接点的导线间的距离应保持一致。

(8) 一个电器元件接线端子上的连接导线不得多于两根，每节接线端子板上的连接导线一般只允许连接一根。

3. 检测线路

三相异步电动机直接起动电路的检测与调试

安装完毕的控制电路板必须经过认真检查以后才允许通电试车，以防止错接、漏接造成不能正常运转或短路事故。

1）主电路检测

使用万用表检测主电路。即用万用表的欧姆挡 R×100 或 R×1 k 测量 L_1—U、L_2—V、L_3—W 在交流接触器 KM_1 模拟动作时的电阻，用螺丝刀将接触器的触点系统按下，测得线路电阻为 0，证明该线路通路，否则说明该线路不通。

2）控制电路检测

控制电路用万用表的欧姆挡 R×100 或 R×1 k 测量两个控制保险的出线端子电阻。

（1）按下起动按钮 SB_1，若所测电阻为接触器的线圈电阻，则说明接线正确，否则错误；再按下停止按钮 SB_1，若所测电阻为无穷大，则说明接线正确，否则错误。

（2）用螺丝刀将接触器的触点系统按下，进行接触器模拟动作，若所测电阻为接触器的线圈电阻，则说明接线正确，否则错误。

4. 通电试车

三相异步电动机直接起动电路的检测

直接起动电气检测

直接起动通电试车

1）空载试车

线路经自检无误后，安装好熔断器，注意主电路熔断器装 10 A 的熔体，控制电路熔断器装 2 A 的熔体，并经万用表检测安装到位无误，接好电源线，请老师过来检查，经老师下令后，才允许不带负载通电试车，具体操作如下。

（1）将实训台上的三相电源送上，即合上三相低压断路器。

（2）合上刀开关。

（3）用试电笔检验 5 个熔断器的出线端是否有电，氖管亮则说明电源接通，有电则往下继续操作；无电则断开三相电源，检查熔断器。

（4）按下起动按钮 SB_1，观察接触器是否动作，是则用试电笔检验出线端子是否有三相电源，否则断开三相电源重新检查线路。

（5）出现故障后，学生应独立进行检修；若需带电进行检查，则教师必须在现场监护。检修完毕后，若需再次试车，则也应有教师监护，并做好记录。

（6）按下停止按钮 SB_2，电动机停止，观察电动机是否停止，若有异常现象则应马上停车。

（7）切断电源，先拆除三相电源线，再拆除电动机线。

2）负载试车

空载试车成功后，断开三相电源，接好电动机线，才可请老师过来检查，经老师下令后，才允许带负载通电试车，具体操作如下。

（1）将实训台上的三相电源送上，即合上三相低压断路器。

（2）合上刀开关。

（3）按下起动按钮 SB_1，观察接触器的动作，看电动机是否旋转。

（4）按下停止按钮 SB_2，观察电动机的旋转方向是否正确，从电动机轴的位置看应是顺时针方向（正转）。

5. 注意事项

(1) 电动机及按钮的金属外壳必须可靠接地。接电动机的导线必须穿在导线通道内以保护,或采用坚韧的四芯橡皮线或塑料护套线,进行临时通电校验。

(2) 电源进线端应接在螺旋式熔断器的下接线座上,出线端应接在上接线座上。

(3) 按钮内接线时,用力不可过猛,以防螺钉打滑。

(4) 热继电器的整定电流应按电动机规格进行调整。

(5) 训练应在定额时间内完成。训练结束后,安装的控制板留用。

(6) 通电调试过程中,如果发现故障,那么应立即断电并进行检查。检查应先从电气原理图入手,根据故障现象分析故障原因,缩小故障点,再进行排查。检查完后要再次请老师复检后方可通电。

三相异步电动机直接起动

6. 设置故障

教师人为设置故障通电运行,同学们观察故障现象,并记录在表 2-5 中。

表 2-5　电动机直接起动控制电路故障设置情况统计表

故障设置元件	故障点	故障现象

任务评价

序号	考核内容与要求			考核情况记录	得分
1	螺丝压线工艺(20 分)	要求	接线端头牢固		
		扣分	有一处端子不牢固扣 5 分,扣完为止		
2	一次线路接线工艺(10 分)	要求	接头裸露不超过 5 mm		
			弧度一致		
			工艺美观		
		扣分	有一处不合格扣 3 分,扣完为止		
3	二次线路接线工艺(50 分)	要求	端子接头无导线裸露		
			每个端子压线不超过 2 根		
			线型弧度一致		
			工艺美观		
		扣分	有一处不合格扣 3 分,扣完为止		

续　表

序号	考核内容与要求			考核情况记录	得分
4	尼龙扎带捆扎工艺(10 分)	要求	尼龙塑料扎带捆扎线松紧要适度		
			两个尼龙塑料扎带之间距离要适中		
			尼龙捆扎线尾线长度要适中		
		扣分	有一处不合格扣 2 分,扣完为止		
5	文明生产(10 分)	要求	操作场地卫生清理		
			工具摆放整齐		
		扣分	有一项不合格扣 2 分,扣完为止		
总分					

实训二　电动机正反转控制电路的分析与安装

1. 电路原理图

三相异步电动机正反转电路原理图如图 2 - 14 所示。

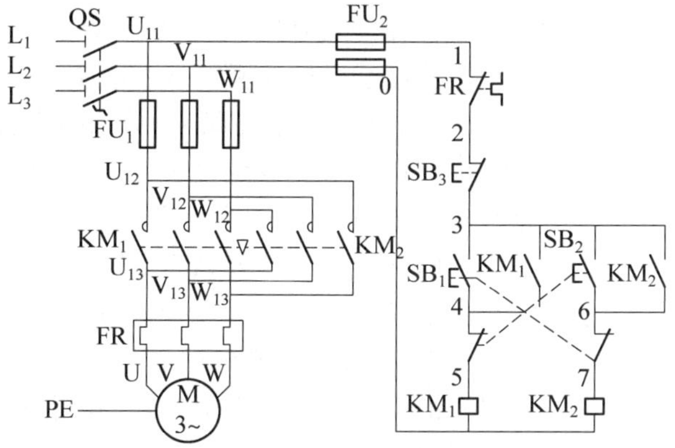

图 2 - 14　三相异步电动机正反转电路原理图

三相电机正反转原理和接线

三相异步电动机正反转控制原理

2. 安装线路

要求完成主电路、控制电路的安装布线,按要求进行线槽布线,导线必须沿线槽内布线,接线端加编码套管,线槽出线应整齐美观,线路连接应符合工艺要求,不损坏电器元件,安装前应对元器件进行检查,安装工艺符合相关行业标准。

1) 安装线路步骤

(1) 看图。认真阅读电路原理图,在明确实训要达到的技能目标,充分地搞清了控制线路的工作原理后,方可进行下一步的实训。

(2) 选元器件。按照图 2 - 14 所示的电路原理图配齐所需元件,将元件的型号和质量检查情况记录在表 2 - 6 中。

表 2－6　三相异步电动机正反转控制电路实训所需元器件清单

元件名称	文字符号	型号	数量	作用
三极断路器			1	主电路短路保护
三极熔断器			1	主电路短路保护
二极熔断器			1	控制电路短路保护
交流接触器 1			1	控制电动机正转
交流接触器 2			1	控制电动机正转
热继电器			2	电动机过载保护
正转按钮			1	正转起动电动机
反转按钮			1	反转起动电动机
停止按钮			1	停止电动机
三相异步电动机			1	拖动

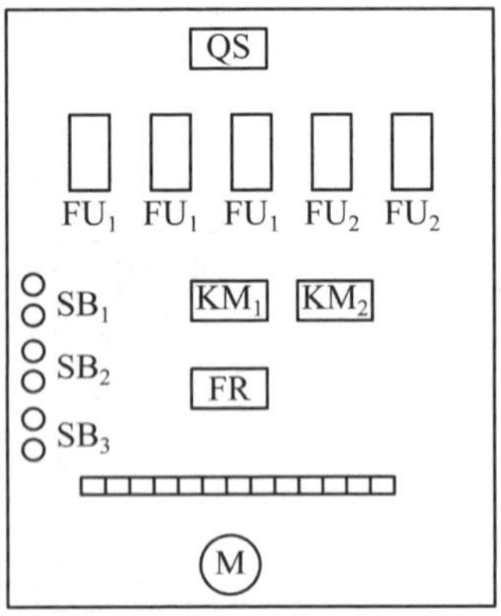

图 2－15　三相异步电动机正反转控制元件布置图

(3) 判断元器件的性能。动手固定元器件前先判断元器件的好坏，有损坏的应提出来，要求老师给予更换。

(4) 按图 2－15 固定元器件。基本上按照主电路元件的先后次序进行元件的布局，兼顾横平、竖直、排列美观，并将其固定在电动机控制线路安装模拟接线板上。

(5) 先给电气原理图编号，然后按图接线。在电动机控制线路安装模拟接线板上分别安装三相异步电动机正反转控制的主电路和控制电路。

接线时注意接线方法和工艺，各接点要牢固、接触良好，同时，要注意安全文明操作，保护好各电器元件。

2) 板前布线工艺要求

(1) 布线通道尽可能少，同路并行导线按主电路、控制电路分类集中，单层密排，紧贴安装面布线。

(2) 布线要横平竖直，分布均匀。变换走向时应垂直。

(3) 同一平面的导线应高低一致或前后一致，不能交叉。非交叉不可时，此根导线应在接线端子引出时就水平架空跨越，且必须走线合理。

(4) 布线时严禁损伤线芯和导线绝缘。

(5) 布线顺序一般以接触器为中心，由里向外，由低到高，先控制电路后主电路进行，以不妨碍后续布线为原则。

(6) 导线与接线端子或接线桩连接时，不得压绝缘层、不反圈、不露铜过长。

(7) 同一元件、同一回路的不同接点的导线间距离应保持一致。

(8) 一个电器元件接线端子上的连接导线不得多于两根，每节接线端子板上的连接导线一般只允许连接一根。

3. 检测线路

正反转电气检测

安装完毕的控制电路板必须经过认真检查以后才允许通电试车，以防止错接、漏接造成不能正常运转或短路事故。

1）主电路检测

使用万用表检测主电路。将万用表两表笔接在 FU_1 输入端至电动机星形联结中性点之间，分别测量 U 相、V 相、W 相在接触器不动作时的直流电阻，读数应为“∞”；用螺丝刀将接触器的触点系统按下，再次测量三相的直流电阻，读数应为每相定子绕组的直流电阻。根据所测数据判断主电路是否正常。

2）控制电路检测

使用万用表检测控制电路。将万用表两表笔分别搭在 FU_2 两输入端，读数应为“∞”。

（1）按下起动按钮 SB_1 时，读数应为接触器线圈的支流电阻。根据所测数据判断控制电路是否正常。

（2）按下起动按钮 SB_2 时，读数应为接触器线圈的支流电阻。根据所测数据判断控制电路是否正常。

（3）用螺丝刀将接触器 KM_1 的触点系统按下，读数应为接触器线圈的支流电阻。根据所测数据判断控制电路是否正常。

（4）用螺丝刀将接触器 KM_2 的触点系统按下，读数应为接触器线圈的支流电阻。根据所测数据判断控制电路是否正常。

4. 通电试车

正反转通电试车

通电试车必须征得教师同意，并由教师接通三相电源，同时在现场监护。

（1）合上电源开关 QS，用试电笔检查熔断器的出线端，氖管亮则说明电源接通。

（2）按下 SB_1，电动机起动连续正转，观察电动机运行是否正常，若有异常现象，则应马上停车。

（3）按下 SB_2，电动机起动连续反转，观察电动机运行是否正常，若有异常现象，则应马上停车。

（4）出现故障后，学生应独立进行检修；若需带电进行检查，则教师必须在现场监护。检修完毕后，若需再次试车，则也应有教师监护，并做好记录。

（5）按下 SB_3，电动机停止，观察电动机是否停止，若有异常现象，则应马上停车。

（6）切断电源，先拆除三相电源线，再拆除电动机线。

5. 设置故障

教师人为设置故障通电运行，同学们观察故障现象，并记录在表 2－7 中。

表 2－7　电动机正反转控制电路故障设置情况统计表

故障设置元件	故障点	故障现象

续　表

故障设置元件	故障点	故障现象

任务评价

序号	考核内容与要求			考核情况记录	得分
1	螺丝压线工艺(20分)	要求	接线端头牢固		
		扣分	有一处端子不牢固扣5分,扣完为止		
2	一次线路接线工艺(10分)	要求	接头裸露不超过5 mm		
			弧度一致		
			工艺美观		
		扣分	有一处不合格扣3分,扣完为止		
3	二次线路接线工艺(50分)	要求	端子接头无导线裸露		
			每个端子压线不超过2根		
			线型弧度一致		
			工艺美观		
		扣分	有一处不合格扣3分,扣完为止		
4	尼龙扎带捆扎工艺(10分)	要求	尼龙塑料扎带捆扎线松紧要适度		
			两个尼龙塑料扎带之间距离要适中		
			尼龙捆扎线尾线长度要适中		
		扣分	有一处不合格扣2分,扣完为止		
5	文明生产(10分)	要求	操作场地卫生清理		
			工具摆放整齐		
		扣分	有一项不合格扣2分,扣完为止		
总分					

实训三　电动机多地控制电路的分析与安装

1. 电路原理图

三相异步电动机两地控制电路原理图如图2-16所示。

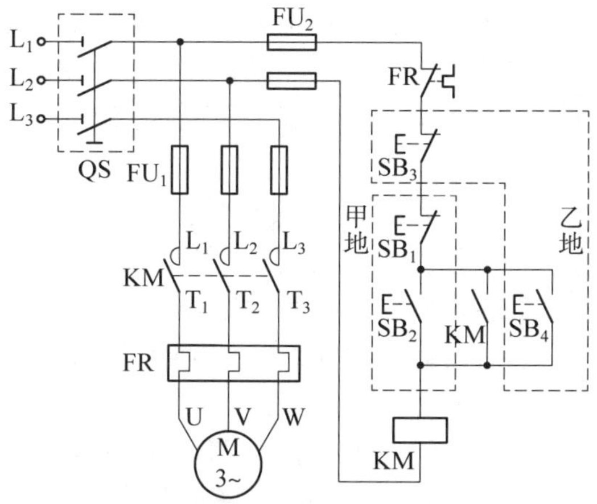

图 2-16　三相异步电动机两地控制电路原理图

三相异步电动机的多地控制原理

两地控制电气检测

2. 安装线路

要求完成主电路、控制电路的安装布线，按要求进行线槽布线，导线必须沿线槽内布线，接线端加编码套管，线槽出线应整齐美观，线路连接应符合工艺要求，不损坏电器元件，安装前应对元器件进行检查，安装工艺符合相关行业标准。

1) 安装线路步骤

(1) 看图。认真阅读电路原理图，在明确实训要达到的技能目标，充分地搞清了控制线路的工作原理后，方可进行下一步的实训。

(2) 选元器件。按照图 2-16 所示的电路原理图配齐所需元件，将元件的型号规格和质量检查情况记录在表 2-8 中。

表 2-8　三相异步电动机两地控制电路实训所需元器件清单

元件名称	文字符号	型号	数量	作用
三极断路器			1	主电路短路保护
三极熔断器			1	主电路短路保护
二极熔断器			1	控制电路短路保护
交流接触器			1	控制电动机电源
热继电器			1	电动机过载保护
起动按钮			2	起动电动机
停止按钮			2	停止电动机
三相异步电动机			1	拖动

(3) 判断元器件的性能。动手固定元器件前先判断元器件的好坏，有损坏的应提出来，要求老师给予更换。

(4) 按图 2-17 固定元器件。基本上按照主电路元件的先后次序进行元件的布局，兼顾

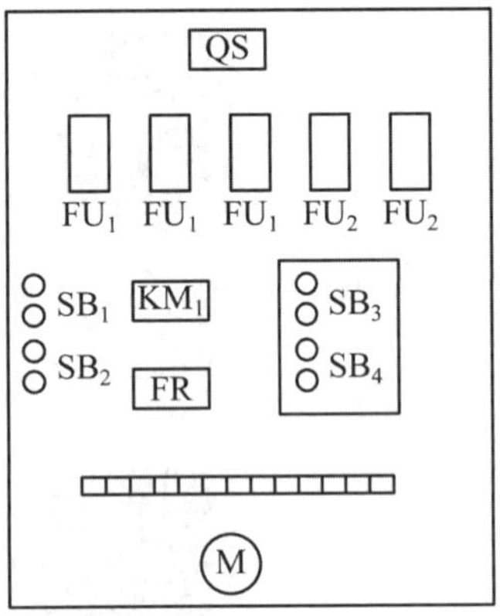

图 2-17 三相异步电动机两地控制元件布置图

横平、竖直、排列美观，并将其固定在电动机控制线路安装模拟接线板上。两地控制是在两个不同的地点分别安装控制电路，多地控制可以在多个不同地点安装控制电路，共同控制同一个主电路。

（5）先给电气原理编号，然后按图接线。在电动机控制线路安装模拟接线板上分别安装三相异步电动机两地控制的主电路和控制电路。接线时注意接线方法和工艺，各接点要牢固、接触良好，同时，要注意安全文明操作，保护好各电器元件。

2）板前布线工艺要求

（1）布线通道尽可能少，同路并行导线按主电路、控制电路分类集中，单层密排，紧贴安装面布线。

（2）布线要横平竖直，分布均匀。变换走向时应垂直。

（3）同一平面的导线应高低一致或前后一致，不能交叉。非交叉不可时，此根导线应在接线端子引出时就水平架空跨越，且必须走线合理。

（4）布线时严禁损伤线芯和导线绝缘。

（5）布线顺序一般以接触器为中心，由里向外，由低到高，先控制电路后主电路进行，以不妨碍后续布线为原则。

（6）导线与接线端子或接线桩连接时，不得压绝缘层、不反圈、不露铜过长。

（7）同一元件、同一回路的不同接点的导线间距离应保持一致。

（8）一个电器元件接线端子上的连接导线不得多于两根，每节接线端子板上的连接导线一般只允许连接一根。

3. 检测线路

安装完毕的控制电路板必须经过认真检查以后才允许通电试车，以防止错接、漏接造成不能正常运转或短路事故。

1）主电路检测

使用万用表检测主电路。将万用表两表笔接在 FU_1 输入端至电动机星形联结中性点之间，分别测量 U 相、V 相、W 相在接触器不动作时的直流电阻，读数应为“∞”；用螺丝刀将接触器的触点系统按下，再次测量三相的直流电阻，读数应为每相定子绕组的直流电阻。根据所测数据判断主电路是否正常。

2）控制电路检测

使用万用表检测控制电路。将万用表两表笔分别搭在 FU_2 两输入端，读数应为“∞”。

（1）按下起动按钮 SB_1 时，读数应为接触器线圈的支流电阻。根据所测数据判断控制电路是否正常。

（2）按下起动按钮 SB_3 时，读数应为接触器线圈的支流电阻。根据所测数据判断控制电路是否正常。

（3）用螺丝刀将接触器的触点系统按下，读数应为接触器线圈的支流电阻。根据所测数据判断控制电路是否正常。

4. 通电试车

两地控制
通电试车

通电试车必须征得教师同意，并由教师接通三相电源，同时在现场监护。

(1) 合上电源开关 QS，用试电笔检查熔断器的出线端，氖管亮则说明电源接通。

(2) 按下 SB_1，电动机得电连续运转，观察电动机运行是否正常，若有异常现象，则应马上停车。

(3) 按下 SB_2，电动机失电停止运转，观察电动机停止是否正常，若有异常现象，则应马上停车。

(4) 按下 SB_3，电动机得电连续运转，观察电动机运行是否正常，若有异常现象，则应马上停车。

(5) 按下 SB_4，电动机失电停止运转，观察电动机停止是否正常，若有异常现象，则应马上停车。

(6) 出现故障后，学生应独立进行检修；若需带电进行检查，则教师必须在现场监护。检修完毕后，若需再次试车，则也应有教师监护，并做好记录。

(7) 按下 SB_2 或 SB_4，切断电源，先拆除三相电源线，再拆除电动机线。

5. 设置故障

教师人为设置故障通电运行，同学们观察故障现象，并记录在表 2－9 中。

表 2－9　三相异步电动机多地控制电路故障设置情况统计表

故障设置元件	故障点	故障现象

任务评价

序号	考核内容与要求			考核情况记录	得分
1	螺丝压线工艺（20 分）	要求	接线端头牢固		
		扣分	有一处端子不牢固扣 5 分，扣完为止		
2	一次线路接线工艺（10 分）	要求	接头裸露不超过 5 mm		
			弧度一致		
			工艺美观		
		扣分	有一处不合格扣 3 分，扣完为止		

续 表

序号	考核内容与要求			考核情况记录	得分
3	二次线路接线工艺(50 分)	要求	端子接头无导线裸露		
			每个端子压线不超过 2 根		
			线型弧度一致		
			工艺美观		
		扣分	有一处不合格扣 3 分,扣完为止		
4	尼龙扎带捆扎工艺(10 分)	要求	尼龙塑料扎带捆扎线松紧要适度		
			两个尼龙塑料扎带之间距离要适中		
			尼龙捆扎线尾线长度要适中		
		扣分	有一处不合格扣 2 分,扣完为止		
5	文明生产(10 分)	要求	操作场地卫生清理		
			工具摆放整齐		
		扣分	有一项不合格扣 2 分,扣完为止		
总分					

实训四　电动机顺序起动(按钮控制)电路的分析与安装

1. 电路原理图

三相异步电动机顺序起动(按钮控制)电路原理图如图 2－18 所示。

三相异步电动机的顺序控制(按钮控制)原理

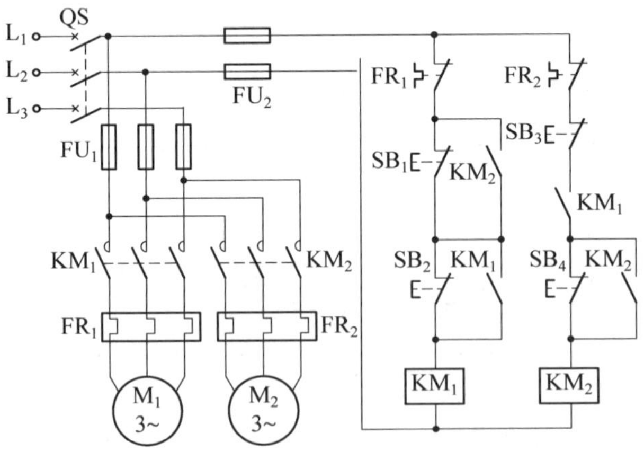

图 2－18　三相异步电动机顺序起动(按钮控制)电路原理图

2. 安装线路

要求完成主电路、控制电路的安装布线,按要求进行线槽布线,导线必须沿线槽内布线,接线端加编码套管，线槽出线应整齐美观，线路连接应符合工艺要求，不损坏电器元件，安装前应对元器件进行检查，安装工艺符合相关行业标准。

1）安装线路步骤

（1）看图。认真阅读电路原理图，在明确实训要达到的技能目标，充分地搞清了控制线路的工作原理后，方可进行下一步的实训。

（2）选元器件。按照图2－18所示的电路原理图配齐所需元件，将元件的型号和质量检查情况记录在表2－10中。

表2－10　三相异步电动机顺序起动（按钮控制）电路实训所需元器件清单

元件名称	文字符号	型号	数量	作用
三极断路器			1	电动机 M_1、M_2 短路保护
三极熔断器			1	电动机 M_1、M_2 短路保护
二极熔断器			1	控制电路短路保护
交流接触器1			1	控制电动机 M_1 电源
交流接触器2			1	控制电动机 M_2 电源
热继电器1			1	电动机 M_1 过载保护
热继电器2			1	电动机 M_2 过载保护
起动按钮1			1	起动电动机 M_1
起动按钮2			1	起动电动机 M_2
停止按钮1			1	停止电动机 M_1
停止按钮2			1	停止电动机 M_1
三相异步电动机			2	拖动

（3）判断元器件的性能。动手固定元器件前先判断元器件的好坏，有损坏的应提出来，要求老师给予更换。

（4）按图2－19固定元器件。基本上按照主电路元件的先后次序进行元件的布局，兼顾横平、竖直、排列美观，并将其固定在电动机控制线路安装模拟接线板上。

（5）先给电气原理编号，然后按图接线。在电动机控制线路安装模拟接线板上分别安装三相异步电动机直接起动的主电路和控制电路。接线时注意接线方法和工艺，各接点要牢固、接触良好，同时，要注意安全文明操作，保护好各电器元件。

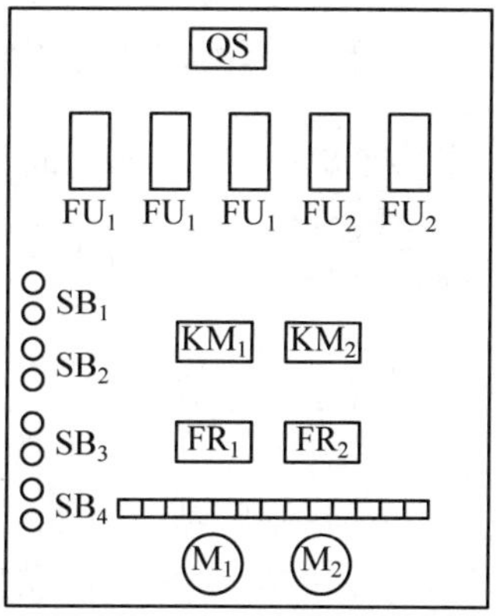

图2－19　三相异步电动机顺序起动（按钮控制）元件布置图

2）板前布线工艺要求

（1）布线通道尽可能少，同路并行导线按主电路、控制电路分类集中，单层密排，紧贴安装面布线。

（2）布线要横平竖直，分布均匀。变换走向时应垂直。

(3) 同一平面的导线应高低一致或前后一致，不能交叉。非交叉不可时，此根导线应在接线端子引出时就水平架空跨越，且必须走线合理。

(4) 布线时严禁损伤线芯和导线绝缘。

(5) 布线顺序一般以接触器为中心，由里向外，由低到高，先控制电路后主电路进行，以不妨碍后续布线为原则。

(6) 导线与接线端子或接线桩连接时，不得压绝缘层、不反圈、不露铜过长。

(7) 同一元件、同一回路的不同接点的导线间距离应保持一致。

(8) 一个电器元件接线端子上的连接导线不得多于两根，每节接线端子板上的连接导线一般只允许连接一根。

三相异步电动机顺序起动电路电气检测

3. 检测线路

安装完毕的控制电路板必须经过认真检查以后才允许通电试车，以防止错接、漏接造成不能正常运转或短路事故。

1) 主电路检测

使用万用表检测主电路。即用万用表的欧姆挡 R×100 或 R×1 k 测量 L_1—U、L_2—V、L_3—W 在交流接触器 KM_1 模拟动作时的电阻，电阻为 0 就正确，否则错误。

用螺丝刀将接触器的触点系统按下，再次测量三相的直流电阻，读数应为每相定子绕组的直流电阻。根据所测数据判断主电路是否正常。

2) 控制电路实现顺序控制电路检测

(1) 按下起动按钮 SB_1 时，读数应为接触器线圈的支流电阻。根据所测数据判断控制电路是否正常。

(2) 断开 KM_1 支路，按下 SB_2 时，读数应为接触器线圈的支流电阻。根据所测数据判断控制电路是否正常。

(3) 用螺丝刀将接触器 KM_1 的触点系统按下，读数应为接触器线圈的支流电阻。根据所测数据判断控制电路是否正常。

(4) 断开 KM_1 支路，按下起动按钮 SB_1 时，用螺丝刀将接触器 KM_2 的触点系统按下，读数应为接触器线圈的支流电阻。根据所测数据判断控制电路是否正常。

顺序起动通电试车

4. 通电试车

通电试车必须征得教师同意，并由教师接通三相电源，同时在现场监护。

(1) 合上电源开关 QS，用试电笔检查熔断器的出线端，氖管亮则说明电源接通。

(2) 按下 SB_2，电动机 M_1 起动连续运转，观察电动机运行是否正常，若有异常现象，则应马上停车。

(3) 再按下 SB_4，电动机 M_2 起动连续运转，观察电动机运行是否正常，若有异常现象，则应马上停车。

(4) 首先按下 SB_4，观察电动机 M_2 是否运行，若 M_2 不动作，则证明两台电动机按照正序起动。

(5) 出现故障后，学生应独立进行检修；若需带电进行检查，则教师必须在现场监护。检修完毕后，若需再次试车，则也应有教师监护，并做好时间记录。

（6）按下 SB_3，电动机 M_2 停止，观察电动机是否停止，若有异常现象，则应马上停车；再按下 SB_1，电动机 M_1 停止，观察电动机是否停止，若有异常现象，则应马上停车。

（7）先按下 SB_1，观察电动机 M_1 是否停止运行，若电动机 M_1 正常运行，则证明两台电动机按照逆序停止。

（8）切断电源，先拆除三相电源线，再拆除电动机线。

5. 设置故障

教师人为设置故障通电运行，同学们观察故障现象，并记录在表 2－11 中。

表 2－11　三相异步电动机顺序起动(按钮控制)电路故障设置情况统计表

故障设置元件	故障点	故障现象

任务评价

序号	考核内容与要求			考核情况记录	得分
1	螺丝压线工艺（20 分）	要求	接线端头牢固		
		扣分	有一处端子不牢固扣 5 分，扣完为止		
2	一次线路接线工艺（10 分）	要求	接头裸露不超过 5 mm		
			弧度一致		
			工艺美观		
		扣分	有一处不合格扣 3 分，扣完为止		
3	二次线路接线工艺（50 分）	要求	端子接头无导线裸露		
			每个端子压线不超过 2 根		
			线型弧度一致		
			工艺美观		
		扣分	有一处不合格扣 3 分，扣完为止		
4	尼龙扎带捆扎工艺（10 分）	要求	尼龙塑料扎带捆扎线松紧要适度		
			两个尼龙塑料扎带之间距离要适中		
			尼龙捆扎线尾线长度要适中		
		扣分	有一处不合格扣 2 分，扣完为止		

续 表

序号	考核内容与要求			考核情况记录	得分
5	文明生产（10 分）	要求	操作场地卫生清理		
			工具摆放整齐		
		扣分	有一项不合格扣 2 分，扣完为止		
总分					

实训五　电动机顺序起动（时间继电器控制）电路的分析与安装

1. 电路原理图

三相异步电动机顺序起动（时间继电器控制）电路原理图如图 2－20 所示。

三相异步电动机的顺序控制（时间继电器控制）原理

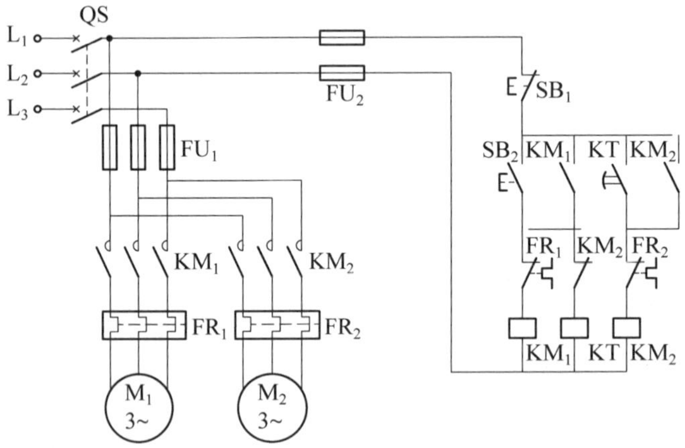

图 2－20　三相异步电动机顺序起动（时间继电器控制）电路原理图

2. 安装线路

要求完成主电路、控制电路的安装布线，按要求进行线槽布线，导线必须沿线槽内布线，接线端加编码套管，线槽出线应整齐美观，线路连接应符合工艺要求，不损坏电器元件，安装前应对元器件进行检查，安装工艺符合相关行业标准。

1）安装线路步骤

(1) 看图。认真阅读电路原理图，在明确实训要达到的技能目标，充分地搞清了控制线路的工作原理后，方可进行下一步的实训。

(2) 选元器件。按照图 2－20 所示的电路原理图配齐所需元件，将元件的型号和质量检查情况记录在表 2－12 中。

表2-12　三相异步电动机顺序起动(时间继电器控制)电路实训所需元器件清单

元件名称	文字符号	型号	数量	作用
三极断路器			1	电动机短路保护
三极熔断器			1	电动机短路保护
二极熔断器			1	控制电路短路保护
交流接触器1			1	控制电动机 M_1 电源
交流接触器2			1	控制电动机 M_2 电源
热继电器1			1	电动机 M_1 过载保护
热继电器2			1	电动机 M_2 过载保护
起动按钮			1	起动电动机 M_1、M_2
停止按钮			1	停止电动机 M_2、M_1
时间继电器			1	起动时,后延时起动电动机 M_2; 停止时,先停止电动机 M_2
三相异步电动机			2	拖动

(3) 判断元器件的性能。动手固定元器件前先判断元器件的好坏,有损坏的应提出来,要求老师给予更换。

(4) 按图2-21固定元器件。基本上按照主电路元件的先后次序进行元件的布局,兼顾横平、竖直、排列美观,并将其固定在电动机控制线路安装模拟接线板上。

(5) 先给电气原理编号,然后按图接线。在电动机控制线路安装模拟接线板上分别安装三相异步电动机直接起动的主电路和控制电路。接线时注意接线方法和工艺,各接点要牢固、接触良好,同时,要注意安全文明操作,保护好各电器元件。

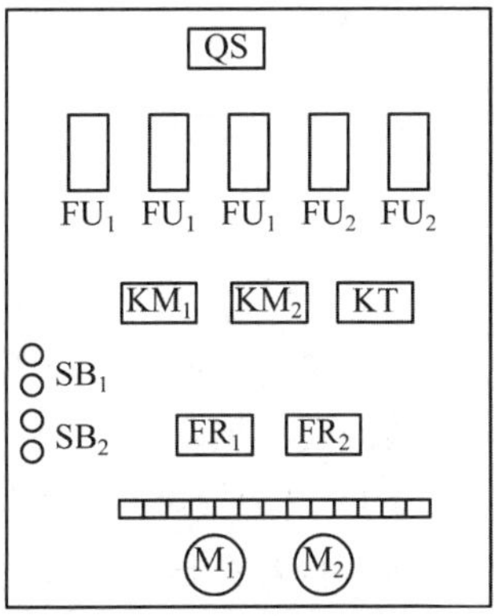

图2-21　三相异步电动机顺序起动(时间继电器控制)元件布置图

2) 板前布线工艺要求

(1) 布线通道尽可能少,同路并行导线按主电路、控制电路分类集中,单层密排,紧贴安装面布线。

(2) 布线要横平竖直,分布均匀。变换走向时应垂直。

(3) 同一平面的导线应高低一致或前后一致,不能交叉。非交叉不可时,此根导线应在接线端子引出时就水平架空跨越,且必须走线合理。

(4) 布线时严禁损伤线芯和导线绝缘。

(5) 布线顺序一般以接触器为中心,由里向外,由低到高,先控制电路后主电路进行,以不妨碍后续布线为原则。

(6) 导线与接线端子或接线桩连接时,不得压绝缘层、不反圈、不露铜过长。

(7) 同一元件、同一回路的不同接点的导线间距离应保持一致。

(8) 一个电器元件接线端子上的连接导线不得多于两根，每节接线端子板上的连接导线一般只允许连接一根。

3. 检测线路

安装完毕的控制电路板必须经过认真检查以后才允许通电试车，以防止错接、漏接造成不能正常运转或短路事故。

1) 主电路检测

使用万用表检测主电路。即用万用表的欧姆挡 R×100 或 R×1 k 测量 L_1—U、L_2—V、L_3—W 在交流接触器 KM_1 模拟动作时的电阻，电阻为 0 就正确，否则错误。

用螺丝刀将接触器的触点系统按下，再次测量三相的直流电阻，读数应为每相定子绕组的直流电阻。根据所测数据判断主电路是否正常。

2) 控制电路实现顺序控制电路检测

使用万用表检测控制电路。将万用表两表笔分别搭在 FU_2 两输入端，读数应为"∞"。

(1) 按下起动按钮 SB_1 时，读数应为接触器线圈的支流电阻。根据所测数据判断控制电路是否正常。

(2) 用螺丝刀将接触器 KM_1 的触点系统按下，读数应为接触器线圈的支流电阻。根据所测数据判断控制电路是否正常。

(3) 用螺丝刀将接触器 KM_2 的触点系统按下，读数应为接触器线圈的支流电阻。根据所测数据判断控制电路是否正常。

4. 通电试车

通电试车必须征得教师同意，并由教师接通三相电源，同时在现场监护。

(1) 合上电源开关 QS，用试电笔检查熔断器的出线端，氖管亮则说明电源接通。

(2) 按下 SB_1，电动机 M_1 起动连续运转，到达时间继电器整定时间后电动机 M_2 起动连续运转，观察电动机运行是否正常，若有异常现象，则应马上停车。

(3) 出现故障后，学生应独立进行检修；若需带电进行检查，则教师必须在现场监护。检修完毕后，若需再次试车，则也应有教师监护，并做好时间记录。

(4) 按下 SB_2，电动机 M_2 停止，到达时间继电器整定时间后电动机 M_1 停止，观察电动机是否停止，若有异常现象，则应马上停车。

(5) 切断电源，先拆除三相电源线，再拆除电动机线。

5. 设置故障

教师人为设置故障通电运行，同学们观察故障现象，并记录在表 2-13 中。

表 2-13　三相异步电动机顺序起动(时间继电器控制)电路故障设置情况统计表

故障设置元件	故障点	故障现象

续　表

故障设置元件	故障点	故障现象

任务评价

序号	考核内容与要求			考核情况记录	得分
1	螺丝压线工艺（20 分）	要求	接线端头牢固		
		扣分	有一处端子不牢固扣 5 分，扣完为止		
2	一次线路接线工艺（10 分）	要求	接头裸露不超过 5 mm		
			弧度一致		
			工艺美观		
		扣分	有一处不合格扣 3 分，扣完为止		
3	二次线路接线工艺（50 分）	要求	端子接头无导线裸露		
			每个端子压线不超过 2 根		
			线型弧度一致		
			工艺美观		
		扣分	有一处不合格扣 3 分，扣完为止		
4	尼龙扎带捆扎工艺（10 分）	要求	尼龙塑料扎带捆扎线松紧要适度		
			两个尼龙塑料扎带之间距离要适中		
			尼龙捆扎线尾线长度要适中		
		扣分	有一处不合格扣 2 分，扣完为止		
5	文明生产（10 分）	要求	操作场地卫生清理		
			工具摆放整齐		
		扣分	有一项不合格扣 2 分，扣完为止		
总分					

实训六　电动机星-三角降压起动（按钮控制）电路的分析与安装

1. 电路原理图

三相异步电动机 Y-△降压起动（按钮控制）电路原理图如图 2-22 所示。

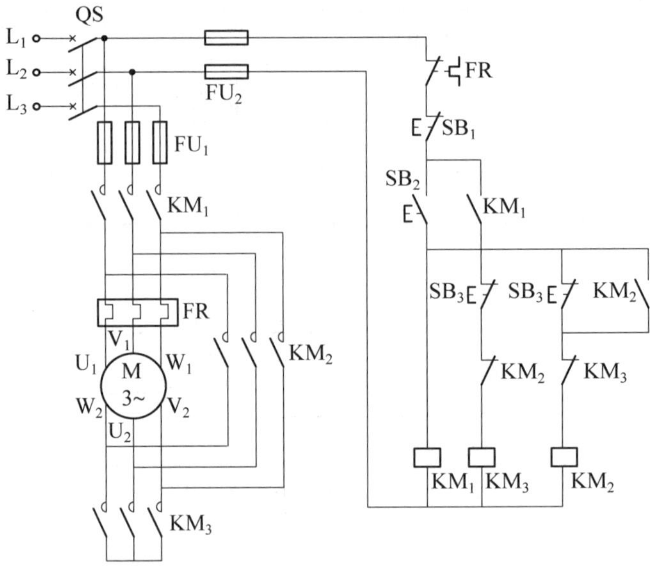

三相异步电动机的星-三角降压起动(按钮控制)原理

图 2-22　三相异步电动机 Y-△降压起动(按钮控制)电路原理图

2. 安装线路

要求完成主电路、控制电路的安装布线，按要求进行线槽布线，导线必须沿线槽内布线，接线端加编码套管，线槽出线应整齐美观，线路连接应符合工艺要求，不损坏电器元件，安装前应对元器件进行检查，安装工艺符合相关行业标准。

1）安装线路步骤

(1) 看图。认真阅读电路原理图，在明确实训要达到的技能目标，充分地搞清了控制线路的工作原理后，方可进行下一步的实训。

(2) 选元器件。按照图 2-22 所示的电路原理图配齐所需元件，将元件的型号和质量检查情况记录在表 2-14 中。

表 2-14　三相异步电动机 Y-△降压起动(按钮控制)电路实训所需器件清单

元件名称	文字符号	型号	数量	作用
三极断路器			1	主电路短路保护
三极熔断器			1	主电路短路保护
二极熔断器			1	控制电路短路保护
交流接触器 1			1	控制电动机电源
交流接触器 2			1	控制电动机△接
交流接触器 3			1	控制电动机 Y 接
热继电器			1	电动机过载保护
Y 接按钮			1	Y 接起动电动机

续　表

元件名称	文字符号	型号	数量	作用
△接按钮			1	电动机转换为△接
停止按钮			1	停止电动机
三相异步电动机			1	拖动

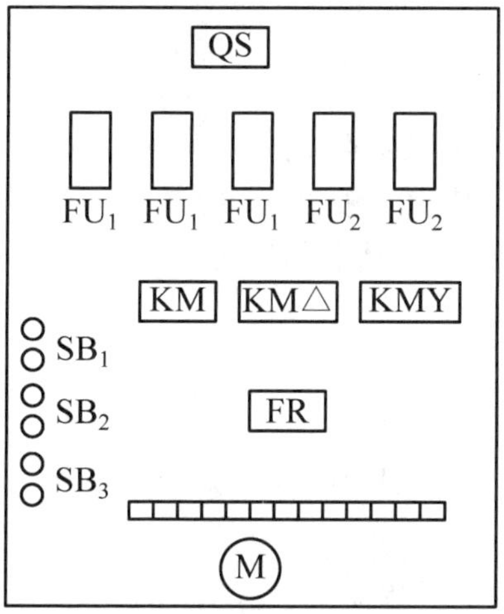

图2-23　三相异步电动机Y-△降压起动(按钮控制)电路元件布置图

(3) 判断元器件的性能。动手固定元器件前先判断元器件的好坏,有损坏的应提出来,要求老师给予更换。

(4) 按图2-23固定元器件。基本上按照主电路元件的先后次序进行元件的布局,兼顾横平、竖直、排列美观,并将其固定在电动机控制线路安装模拟接线板上。

(5) 先给电气原理编号,然后按图接线。在电动机控制线路安装模拟接线板上分别安装三相异步电动机Y-△起动的主电路和控制电路。接线时注意接线方法和工艺,各接点要牢固、接触良好,同时,要注意安全文明操作,保护好各电器元件。

2) 板前布线工艺要求

(1) 布线通道尽可能少,同路并行导线按主电路、控制电路分类集中,单层密排,紧贴安装面布线。

(2) 布线要横平竖直,分布均匀。变换走向时应垂直。

(3) 同一平面的导线应高低一致或前后一致,不能交叉。非交叉不可时,此根导线应在接线端子引出时就水平架空跨越,且必须走线合理。

(4) 布线时严禁损伤线芯和导线绝缘。

(5) 布线顺序一般以接触器为中心,由里向外,由低到高,先控制电路后主电路进行,以不妨碍后续布线为原则。

(6) 导线与接线端子或接线桩连接时,不得压绝缘层、不反圈、不露铜过长。

(7) 同一元件、同一回路的不同接点的导线间距离应保持一致。

(8) 一个电器元件接线端子上的连接导线不得多于两根,每节接线端子板上的连接导线一般只允许连接一根。

3. 检测线路

安装完毕的控制电路板必须经过认真检查以后才允许通电试车,以防止错接、漏接造成不能正常运转或短路事故。

1) 主电路检测

使用万用表检测主电路。即用万用表的欧姆挡R×100或R×1 k测量L_1—$2U_1$、L_2—$2V_1$、L_3—$2W_1$在交流接触器KM或KMY、KM△模拟动作时的电阻,电阻为0就正确,否则错误。

用螺丝刀将接触器的触点系统按下,再次测量三相的直流电阻,读数应为每相定子绕组的直流电阻。根据所测数据判断主电路是否正常。

2）控制电路检测

用万用表的欧姆挡 R×100 或 R×1 k 测量两个控制保险的出线端子电阻。

（1）当按下 Y 接起动按钮 SB_2 时，所测电阻为接触器 KM_1 和 KM_3 线圈电阻并联就正确，否则错误。

（2）当按下△接按钮 SB_3 时，所测电阻为接触器 KM_1 和 KM_2 线圈电阻并联就正确，否则错误。

4. 通电试车

通电试车必须征得教师同意，并由教师接通三相电源，同时在现场监护。

线路经自我检查无误后，安装好熔断器，注意主电路熔断器装 10 A 的熔体，控制电路熔断器装 2 A 的熔体，并经万用表检测安装到位无误，接好电源线，才可以请老师检查，经老师下令后，才允许不带负载通电试车。具体操作如下：

（1）合上三相电源，即合上三相低压断路器。

（2）合上刀开关。

（3）用验电笔检验 5 个熔断器出线端是否有电，有电则往下继续操作；无电则断开三相电源，检查熔断器。

（4）按下 Y 接起动按钮 SB_2，观察到接触器 KM_1 动作，然后接触器 KM_3 动作，电动机 Y 接起动；然后按下△接按钮 SB_3，接触器 KM_2 动作，接触器 KM_3 失电复位，电动机变成△接。

（5）按下 SB_1，观察电动机是否停止，若有异常现象，则应马上停车。

（6）切断电源，先拆除三相电源线，再拆除电动机线。

注意事项：通电试车过程中，如果发现故障，那么应立即断电，并进行检查。检查应先从电气原理图入手，根据故障现象分析故障原因，缩小故障点，再进行排查。检查完后要再次请老师检查后方可通电。

5. 设置故障

教师人为设置故障通电运行，同学们观察故障现象，并记录在表 2－15 中。

表 2－15　三相异步电动机 Y-△降压起动（按钮控制）电路故障设置情况统计表

故障设置元件	故障点	故障现象

任务评价

序号	考核内容与要求			考核情况记录	得分
1	螺丝压线工艺（20 分）	要求	接线端头牢固		
		扣分	有一处端子不牢固扣 5 分，扣完为止		
2	一次线路接线工艺（10 分）	要求	接头裸露不超过 5 mm		
			弧度一致		
			工艺美观		
		扣分	有一处不合格扣 3 分，扣完为止		
3	二次线路接线工艺（50 分）	要求	端子接头无导线裸露		
			每个端子压线不超过 2 根		
			线型弧度一致		
			工艺美观		
		扣分	有一处不合格扣 3 分，扣完为止		
4	尼龙扎带捆扎工艺（10 分）	要求	尼龙塑料扎带捆扎线松紧要适度		
			两个尼龙塑料扎带之间距离要适中		
			尼龙捆扎线尾线长度要适中		
		扣分	有一处不合格扣 2 分，扣完为止		
5	文明生产（10 分）	要求	操作场地卫生清理		
			工具摆放整齐		
		扣分	有一项不合格扣 2 分，扣完为止		
总分					

实训七　电动机星-三角降压起动（时间继电器控制）电路的分析与安装

1. 电路原理图

三相异步电动机 Y-△起动（时间继电器控制）电路原理图如图 2-24 所示。

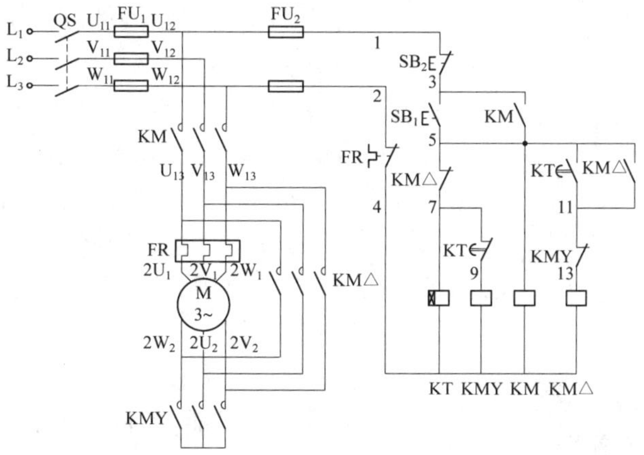

图 2-24　三相异步电动机 Y-△起动（时间继电器控制）电路原理图

2. 安装线路

要求完成主电路、控制电路的安装布线，按要求进行线槽布线，导线必须沿线槽内布线，接线端加编码套管，线槽出线应整齐美观，线路连接应符合工艺要求，不损坏电器元件，安装前应对元器件进行检查，安装工艺符合相关行业标准。

1）安装线路步骤

（1）看图。认真阅读电路原理图，在明确实训要达到的技能目标，充分地搞清了控制线路的工作原理后，方可进行下一步的实训。

（2）选元器件。按照图 2-24 所示的电路原理图配齐所需元件，将元件的型号和质量检查情况记录在表 2-16 中。

表 2-16　三相异步电动机 Y-△起动（时间继电器控制）电路实训所需元器件清单

元件名称	文字符号	型号	数量	作用
三极断路器			1	主电路短路保护
三极熔断器			1	主电路短路保护
二极熔断器			1	控制电路短路保护
交流接触器 1			1	控制电动机电源
交流接触器 2			1	控制电动机△接
交流接触器 3			1	控制电动机 Y 接
热继电器			1	电动机过载保护
时间继电器			1	实现电动机 Y-△转换
起动按钮			1	Y 接起动电动机
停止按钮			1	停止电动机
三相异步电动机			1	拖动

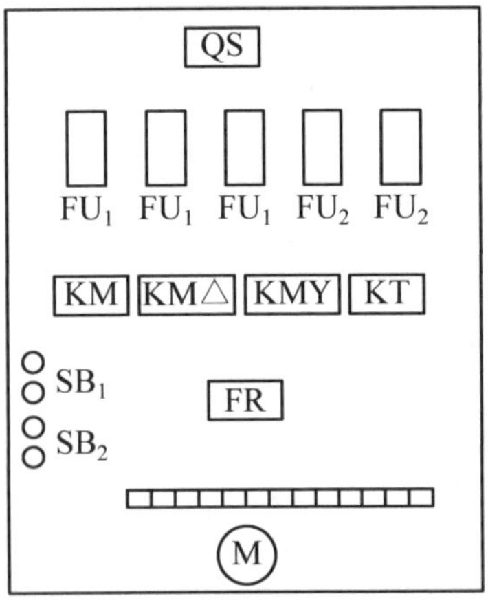

图 2-25　三相异步电动机 Y-△起动（时间继电器控制）元件布置图

（3）判断元器件的性能。动手固定元器件前先判断元器件的好坏，有损坏的应提出来，要求老师给予更换。

（4）按图 2-25 固定元器件。基本上按照主电路元件的先后次序进行元件的布局，兼顾横平、竖直、排列美观，并将其固定在电动机控制线路安装模拟接线板上。

（5）先给电气原理编号，然后按图接线。在电动机控制线路安装模拟接线板上分别安装三相异步电动机 Y-△起动（时间继电器控制）的主电路和控制电路。接线时注意接线方法和工艺，各接点要牢固、接触良好，同时，要注意安全文明操作，保护好各电器元件。

2）板前布线工艺要求

（1）布线通道尽可能少，同路并行导线按主电路、控制电路分类集中，单层密排，紧贴安装面布线。

（2）布线要横平竖直，分布均匀。变换走向时应垂直。

（3）同一平面的导线应高低一致或前后一致，不能交叉。非交叉不可时，此根导线应在接线端子引出时就水平架空跨越，且必须走线合理。

（4）布线时严禁损伤线芯和导线绝缘。

（5）布线顺序一般以接触器为中心，由里向外，由低到高，先控制电路后主电路进行，以不妨碍后续布线为原则。

（6）导线与接线端子或接线桩连接时，不得压绝缘层、不反圈、不露铜过长。

（7）同一元件、同一回路的不同接点的导线间距离应保持一致。

（8）一个电器元件接线端子上的连接导线不得多于两根，每节接线端子板上的连接导线一般只允许连接一根。

3. 检测线路

安装完毕的控制电路板必须经过认真检查以后才允许通电试车，以防止错接、漏接造成不能正常运转或短路事故。

1）主电路检测

使用万用表检测主电路。即用万用表的欧姆挡 R×100 或 R×1 k 测量 L_1—$2U_1$、L_2—$2V_1$、L_3—$2W_1$ 在交流接触器 KM 或 KMY、KM△模拟动作时的电阻，电阻为 0 就正确，否则错误。

用螺丝刀将接触器的触点系统按下，再次测量三相的直流电阻，读数应为每相定子绕组的直流电阻。根据所测数据判断主电路是否正常。

2）控制电路检测

用万用表的欧姆挡 R×100 或 R×1 k 测量两个控制保险的出线端子电阻。

（1）当按下起动按钮 SB_1 或 KM 模拟动作时，所测电阻为接触器 KM、KMY 和 KT 线圈电阻并联就正确，否则错误。

（2）当进行接触器 KM、KM△模拟动作时，所测电阻为 KM 和 KM△线圈电阻并联，再进行接触器 KMY 模拟动作时，所测电阻为 KM 线圈电阻就正确，否则错误。

（3）当进行接触器 KM、时间继电器 KT 模拟动作时，所测电阻先为 KM、KT 和 KMY 线圈电阻并联，然后变为 KM、KM△和 KT 线圈电阻并联就正确，否则错误。

4. 通电试车

通电试车必须征得教师同意，并由教师接通三相电源，同时在现场监护。

线路经自我检查无误后，安装好熔断器，注意主电路熔断器装 10 A 的熔体，控制电路熔断器装 2 A 的熔体，并经万用表检测安装到位无误，接好电源线，才可以请老师检查，经老师下令后，才允许不带负载通电试车。具体操作如下：

（1）合上三相电源，即合上三相低压断路器。

（2）合上刀开关。

（3）用验电笔检验 5 个熔断器出线端是否有电，有电则往下继续操作；无电则断开三相电源，检查熔断器。

（4）按下起动按钮 SB_1，观察到接触器 KM、KMY、时间继电器 KT 动作，延时时间到后，观察到接触器 KM△动作，时间继电器 KT、接触器 KMY 断电复位，看电动机 M 是否快速正向旋转。

(5) 按下停止按钮 SB_2，接触器 KM、KM△断电复位，电动机 M 惯性停车，观察电动机 M 的旋转方向是否正确。

(6) 切断电源，先拆除三相电源线，再拆除电动机线。

注意事项：通电试车过程中，如果发现故障，那么应立即断电，并进行检查。检查应先从电气原理图入手，根据故障现象分析故障原因，缩小故障点，再进行排查。检查完后要再次请老师检查后方可通电。

5. 设置故障

教师人为设置故障通电运行，同学们观察故障现象，并记录在表 2-17 中。

表 2-17 三相异步电动机 Y-△起动(时间继电器控制)电路故障设置情况统计表

故障设置元件	故障点	故障现象

任务评价

序号	考核内容与要求			考核情况记录	得分
1	螺丝压线工艺(20 分)	要求	接线端头牢固		
		扣分	有一处端子不牢固扣 5 分，扣完为止		
2	一次线路接线工艺(10 分)	要求	接头裸露不超过 5 mm		
			弧度一致		
			工艺美观		
		扣分	有一处不合格扣 3 分，扣完为止		
3	二次线路接线工艺(50 分)	要求	端子接头无导线裸露		
			每个端子压线不超过 2 根		
			线型弧度一致		
			工艺美观		
		扣分	有一处不合格扣 3 分，扣完为止		

续　表

序号	考核内容与要求			考核情况记录	得分
4	尼龙扎带捆扎工艺(10 分)	要求	尼龙塑料扎带捆扎线松紧要适度		
			两个尼龙塑料扎带之间距离要适中		
			尼龙捆扎线尾线长度要适中		
		扣分	有一处不合格扣 2 分,扣完为止		
5	文明生产(10 分)	要求	操作场地卫生清理		
			工具摆放整齐		
		扣分	有一项不合格扣 2 分,扣完为止		
总分					

实训八　双速异步电动机起动(按钮控制)电路的分析与安装

1. 电路原理图

双速异步电动机起动(按钮控制)电路原理图如图 2-26 所示。

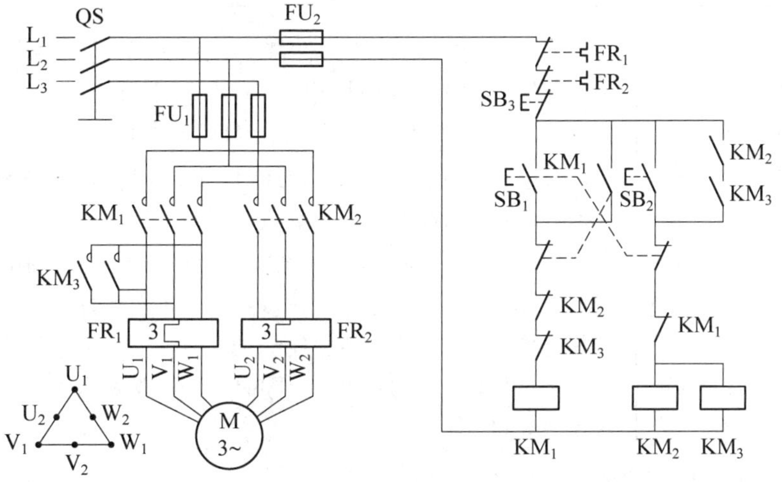

图 2-26　双速异步电动机起动(按钮控制)电路原理图

三相异步电动机的变极调速

2. 安装线路

要求完成主电路、控制电路的安装布线,按要求进行线槽布线,导线必须沿线槽内布线,接线端加编码套管,线槽出线应整齐美观,线路连接应符合工艺要求,不损坏电器元件,安装前应对元器件进行检查,安装工艺符合相关行业标准。

1) 安装线路步骤

(1) 看图。认真阅读电路原理图,在明确实训要达到的技能目标,充分地搞清了控制线路的工作原理后，方可进行下一步的实训。

(2) 选元器件。按照图 2-26 所示的电路原理图配齐所需元件，将元件的型号和质量检查情况记录在表 2-18 中。

表 2-18　双速异步电动机起动(按钮控制)电路实训所需元器件清单

元件名称	文字符号	型号	数量	作用
三极断路器			1	主电路短路保护
三极熔断器			1	主电路短路保护
二极熔断器			1	控制电路短路保护
交流接触器 1			1	控制电动机△接
交流接触器 2			1	控制电动机 Y-Y 接
交流接触器 3			1	防止电动机换相
热继电器			2	电动机过载保护
低速起动按钮			1	△接起动电动机
高速起动按钮			1	Y-Y 接起动电动机
停止按钮			1	停止电动机
三相异步电动机			1	拖动

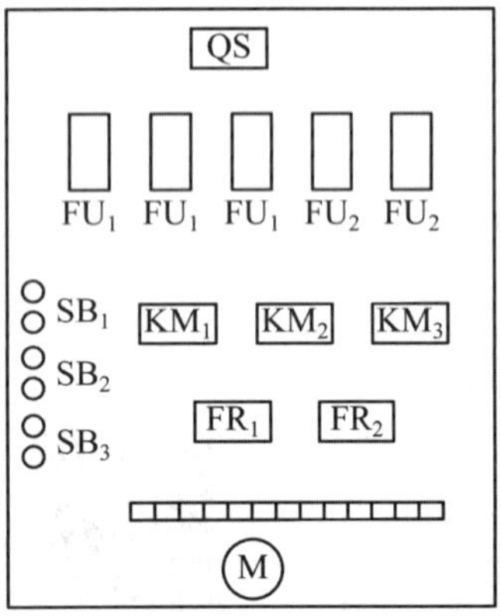

图 2-27　双速异步电动机起动(按钮控制)电路元件布置图

(3) 判断元器件的性能。动手固定元器件前先判断元器件的好坏，有损坏的应提出来，要求老师给予更换。

(4) 按图 2-27 固定元器件。基本上按照主电路元件的先后次序进行元件的布局，兼顾横平、竖直、排列美观，并将其固定在电动机控制线路安装模拟接线板上。

(5) 先给电气原理编号，然后按图接线。在电动机控制线路安装模拟接线板上分别安装三相异步电动机 Y-△起动(时间继电器控制)的主电路和控制电路。接线时注意接线方法和工艺，各接点要牢固、接触良好，同时，要注意安全文明操作，保护好各电器元件。

2) 板前布线工艺要求

(1) 布线通道尽可能少，同路并行导线按主电路、控制电路分类集中，单层密排，紧贴安装面布线。

(2) 布线要横平竖直，分布均匀。变换走向时应垂直。

(3) 同一平面的导线应高低一致或前后一致，不能交叉。非交叉不可时，此根导线应在接线端子引出时就水平架空跨越，且必须走线合理。

(4) 布线时严禁损伤线芯和导线绝缘。

(5) 布线顺序一般以接触器为中心，由里向外，由低到高，先控制电路后主电路进行，以不妨碍后续布线为原则。

(6) 导线与接线端子或接线桩连接时，不得压绝缘层、不反圈、不露铜过长。

(7) 同一元件、同一回路的不同接点的导线间距离应保持一致。

(8) 一个电器元件接线端子上的连接导线不得多于两根,每节接线端子板上的连接导线一般只允许连接一根。

3. 检测线路

安装完毕的控制电路板必须经过认真检查以后才允许通电试车,以防止错接、漏接造成不能正常运转或短路事故。

1) 主电路检测

使用万用表检测主电路。即用万用表的欧姆挡 R×100 或 R×1 k 测量 L_1—$2U_1$、L_2—$2V_1$、L_3—$2W_1$ 在交流接触器 KM_1、KM_2 和 KM_3 模拟动作时的电阻,电阻为 0 就正确,否则错误。

用螺丝刀将接触器的触点系统按下,再次测量三相的直流电阻,读数应为每相定子绕组的直流电阻。根据所测数据判断主电路是否正常。

2) 控制电路检测

用万用表的欧姆挡 R×100 或 R×1 k 测量两个控制保险的出线端子电阻。

(1) 当按下△接起动按钮 SB_1 时,所测电阻为接触器 KM_1 线圈电阻就正确,否则错误。

(2) 当按下 Y－Y 接起动按钮 SB_2 时,所测电阻为 KM_2 和 KM_3 线圈电阻并联就正确,否则错误。

4. 通电试车

通电试车必须征得教师同意,并由教师接通三相电源,同时在现场监护。

线路经自我检查无误后,安装好熔断器,注意主电路熔断器装 10 A 的熔体,控制电路熔断器装 2 A 的熔体,并经万用表检测安装到位无误,接好电源线,才可以请老师检查,经老师下令后,才允许不带负载通电试车。具体操作如下:

(1) 合上三相电源,即合上三相低压断路器。

(2) 合上刀开关。

(3) 用验电笔检验 5 个熔断器出线端是否有电,有电则往下继续操作;无电则断开三相电源,检查熔断器。

(4) 按下低速起动按钮 SB_1,观察到接触器 KM_1 动作,看电动机 M 是否正向旋转。

(5) 按下高速起动按钮 SB_2,观察到接触器 KM_2、KM_3 动作,看电动机是否正向高速旋转。

(6) 按下停止按钮 SB_3,观察电动机是否停止,若有异常现象,则应马上停车。

(7) 切断电源,先拆除三相电源线,再拆除电动机线。

注意事项:通电试车过程中,如果发现故障,那么应立即断电,并进行检查。检查应先从电气原理图入手,根据故障现象分析故障原因,缩小故障点,再进行排查。检查完后要再次请老师检查后方可通电。

5. 设置故障

教师人为设置故障通电运行,同学们观察故障现象,并记录在表 2－19 中。

表 2-19　双速异步电动机起动(按钮控制)电路故障设置情况统计表

故障设置元件	故障点	故障现象

任务评价

序号	考核内容与要求			考核情况记录	得分
1	螺丝压线工艺(20分)	要求	接线端头牢固		
		扣分	有一处端子不牢固扣5分,扣完为止		
2	一次线路接线工艺(10分)	要求	接头裸露不超过5 mm		
			弧度一致		
			工艺美观		
		扣分	有一处不合格扣3分,扣完为止		
3	二次线路接线工艺(50分)	要求	端子接头无导线裸露		
			每个端子压线不超过2根		
			线型弧度一致		
			工艺美观		
		扣分	有一处不合格扣3分,扣完为止		
4	尼龙扎带捆扎工艺(10分)	要求	尼龙塑料扎带捆扎线松紧要适度		
			两个尼龙塑料扎带之间距离要适中		
			尼龙捆扎线尾线长度要适中		
		扣分	有一处不合格扣2分,扣完为止		
5	文明生产(10分)	要求	操作场地卫生清理		
			工具摆放整齐		
		扣分	有一项不合格扣2分,扣完为止		
总分					

实训九　双速异步电动机起动(时间继电器控制)电路的分析与安装

1. 电路原理图

双速异步电动机起动(时间继电器控制)电路系统原理图如图 2－28 所示。

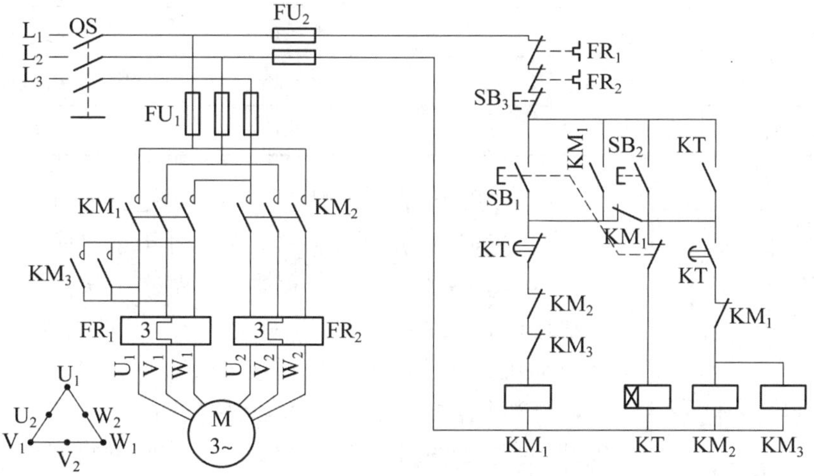

图 2－28　双速异步电动机起动(时间继电器控制)电路系统原理图

2. 安装线路

要求完成主电路、控制电路的安装布线，按要求进行线槽布线，导线必须沿线槽内布线，接线端加编码套管，线槽出线应整齐美观，线路连接应符合工艺要求，不损坏电器元件，安装前应对元器件进行检查，安装工艺符合相关行业标准。

1) 安装线路步骤

(1) 看图。认真阅读电路原理图，在明确实训要达到的技能目标，充分地搞清了控制线路的工作原理后，方可进行下一步的实训。

(2) 选元器件。按照图 2－28 所示的电路原理图配齐所需元件，将元件的型号和质量检查情况记录在表 2－20 中。

表 2－20　双速异步电动机起动(时间继电器)电路系统实训所需元器件清单

元件名称	文字符号	型号	数量	作用
三极断路器			1	主电路短路保护
三极熔断器			1	主电路短路保护
二极熔断器			1	控制电路短路保护
交流接触器 1			1	控制电动机△接
交流接触器 2			1	控制电动机 Y－Y 接
交流接触器 3			1	防止电动机换相

续　表

元件名称	文字符号	型号	数量	作用
热继电器			2	电动机过载保护
低速起动按钮			1	△接起动电动机
高速起动按钮			1	Y－Y 接起动电动机
停止按钮			1	停止电动机
时间继电器			1	实现电动机低速—高速转换
三相异步电动机			1	拖动

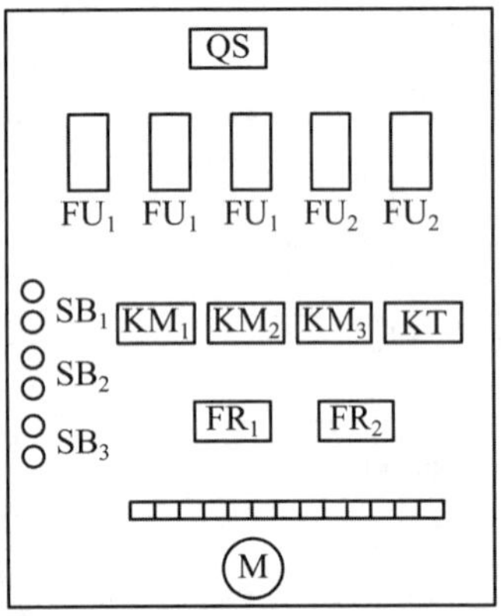

图 2－29　双速异步电动机起动（时间继电器控制）系统元件布置图

（3）判断元器件的性能。动手固定元器件前先判断元器件的好坏，有损坏的应提出来，要求老师给予更换。

（4）按图 2－29 固定元器件。基本上按照主电路元件的先后次序进行元件的布局，兼顾横平、竖直、排列美观，并将其固定在电动机控制线路安装模拟接线板上。

（5）先给电气原理编号，然后按图接线。在电动机控制线路安装模拟接线板上分别安装双速异步电动机起动控制系统的主电路和控制电路。接线时注意接线方法和工艺，各接点要牢固、接触良好，同时，要注意安全文明操作，保护好各电器元件。

2）板前布线工艺要求

（1）布线通道尽可能少，同路并行导线按主电路、控制电路分类集中，单层密排，紧贴安装面布线。

（2）布线要横平竖直，分布均匀。变换走向时应垂直。

（3）同一平面的导线应高低一致或前后一致，不能交叉。非交叉不可时，此根导线应在接线端子引出时就水平架空跨越，且必须走线合理。

（4）布线时严禁损伤线芯和导线绝缘。

（5）布线顺序一般以接触器为中心，由里向外，由低到高，先控制电路后主电路进行，以不妨碍后续布线为原则。

（6）导线与接线端子或接线桩连接时，不得压绝缘层、不反圈、不露铜过长。

（7）同一元件、同一回路的不同接点的导线间距离应保持一致。

（8）一个电器元件接线端子上的连接导线不得多于两根，每节接线端子板上的连接导线一般只允许连接一根。

3. 检测线路

安装完毕的控制电路板必须经过认真检查以后才允许通电试车，以防止错接、漏接造成不能正常运转或短路事故。

1）主电路检测

使用万用表检测主电路。即用万用表的欧姆挡 R×100 或 R×1 k 测量 L_1—U_1（或 W_2）、L_2—V_1（或 V_2）、L_3—W_1（或 U_2）在交流接触器 KM_1 或 KM_2 模拟动作时的电阻，电阻为 0 就

正确，否则错误。

用螺丝刀将接触器的触点系统按下，再次测量三相的直流电阻，读数应为每相定子绕组的直流电阻。根据所测数据判断主电路是否正常。

2）控制电路检测

用万用表的欧姆挡 R×100 或 R×1 k 测量两个控制保险的出线端子电阻。

（1）当按下低速起动按钮 SB_1 时，所测电阻为接触器 KM_1 线圈电阻就正确，否则错误。

（2）当按下高速起动按钮 SB_2 时，所测电阻为 KM_2、KM_3 和 KT 线圈电阻并联就正确，否则错误。

4. 通电试车

通电试车必须征得教师同意，并由教师接通三相电源，同时在现场监护。

（1）合上三相电源，即合上三相低压断路器。

（2）合上刀开关。

（3）用验电笔检验 5 个熔断器出线端是否有电，有电则往下继续操作；无电则断开三相电源，检查熔断器。

（4）按下低速起动按钮 SB_1，观察到接触器 KM_1 动作，看电动机 M 是否正向旋转。

（5）按下高速起动按钮 SB_2，观察到时间继电器 KT 线圈得电，到达整定值后时间继电器延时闭合触点闭合，接触器 KM_2、KM_3 动作，看电动机是否正向高速旋转。

（6）按下停止按钮 SB_3，观察电动机是否停止，若有异常现象，则应马上停车。

（7）切断电源，先拆除三相电源线，再拆除电动机线。

注意事项：通电试车过程中，如果发现故障，那么应立即断电，并进行检查。检查应先从电气原理图入手，根据故障现象分析故障原因，缩小故障点，再进行排查。检查完后要再次请老师检查后方可通电。

5. 设置故障

教师人为设置故障通电运行，同学们观察故障现象，并记录在表 2-21 中。

表 2-21　双速异步电动机起动(时间继电器)电路系统实训故障设置情况统计表

故障设置元件	故障点	故障现象

任务评价

序号	考核内容与要求			考核情况记录	得分
1	螺丝压线工艺（20 分）	要求	接线端头牢固		
		扣分	有一处端子不牢固扣 5 分，扣完为止		
2	一次线路接线工艺（10 分）	要求	接头裸露不超过 5 mm		
			弧度一致		
			工艺美观		
		扣分	有一处不合格扣 3 分，扣完为止		
3	二次线路接线工艺（50 分）	要求	端子接头无导线裸露		
			每个端子压线不超过 2 根		
			线型弧度一致		
			工艺美观		
		扣分	有一处不合格扣 3 分，扣完为止		
4	尼龙扎带捆扎工艺（10 分）	要求	尼龙塑料扎带捆扎线松紧要适度		
			两个尼龙塑料扎带之间距离要适中		
			尼龙捆扎线尾线长度要适中		
		扣分	有一处不合格扣 2 分，扣完为止		
5	文明生产（10 分）	要求	操作场地卫生清理		
			工具摆放整齐		
		扣分	有一项不合格扣 2 分，扣完为止		
总分					

实训十　定子绕组串联电阻起动（按钮控制）电路的分析与安装

1. 电路原理图

定子绕组串联电阻起动（按钮控制）电路原理图如图 2－30 所示。

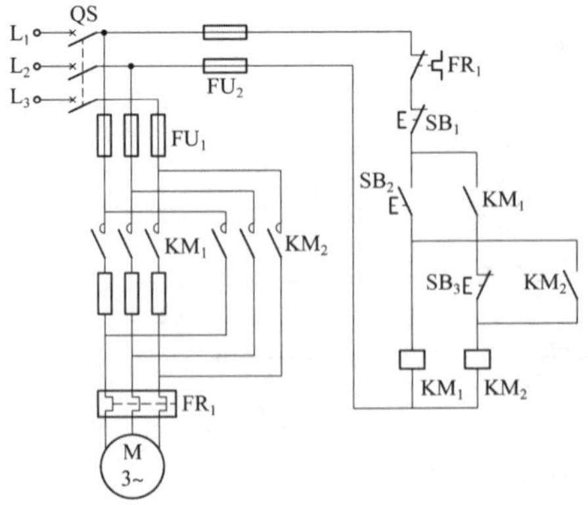

图 2－30　定子绕组串联电阻起动（按钮控制）电路原理图

2. 安装线路

要求完成主电路、控制电路的安装布线，按要求进行线槽布线，导线必须沿线槽内布线，接线端加编码套管，线槽出线应整齐美观，线路连接应符合工艺要求，不损坏电器元件，安装前应对元器件进行检查，安装工艺符合相关行业标准。

1）安装线路步骤

(1) 看图。认真阅读电路原理图，在明确实训要达到的技能目标，充分地搞清了控制线路的工作原理后，方可进行下一步的实训。

(2) 选元器件。按照图 2－30 所示的电路原理图配齐所需元件，将元件的型号和质量检查情况记录在表 2－22 中。

表 2－22　定子绕组串联电阻起动自动控制电路系统实训所需元器件清单

元件名称	文字符号	型号	数量	作用
三极断路器			1	主电路短路保护
三极熔断器			1	主电路短路保护
二极熔断器			1	控制电路短路保护
交流接触器 1			1	电动机接入电阻器 降压起动用
交流接触器 2			1	电动机全压运转电源
热继电器			1	电动机过载保护
电阻器			1	电动机降压起动
降压起动按钮			1	起动电动机
全压起动按钮			1	起动电动机
停止按钮			1	停止电动机
三相异步电动机			1	拖动

(3) 判断元器件的性能。动手固定元器件前先判断元器件的好坏，有损坏的应提出来，要求老师给予更换。

(4) 按图 2－31 固定元器件。基本上按照主电路元件的先后次序进行元件的布局，兼顾横平、竖直、排列美观，并将其固定在电动机控制线路安装模拟接线板上。

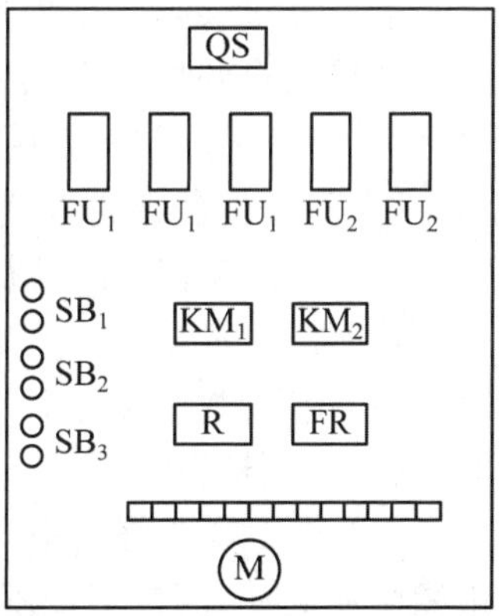

图 2－31　定子绕组串联电阻起动（按钮控制）电路元件布置图

(5) 先给电气原理编号，然后按图接线。在电动机控制线路安装模拟接线板上分别安装双速异步电动机起动控制系统的主电路和控制电路。接线时注意接线方法和工艺，各接点要牢固、接触良好，同时，要注意安全文明操作，保护好各电器元件。

2）板前布线工艺要求

(1) 布线通道尽可能少，同路并行导线按主电路、控制电路分类集中，单层密排，紧贴安装面布线。

(2) 布线要横平竖直,分布均匀。变换走向时应垂直。

(3) 同一平面的导线应高低一致或前后一致,不能交叉。非交叉不可时,此根导线应在接线端子引出时就水平架空跨越,且必须走线合理。

(4) 布线时严禁损伤线芯和导线绝缘。

(5) 布线顺序一般以接触器为中心,由里向外,由低到高,先控制电路后主电路进行,以不妨碍后续布线为原则。

(6) 导线与接线端子或接线桩连接时,不得压绝缘层、不反圈、不露铜过长。

(7) 同一元件、同一回路的不同接点的导线间距离应保持一致。

(8) 一个电器元件接线端子上的连接导线不得多于两根,每节接线端子板上的连接导线一般只允许连接一根。

3. 检测线路

安装完毕的控制电路板必须经过认真检查以后才允许通电试车,以防止错接、漏接造成不能正常运转或短路事故。

1) 主电路检测

使用万用表检测主电路。即用万用表的欧姆挡 R×100 或 R×1 k 测量 L_1—U_1(或 W_2)、L_2—V_1(或 V_2)、L_3—W_1(或 U_2)在交流接触器 KM_1 或 KM_2 模拟动作时的电阻,电阻为 0 就正确,否则错误。

用螺丝刀将接触器的触点系统按下,再次测量三相的直流电阻,读数应为每相定子绕组的直流电阻。根据所测数据判断主电路是否正常。

2) 控制电路检测

用万用表的欧姆挡 R×100 或 R×1 k 测量两个控制保险的出线端子电阻。

(1) 当按下定子绕组串联电阻降压起动按钮 SB_2 时,所测电阻为接触器 KM_1 线圈电阻就正确,否则错误。

(2) 当按下全压起动按钮 SB_3 时,所测电阻为接触器 KM_2 线圈电阻就正确,否则错误。

4. 通电试车

通电试车必须征得教师同意,并由教师接通三相电源,同时在现场监护。

线路经自我检查无误后,安装好熔断器,注意主电路熔断器装 10 A 的熔体,控制电路熔断器装 2 A 的熔体,并经万用表检测安装到位无误,接好电源线,才可以请老师检查,经老师下令后,才允许不带负载通电试车。具体操作如下:

(1) 合上三相电源,即合上三相低压断路器。

(2) 合上刀开关。

(3) 用验电笔检验 5 个熔断器出线端是否有电,有电则往下继续操作;无电则断开三相电源,检查熔断器。

(4) 按下定子绕组串联电阻降压起动按钮 SB_2,接触器 KM_1 动作,电动机定子绕组串联电阻降压起动;当按下全压起动按钮 SB_3 后,接触器 KM_2 动作,将串联在定子绕组中的电阻短路,电动机在额定电压下运行。

(5) 按下停止按钮 SB_1,观察电动机是否停止,若有异常现象,则应马上停车。

(6) 切断电源，先拆除三相电源线，再拆除电动机线。

注意事项：通电试车过程中，如果发现故障，那么应立即断电，并进行检查。检查应先从电气原理图入手，根据故障现象分析故障原因，缩小故障点，再进行排查。检查完后要再次请老师检查后方可通电。

5. 设置故障

教师人为设置故障通电运行，同学们观察故障现象，并记录在表 2－23 中。

表 2－23　定子绕组串联电阻起动(按钮控制)电路实训故障设置情况统计表

故障设置元件	故障点	故障现象

任务评价

序号	考核内容与要求			考核情况记录	得分
1	螺丝压线工艺(20 分)	要求	接线端头牢固		
		扣分	有一处端子不牢固扣 5 分，扣完为止		
2	一次线路接线工艺(10 分)	要求	接头裸露不超过 5 mm		
			弧度一致		
			工艺美观		
		扣分	有一处不合格扣 3 分，扣完为止		
3	二次线路接线工艺(50 分)	要求	端子接头无导线裸露		
			每个端子压线不超过 2 根		
			线型弧度一致		
			工艺美观		
		扣分	有一处不合格扣 3 分，扣完为止		
4	尼龙扎带捆扎工艺(10 分)	要求	尼龙塑料扎带捆扎线松紧要适度		
			两个尼龙塑料扎带之间距离要适中		
			尼龙捆扎线尾线长度要适中		
		扣分	有一处不合格扣 2 分，扣完为止		

续 表

序号	考核内容与要求			考核情况记录	得分
5	文明生产（10 分）	要求	操作场地卫生清理		
			工具摆放整齐		
		扣分	有一项不合格扣 2 分，扣完为止		
总分					

实训十一　定子绕组串联电阻起动(时间继电器控制)电路的分析与安装

1. 电路原理图

定子绕组串联电阻起动(时间继电器控制)电路原理图如图 2－32 所示。

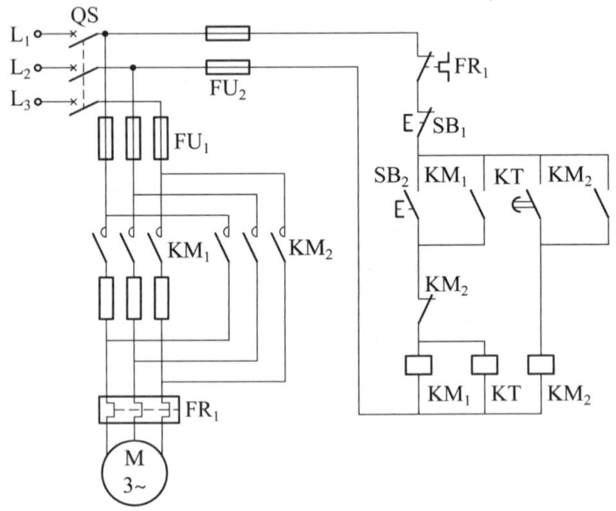

图 2－32　定子绕组串联电阻起动(时间继电器控制)电路原理图

2. 安装线路

要求完成主电路、控制电路的安装布线，按要求进行线槽布线，导线必须沿线槽内布线，接线端加编码套管，线槽出线应整齐美观，线路连接应符合工艺要求，不损坏电器元件，安装前应对元器件进行检查，安装工艺符合相关行业标准。

1) 安装线路步骤

(1) 看图。认真阅读电路原理图，在明确实训要达到的技能目标，充分地搞清了控制线路的工作原理后，方可进行下一步的实训。

(2) 选元器件。按照图 2－32 所示的电路原理图配齐所需元件，将元件的型号规格和质量检查情况记录在表 2－24 中。

表 2－24　定子绕组串联电阻起动(时间继电器控制)电路实训所需元器件清单

元件名称	文字符号	型号	数量	作用
三极断路器			1	主电路短路保护
三极熔断器			1	主电路短路保护
二极熔断器			1	控制电路短路保护
交流接触器 1			1	电动机接入电阻器 降压起动用
交流接触器 2			1	电动机全压运转电源
热继电器			1	电动机过载保护
电阻器			1	电动机降压起动
得电延时 时间继电器			1	用于延时转换
起动按钮			1	起动电动机
停止按钮			1	停止电动机
三相异步电动机			1	拖动

(3) 判断元器件的性能。动手固定元器件前先判断元器件的好坏,有损坏的应提出来,要求老师给予更换。

(4) 按图 2－33 固定元器件。基本上按照主电路元件的先后次序进行元件的布局,兼顾横平、竖直、排列美观,并将其固定在电动机控制线路安装模拟接线板上。

(5) 先给电气原理编号,然后按图接线。在电动机控制线路安装模拟接线板上分别安装双速异步电动机起动控制系统的主电路和控制电路。接线时注意接线方法和工艺,各接点要牢固、接触良好,同时,要注意安全文明操作,保护好各电器元件。

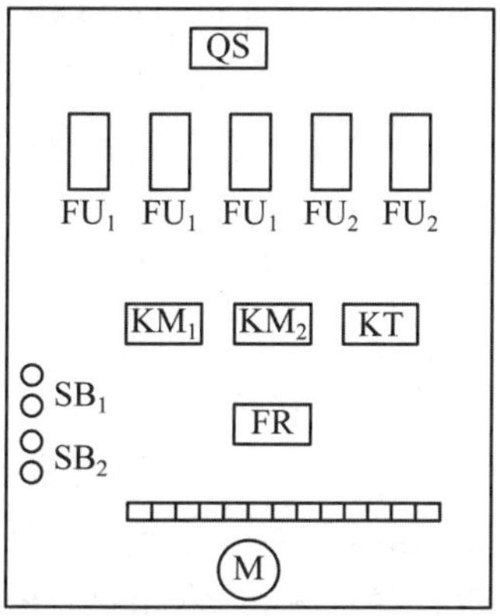

图 2－33　定子绕组串联电阻起动自动控制电路系统元件布置图

2) 板前布线工艺要求

(1) 布线通道尽可能少,同路并行导线按主电路、控制电路分类集中,单层密排,紧贴安装面布线。

(2) 布线要横平竖直,分布均匀。变换走向时应垂直。

(3) 同一平面的导线应高低一致或前后一致,不能交叉。非交叉不可时,此根导线应在接线端子引出时就水平架空跨越,且必须走线合理。

(4) 布线时严禁损伤线芯和导线绝缘。

(5) 布线顺序一般以接触器为中心,由里向外,由低到高,先控制电路后主电路进行,以不妨碍后续布线为原则。

(6) 导线与接线端子或接线桩连接时,不得压绝缘层、不反圈、不露铜过长。

(7) 同一元件、同一回路的不同接点的导线间距离应保持一致。

(8) 一个电器元件接线端子上的连接导线不得多于两根，每节接线端子板上的连接导线一般只允许连接一根。

3. 检测线路

安装完毕的控制电路板必须经过认真检查以后才允许通电试车，以防止错接、漏接造成不能正常运转或短路事故。

1) 主电路检测

使用万用表检测主电路。即用万用表的欧姆挡 R×100 或 R×1 k 测量 L_1—U_1（或 W_2）、L_2—V_1（或 V_2）、L_3—W_1（或 U_2）在交流接触器 KM_1 或 KM_2 模拟动作时的电阻，电阻为 0 就正确，否则错误。

用螺丝刀将接触器的触点系统按下，再次测量三相的直流电阻，读数应为每相定子绕组的直流电阻。根据所测数据判断主电路是否正常。

2) 控制电路检测

用万用表的欧姆挡 R×100 或 R×1 k 测量两个控制保险的出线端子电阻。

当按下起动按钮 SB_2 时，所测电阻为接触器 KM_1 和 KT 线圈电阻就正确，否则错误。

4. 通电试车

通电试车必须征得教师同意，并由教师接通三相电源，同时在现场监护。

线路经自我检查无误后，安装好熔断器，注意主电路熔断器装 10 A 的熔体，控制电路熔断器装 2 A 的熔体，并经万用表检测安装到位无误，接好电源线，才可以请老师检查，经老师下令后，才允许不带负载通电试车。具体操作如下：

(1) 合上三相电源，即合上三相低压断路器。

(2) 合上刀开关。

(3) 用验电笔检验 5 个熔断器出线端是否有电，有电则往下继续操作；无电则断开三相电源，检查熔断器。

(4) 当按下起动按钮 SB_2 时，观察到接触器 KM_1 动作；电动机定子绕组串联电阻降压起动，当时间继电器 KT 达到整定值时，时间继电器动作，延时闭合触点闭合，接触器 KM_2 动作，常开触点闭合，常闭触点断开，接触器 KM_1 线圈失电，将串联在定子绕组中的电阻短路，电动机在额定电压下运行。

(5) 按下停止按钮 SB_1，观察电动机是否停止，若有异常现象，则应马上停车。

(6) 切断电源，先拆除三相电源线，再拆除电动机线。

注意事项：通电试车过程中，如果发现故障，那么应立即断电，并进行检查。检查应先从电气原理图入手，根据故障现象分析故障原因，缩小故障点，再进行排查。检查完后要再次请老师检查后方可通电。

5. 设置故障

教师人为设置故障通电运行，同学们观察故障现象，并记录在表 2-25 中。

表 2－25　定子绕组串联电阻起动(按钮控制)电路实训故障设置情况统计表

故障设置元件	故障点	故障现象

任务评价

序号	考核内容与要求			考核情况记录	得分
1	螺丝压线工艺(20 分)	要求	接线端头牢固		
		扣分	有一处端子不牢固扣 5 分,扣完为止		
2	一次线路接线工艺(10 分)	要求	接头裸露不超过 5 mm		
			弧度一致		
			工艺美观		
		扣分	有一处不合格扣 3 分,扣完为止		
3	二次线路接线工艺(50 分)	要求	端子接头无导线裸露		
			每个端子压线不超过 2 根		
			线型弧度一致		
			工艺美观		
		扣分	有一处不合格扣 3 分,扣完为止		
4	尼龙扎带捆扎工艺(10 分)	要求	尼龙塑料扎带捆扎线松紧要适度		
			两个尼龙塑料扎带之间距离要适中		
			尼龙捆扎线尾线长度要适中		
		扣分	有一处不合格扣 2 分,扣完为止		
5	文明生产(10 分)	要求	操作场地卫生清理		
			工具摆放整齐		
		扣分	有一项不合格扣 2 分,扣完为止		
总分					

项目3

电气控制系统故障分析与检查

项目要点

（1）了解电气控制系统的常见故障。

（2）掌握电气控制线路部分的故障分析方法。

（3）掌握电气控制线路中电源故障及元件故障的原因。

项目目标

（1）具备对电气控制系统常见故障进行分析的能力。

（2）具备对电气控制系统常见故障进行排除的能力。

任务 3.1　电气控制系统常见故障

任务描述

电气控制系统在设备的使用过程中发挥着重要的作用，是保证设备稳定运行的基础，作为设备运行与维护人员，必须熟练掌握电气控制系统常见故障的判断和分析方法，并能掌握电气控制系统常见故障的排除方法。

任务目标

（1）了解电气控制系统的组成及电气控制系统故障的危害。

（2）能正确进行电气控制系统的故障分析和诊断。

（3）熟练掌握电气控制系统故障的维修技巧。

任务实施

1. 直接观察法判断电气控制系统故障

用直接观察法判断所给电路的电气控制系统中的问题，填入表 3－1 中。

表 3-1　直接观察法电气控制系统故障判断

序号	故障点	原因分析	解决方法

2. 电阻检测法

通过测量线路及元器件的电阻，判断电气控制系统的故障点，填入表 3-2 中。

表 3-2　电阻检测法电气控制系统故障判断

序号	故障点	原因分析	解决方法

3. 电压检测法

通过测量电路各点间的电压，判断电气控制系统的故障点，填入表 3-3 中。

表 3-3 电压检测法电气控制系统故障判断

序号	故障点	原因分析	解决方法

知识链接

1. 电气控制系统

电气控制系统就是通常所说的电气设备二次回路系统，根据设备功能的不同以及设备使用状态的不同，选择不同的电气控制系统，其中高电压设备和低电压设备的电气控制系统会存在明显的差异。

在设计电气控制系统时，应该根据设备的具体使用需求，设计相应的电气控制方案，以确保设备能够稳定高效地安全运行。

电气控制系统中包含大量的电子控制元件，各个电子元件相互配合，能够加强对整个系统的控制作用。

此外，根据不同回路的控制需求，设置不同的回路方式，包括自动回路、手动回路和信号回路等，以确保控制系统能够高效发挥作用，逐渐完善电气控制系统的作用和功能。

2. 电气控制系统故障的危害

首先，电气控制系统在工作期间如果由于线路破损造成短路，就会造成短时间内电流加大，使电路起火，严重时会引发火灾。

其次，交流异步电动机如果电压过低，那么定子电流升高，这样也会十分危险，容易烧毁机组。

最后，电气控制系统故障会造成电网运行不稳定，设备运行间断，给用户的使用带来不便。

3. 电气控制系统的故障分析和诊断

1）电气设备控制故障分析

（1）线路电路接触不良。在电气控制系统中，由于线路的电路接触不良导致的故障是最常见的，发生故障的频率也是最高的。由于电路接触不良，线路断路，控制系统的指令失效，导致电气设备无法正常工作。

其中电源和开关是发生电路接触不良的高发部位，电路之间的连接不合理等也会造成线路接触不良。

发生这种故障的主要原因是电气控制系统中相互接触的机构在空气中暴露，被氧气氧化，清理不及时，就容易发生短路、断路或者触电的危险，影响电气设备的使用寿命，降低其安全性能。

电气控制系统中导线的连接不合理，相关零部件松动，也会引发故障，但是这种情况一般不会对电气控制系统造成影响，通过工作人员的检修就可以排除故障，恢复使用。

（2）线路短路。线路短路也是引发电气控制系统故障的常见因素，由线路短路引起的电气故障对电气设备的损害是非常巨大的，会烧毁电气设备中的部分结构，造成不能逆转的损坏，增加电气设备的使用成本。

由线路短路引发的故障维修工作量大，需要更换大量的电子元器件，导致工作效率严重降低。

引发线路短路的主要原因一是线路的绝缘性能差，在使用中各个电路相互接触，容易造成短路；二是导线之间的连接不合理引起短路，造成严重的后果。

（3）电源缺相。由电源缺相引起的电气控制系统故障主要是指交流异步电动机的故障。

交流异步电动机使用三相电源，如果其中的某一项熔断器发生故障，就会造成电动机的缺相。

在交流异步电动机发生缺相故障之后，通过电动机的电流会远远超过额定电流，将烧毁整个电动机绕组。发生这种故障一般需要更换新的电动机，造成严重的经济损失。

2）电气控制系统的故障诊断

（1）直接观察法。直接观察法是检修人员根据经验对设备的运行进行观察判定的方法，需要检修人员通过眼睛观察，并结合嗅觉检查是否有异味，结合听觉检查异响情况，并且同时用手触摸设备的温度，对故障进行综合判定。观察法需要检修人员具有丰富的经验，较少地运用辅助设备进行专业检测。通过这种方法可以高效地判定电子管故障、继电器故障以及开关故障等。

如图 3－1 所示，为电气原理图。按下起动按钮 SST，接触器 KM 吸合，电动机 M 起动；按下停止按钮 SSTP，KM 释放，M 停止。运行中可能发生两种故障：

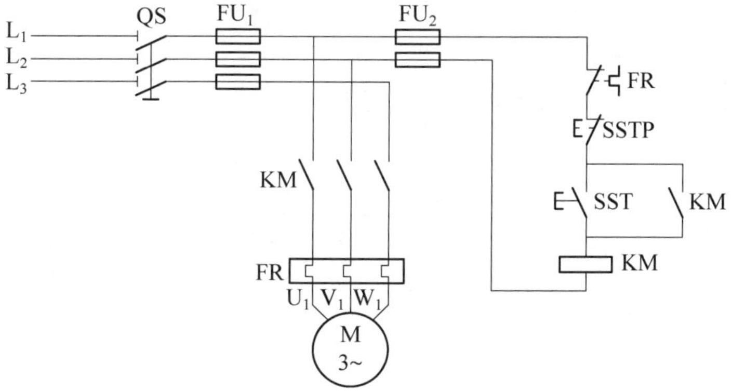

图 3－1　电气原理图

① 合上电源开关 QS,电机即起动。维修时首先考虑,如果合上 QS 电机即起动而未引起其他故障,就可以通电证实一下。其次,分析电气线路图,产生这种故障的原因可能为接触器 KM 触点熔焊或其他原因不能释放。最后,按钮 SST 或 KM 的动合辅助触头短路。打开控制箱看一下 KM 在断开后能否释放,若能,则故障是由 SST 的短路造成的。SST 用的胶木基座表面碳化,引起静触头间短路造成上述故障。此时用万用表欧姆挡就可以查出来。

② 推上电源开关 QS,按下 SST, M 不起动。检查时首先分析操作者在按下 SST 后,是否除 M 不动外并未引起其他故障。这时可以通电看一下,按下 SST 后 KM 是否吸合。从图 3-2 上看,若 KM 能够吸合而 M 不动,则可能是主电路 L_3 相电源断电,可能是接触器任一相触头烧断,也可能是热继电器热元件烧断,而与控制电路无关。下一步推上 QS,先检查 KM 电源侧三相电压,若正常,则电源不缺相。再检查每一热元件两端是否通,不通就是烧断了;若通,则按下 SST 使 KM 吸合,迅速测量 KM 的电动机侧三相电压,就可查出断电的一相。如果接触器的灭弧罩可拆,打开后就可检查触头是否烧坏,不必通电检查了。

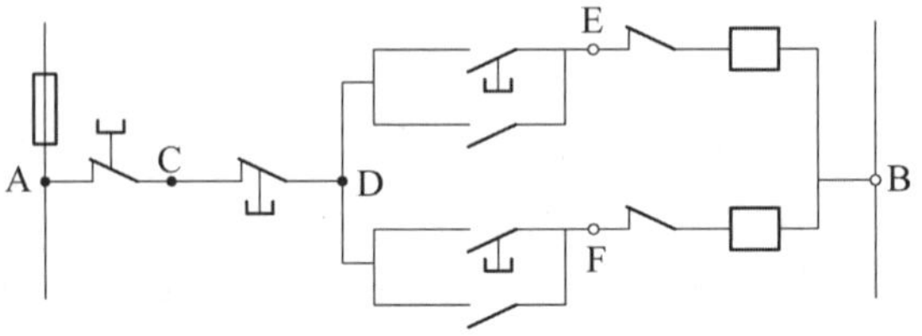

图 3-2　接触器连锁正反转控制线路图

(2) 电阻检测法。电阻检测法是利用万能表对电阻进行检测的,通过观察万能表的变化判断短路和开路。电阻检测还可以检测电子管和其他元件的故障。需要注意的是,电阻检测法在检测时需要对电源进行断电处理。

表 3-4　电阻法检查电动机正反转控制电路所测阻值

检查目的	操作步骤	AD	DE	DF	EB	FB
检查正转回路接线	万用表测 AD、DE、EB 电阻值	0	∞		1 300	
检查反转回路接线	万用表测 AD、DF、FB 电阻值	0		∞		1 300
检查互锁	断开 KM_2 的动断触头				∞	
检查互锁	断开 KM_1 的动断触头					∞

(3) 电压检测法。电压不稳会造成电气控制系统无法稳定运行,因此在电气系统故障诊断中需要对电压值进行比对,从而判断线路是否出现故障。电压检测法通常在直流供电的情况下使用。

表 3-5　电路各点间电压

测试状态	各点间电压/V						
	AE	AB	BE	BC	CE	CD	DE
KM 吸合	220	0	220	0	220	0	220
KM 释放	220	0	220	0	220	220	0

应用电压检测法来检修电气线路，可以采用以下步骤：①了解线路(图 3 - 3)；②了解线路的正常工作电压。通过比较判断故障所在。

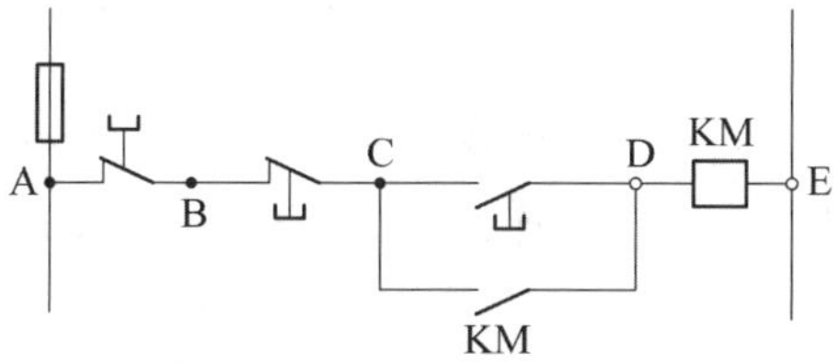

图 3 - 3　电机起停控制电路图

(4) 信息调查法。为了提高故障判断效率，需要专业的检修人员对电气运行线路在故障出现前后的变化进行详细询问，才能全面了解故障发生的现象。例如，电气线路在故障发生之前是否有冒烟、响声、停机、起动频繁等异常情况。还要对原件更换情况和是否有私自维修情况进行了解，才能更准确地把握故障的原因和故障出现的位置。

(5) 实验法。在常规检修方法无法发挥作用时，可以对电气控制线路进行通电实验，从而判断系统发生故障的原因。

实验法需要注意保证电气设备的完好无损，并且要做好实验前的检查工作，分开传动机、电动机，调节器和开关复位，如果传动机和电动机不能有效分开，那么可以切断主线路，缩小检查范围，避免事故的发生。

(6) 逻辑分析法。电气控制系统包含复杂的内部构造和零件线路，不利于检修人员在最短的时间准确判定，甚至会造成偏差和遗漏，工作效率不高。逻辑分析法依据电气控制系统内部的运行原理和工作环节，对故障采取具体分析，大大减少了故障检查的工作量，避免了无效检查，节省大量时间和人力资源，提高了故障检验的准确性，有利于维护方案的选择。

4. 电气控制系统故障的维修技巧

1) 检修短路

在电气设备的日常使用以及维护保养方面，需要对短路保护装置进行认真的检查，如果发生紧急情况，就需要立即关闭电源，之后再对熔断器之类的保护装置依次进行检修。

2) 状态检修

状态检修的前提是要求设备处于运行状态，根据不同的维修方式来选择相应的维修措施。在状态检修时，会发现设备的状态参数发生了变化。

在检修的过程中，需要根据不同的设备状态选择不同的检修方法，检修的时间也要根据具体情况才能确定。如果需要对元器件进行更换，那么要由专业人士进行操作。具体的维修方法有如下几种。

(1) 采用排查法进行维修。电路控制系统维修中最常使用的方法就是排查法，它主要包含短路法、仪表排除法、系统自排法、故障代码分析法。

① 短路排查法。

在确定了发生故障的工作环节后，使用导线短接相应的线路，若故障消除，则说明故障点推测正确，遂展开维修。

② 仪表排除法。

此处的仪表是指万用表，通过万用表能够将电气控制系统中过电流、电源缺相等故障检测出来，从而进行故障点排查。断电时，利用电阻挡对电阻元件的阻值正常与否进行检测。

③ 系统自排法。

在电气控制系统故障较小的时候，可采用此种方法。具体而言，先运行系统，实现控制系统的一个循环，进而将系统故障发生的工作环节排查出来，以便后续维修。

④ 故障代码分析。

这一方法是与电气控制系统的故障代码相结合，在中央控制面板按下操作键，获取故障代码，从而确定故障原因。

（2）采用自主化系统维修。线路和电源部件等都在电气设备的内部，若是停产检修，则会出现较大损失。因此，可通过计算机自动化系统来替代人力，展开实时维修与生产调整。计算机终端可以对电气设备的电压值做实时采集，进而向维修部门反映。同时，维修人员须熟练掌握计算机软件，通过控制软件调取电气设备的运行数据，然后通过对数据的分析实现故障的有效检修，从而良好地维护电气控制系统。

（3）通过工艺流程排查故障。通过计算机系统和传统排查方法难以有效检查出一些系统故障，因此，有必要采用工艺流程排查法来进行故障排查。

首先，维修人员在进行维修时，可基于电气自动化控制系统电路设备角度，排查系统主电路，观察、分析电机的运行状态和维护记录。其次，对电路系统做反向排查，检查电气控制系统中熔断器线路和电气元器件故障，并与设计图纸相结合，针对电机设备和电源元器件的完好性进行检查。最后，对电气控制系统中存在的故障做集中检查。

如果发现有故障，就一定要做好登记工作，将故障解决掉后再进入下一环节的检测。

（4）采用逻辑分析法进行维修。电气控制回路中各个控制环节实际的工作顺序和相关元器件间的联系是逻辑分析重要的工作依据，再与故障的具体情况相结合，进行分析、判断，进而可及时发现故障的具体位置。借助这一方法，能够简化原有复杂的问题，使维修人员盲目检测的情况得以有效避免，并有助于其检测效率的提高。

另外，相关维修人员在使用这一方法时，必须十分熟悉电气控制线路。想要检测工作的准确性得以保障，就要对控制线路中的所有元件进行检查，如此才可将故障点找到。由于该方法需要较长时间，因此多用于较为复杂的系统检修工作中。

总之，电气控制系统是确保电气设备高效工作的重要基础，影响着电气设备的稳定运行。由于电气控制系统自身存在漏洞，因此在实际工作中会出现一些故障，这些故障均会威胁、危害到系统。

因此，为了确保电气设备保持良好的运行状态，在自动设备运行过程中，要重视对电气控制系统的故障分析，加大维修力度。

四 课程思政小故事

匠人精神制国礼

美国纽约，一座高 165 厘米的和平尊安放在联合国总部。它以“中国红”为主色调，绘有景泰蓝纹饰。尊身展翅的七只和平鸽，代表联合国为世界和平奋斗的 70 年。

瑞士日内瓦，世卫组织，一个布满穴位的铜人吸引着来宾的目光。这个被亲切地称为“青铜侠”的针灸铜人，是根据现存中国国家博物馆的原型精准仿制的。

一件叫作《和美》的纯银錾刻丝巾果盘，由整块银板经成千上万次手工錾刻而成，在勾、采、落、压、丝等手法中，将缕缕丝线和竹篮藤条展现得淋漓尽致。这便是2014年北京APEC国礼。除了它，还有《繁花》手包套装，以及《四海升平》景泰蓝赏瓶……

这些精雕细琢的国礼，出自北京工美集团。在这个拥有“燕京八绝”之地，许多匠师“一辈子只干一件事”，比如被誉为“大国工匠”、亲手錾刻出《和美》果盘的孟剑锋。

1993年进入工美，孟剑锋先后跟多位老师傅学艺，其中对錾刻最感兴趣，学得也最多。“和錾子相处久了，一天不摸手痒痒！”有时一天没摸到錾子，晚上回家也会找个铜片练上一两个小时。

教他錾刻的师傅，退休前把用了几十年的工具给了他。最让孟剑锋感念的是，师傅不仅传授他手艺，还教会他为人处事的哲理。在这个圈子里，技艺是传统的，秉持的信条也是传统的——踏实、坚持。

在拜师学艺的日子里，有个细节孟剑锋记忆犹新。有天，他拿着新完成的作品问师傅“咋样?”师傅看了挺高兴——行，小子有长进，继续坚持。“你知道什么叫坚持吗?”师傅杀了个“回马枪”，孟剑锋一时语塞，“坚持就是干呗！”师傅拍了下他的后脑勺，“坚持不一定成功，坚持到底就是成功”。

在他的眼中，师傅老老实实一个手艺人，一辈子只干一件事，从不跟人比较，“自己学好手艺，跟自己去比，不断超越自己。”

其后多年，这种坚持让他受益匪浅，并乐在其中。比如，在师傅的基础上作出一把新錾子；又比如，作出自己喜爱的作品，别人欣赏它的自豪感，都是花钱买不来的精神享受。

“那种成就感，没制作过的人是感受不到的。”孟剑锋说，这种感觉在技艺达到一定水平后会出现，而且越来越强，“那时会觉得多年心血没白费。”

眼下，工匠精神备受推崇，手艺人孟剑锋也被誉为“大国工匠”。“对每件事坚持到底的这种劲儿，是师傅对我的期待。”手艺人也好，“大国工匠”也好，在他的眼中都有同样的内涵——踏实、坚持、执着、精益求精，一辈子只干一件事的精神“是不能用金钱衡量的”。

“做真诚的人，不攀比；干实在的事，不动摇。”师傅的信条如今也成了他的。

他先后完成了2008年北京奥运会优秀志愿者奖章、512抗震英雄奖章、全国道德模范奖章、中国海军航母辽宁舰舰徽等作品模具，他为中国传统文化的传播和工美事业的发展做出了贡献。孟剑锋是位坚守传承、勇于创新的工美匠人，他用最朴实的劳动践行着一名普通劳动者的责任和一个共产党员的坚守。

任务3.2 电气控制线路部分的故障分析方法

任务描述

在电气控制系统故障中，电气控制线路部分的故障占很大比例，因此运行人员必须掌握电气控制线路部分的故障分析和解决方法。

任务目标

(1) 了解电气控制系统线路的组成。

(2) 掌握电气控制线路部分故障的类型。

(3) 掌握电气控制线路部分的断线故障、短路故障、接地故障、极性故障和连接故障的分析和解决方法。

任务实施

1. 电压法测量断线故障

通过测量线路及元器件的端电压,判断出断路位置,填入表 3-6 中。

表 3-6 电压法判断断路点

序号	被测物	端电压值	是否断路点	断路原因分析

2. 试电笔法判断断路点

用试电笔依次测试线路及元器件的端点,测量到哪一点试电笔不亮即为断路点,把测量结果填入表 3-7 中。

表 3-7 试电笔法判断断路点

序号	被测物	是否断路点	断路原因分析

续 表

序号	被测物	是否断路点	断路原因分析

3. 电阻法判断断路点及短路点

通过测量电路各线段的电阻值及元器件的电阻值来查找断路点，把测量结果填入表 3－8 中。

表 3－8　电压法判断断路点

序号	被测物	电阻值	是否断路点	是否短路点	故障原因分析

知识链接

常用低压电器的维修及故障处理(1)

在电气控制的过程中，经常会出现各种各样的电气故障，这要求及时对电路进行维修、检查与排除故障。电气设备电路故障的查找方法与步骤，具体的检查技术与对常见故障的处理，都需要具体问题具体分析。

为了保证一次设备运行的可靠与安全，需要有许多辅助电气设备为之服务。能够实现某项控制功能的若干个电器组件的组合，称为控制回路或二次回路。这些设备主要有以下几个功能。

(1) 自动控制功能。高压和大电流开关设备的体积是很大的，一般都采用操作系统来控制分、合闸，特别是当设备出了故障时，需要开关自动切断电路，因此要有一套自动控制的电气操作设备，对供电设备进行自动控制。

(2) 保护功能。电气设备与线路在运行过程中会发生故障，这时电流会超过设备与线路允许工作的范围与限度，因此需要一套检测这些故障信号并对设备和线路进行自动调整的保护设备。

(3) 监视功能。电是眼睛看不见的，一台设备是否带电，从外表看无法分辨，因此需要设置各种视听信号，如灯光和音响等，对一次设备进行电气监视。

(4) 测量功能。灯光和音响信号只能定性地表明设备的工作状态，如果想定量地知道电气设备的工作情况，那么需要有各种仪表测量设备，用于测量线路的各种参数，如电压、电流、频率和功率的大小等。

在设备的操作与监视当中，传统的操作组件、控制电器、仪表和信号等设备大多可被电脑控制系统及电子组件所取代，但在小型设备和就地局部控制的电路中，其仍有一定的应用范围。这也都是电路实现微机自动化控制的基础。

常用低压电器的维修及故障处理(2)

1. 电气控制系统线路组成

常用的控制线路的基本回路由以下几部分组成。

1) 电源供电回路

供电回路的供电电源有交流 380 V、220 V 和直流 24 V 等多种。

2) 保护回路

保护(辅助)回路的工作电源有单相 220 V(交流)、36 V(直流)或直流 220 V(交流)、24 V(直流)等多种，对电气设备和线路进行短路、过载和失电压等各种保护，由熔断器、热继电器、失电压线圈、整流组件和稳压组件等保护组件组成。

3) 信号回路

信号回路是指能及时反映或显示设备和线路正常与非正常工作状态信息的回路，如不同颜色的信号灯、不同声响的音响设备等。

4) 自动与手动回路

电气设备为了提高工作效率，一般都设有自动环节，但在安装、调试及紧急事故的处理中，控制线路中还需要设置手动环节。通过组合开关或转换开关等实现自动与手动方式的转换。

5) 制动停车回路

制动停车回路是指切断电路的供电电源，并采取某些制动措施，使电动机迅速停车的控制环节，如能耗制动、电源反接制动、倒拉反接制动和再生发电制动等。

6) 自锁与闭锁回路

起动按钮松开后，线路保持通电，电气设备能继续工作的电气环节叫自锁环节，如接触器的动合触点串联在线圈电路中。两台或两台以上的电气装置和组件，为了保证设备运行的安全与可靠，只能一台通电起动，另一台不能通电起动，这个保护环节叫闭锁环节，如两个接触器的动断触点分别串联在对方的线圈电路中。

2. 线路故障的类型

不同的电气线路故障有不同的特点。根据其发生故障的特点，可以缩小故障查找范围，对易发故障点采取措施，从而预防故障发生。

1）断路故障

电路的断路故障是指电路中某一个回路非正常断开，使电流不能在回路中流通的故障。

2）短路和短接故障

电路中不同电位的两点被导体短接，使不能正常工作的故障，称为短路故障。

3）接地故障

电路中的某点非正常接地所形成的故障，称为接地故障。

4）极性故障

直流电路有正极、负极，交流电路有同名端、非同名端，在许多情况下，如果正、负极接反，同名端接错，将造成电气设备不能正常工作的电路故障，称为极性故障。

5）连接故障

电路中的连接顺序被打乱，或将一些元件漏接、多接，使电路出现故障，这种故障称为电路连接故障。

3. 断路故障

1）断路故障的现象及危害

断路故障最基本的表现形式是回路不通。在某些情况下，断路还会引起过电压，断路点产生的电弧还可能导致电气火灾和爆炸事故。

（1）回路不通，装置不能工作，往往会造成电气装置的部分功能或全部功能丧失。

（2）三相电路中的断路故障。在三相电路中，如果发生一相断路，就可能使电动机因缺相运行而被烧毁；如果零线（中线）断路，那么对单相负荷的影响更大。

（3）断路点电弧引起火灾的发生。电路断线，尤其是那些似断非断的断路点（时断时通的断路点），在断开瞬间往往会产生电弧，或者在断路点产生高温。电力线路中的电弧和高温可能会酿成火灾，弱电线路（如电子电路）中的电弧和高温可能使断路点附近的元件烧毁或性能变劣，产生电气故障。

2）断路故障的原因

（1）电接触点是断路故障的多发点。在电路中，除了开关触头等电接触点由于接触不良容易造成断路故障外，电路的其他电接触点也容易发生断路故障。

① 导线相互连接点：无论是采用铰接、压接、焊接、螺栓连接等任何一种连接方式的导线连接点，都是断路故障的多发点。电接触不良造成的断路故障占全部断路故障的80%以上，所以，查找断路故障应先检查这些电接触点。

② 导线受力点：在电气连接线中，有些线段的受力比其他线段大，如导线过墙、导线转弯、导线支撑点等，这些线段在外力或反复作用力的作用下，也容易发生断路故障。

③ 铜-铝过渡点：在铜导线与铝导线的连接点，易造成接触不良，产生断路故障。

（2）警惕虚接点和虚焊点。形似接触实际上并未接触的连接点称为虚接点，若为焊接连接，则为虚焊点。虚接点和虚焊点也是造成断路故障的重要原因之一。这种虚接点和虚焊点，肉眼不能分辨，只有借助仪器才能检测出来。

（3）灰尘也能造成断路故障。某接触器通电吸合非常正常，却不能接通电路，经检查是接触器触头上沾了一层灰尘，使触头接触不良；某晶体管收音机没有声音，经检查是电池极片上沾了一层灰尘。这种因灰尘、油污、锈迹等造成的电路断路故障是常见的。

3）查找断路故障的方法

首先，应根据故障现象判断出是否属于断路故障；其次，根据可能发生断路故障的部位确定断路故障的范围和断路回路；最后，利用检测工具找出断路点。查找断路故障常用的方法有电压法、电位法、电阻法等。

（1）电压法。电路断开后，电路没有电流流过，电路中原先的有电压降的元件不再有电压降，而电压降集中在断点两端。因此，可通过测量断路点的电压降来判断断路位置。

（2）试电笔法。使用试电笔检修断路故障的方法如图 3－4 所示。按下按钮 SB_2，用试电笔依次测试 1、2、3、4、5、6 各个点，测量到哪一点试电笔不亮即为断路处。

测试注意事项：①当测量一端接地的 220 V 电路时，要从电源侧开始，依次测量，注意观察试电笔的亮度，防止因外部电场、泄漏电流引起氖管发亮，而误认为电路没有断路。②当检查 380 V 并有变压器的控制电路中的熔断器是否熔断时，要防止由于电源电压通过另一相熔断器和变压器的一次线圈回到已熔断的熔断器的出线端，造成熔断器未熔断的假象。

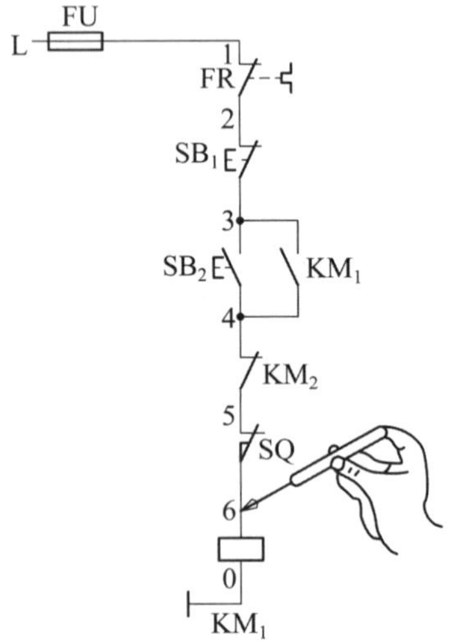

图 3－4　试电笔法

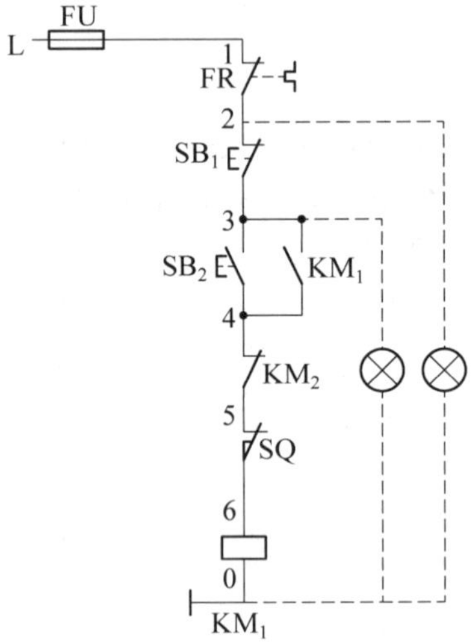

图 3－5　校灯法

（3）校灯法。校灯检查断路故障的方法如图 3－5 所示。检修时将校灯的一端接在零线上；另一端按 1、2、3、4、5、6 的次序逐点测试，并按下按钮 SB_2，若将校灯接到 2 号线上时校灯亮，而接到 3 号线上时校灯不亮，则说明按钮 $SB_{1(2-3)}$ 断路。

检修注意事项：①用校灯检修断路故障时，注意灯泡的额定电压要与被测电压相适应，一般检查 220 V 电路时，用一只 220 V 灯泡；检查 380 V 电路时，可用两只 220 V 灯泡串联。②用校灯检查故障时，要注意灯泡的功率，一般查找断路故障时使用小容量（10～60 W）的灯泡为宜；查找接触不良而引起的故障时，要用较大功率（150～200 W）的灯泡，这样就能根据灯的亮、暗程度来分析故障。

（4）万用表测量法。一般使用万用表的电压测量法。如图 3－6 所示的简单电路，说明万用表用电压测量法来查找断路点的方法。图中，电源电压为直流 100 V，通过常开触点 QF_1 和常闭触点 QF_2、QF_3、QF_4 对电磁线圈 Y 进行控制。检测仪表为通用型万用表，选择直流电压250 V挡位(大于或等于100 V的挡位即可)。假定电路在A处存在断路故障点，那么常开触点QF_1闭合后，电磁线圈Y不能工作。将万用表红表笔与电源“+”极相连，黑表笔与电源“－”极相连，万用表指示电压应为100 V。然后，移动黑表笔，依次与端点1、2、3、4、5、6、7、8相连，若万用表指示也为100 V，则说明这些点至电源“－”极的电路无断路故障。当黑表笔移动至端点9时，万用表指示为零，则断路故障就在8点—9点。这时，如果再测量8点—9点的电压，就必与电源电压相等，进而可判断该电路只有A处一个断路故障点。

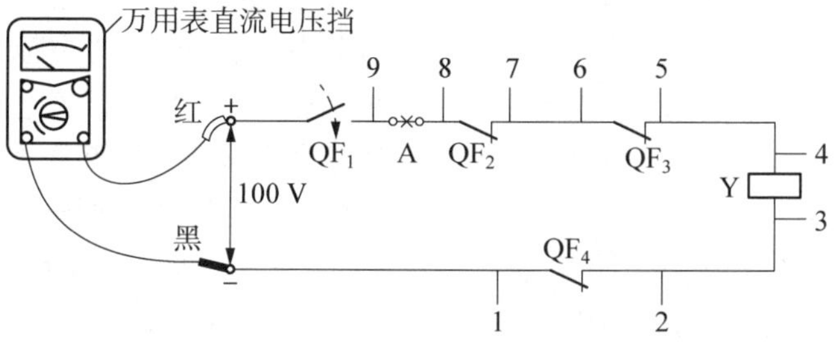

图3-6　万用表测量法

(5) 电位法。电位法的基本原理是：电路出现断路故障，断路点两端电位不等，断路点一端的电位与电源一端的电位相同，断路点另一端的电位与电源另一端的电位相同，因而可以通过测量电路中各点电位判断断路点。

如图3-7所示，电路的电压为单相交流220 V，当常开触点QF_1闭合时，电源电压将全部降落在电磁线圈Y的两端，即电源线L至电磁线圈Y的一端6为高电位，用试电笔测量这段线路上的各点，试电笔应显示高电位，即试电笔应亮；而中性线N至电磁线圈Y的另一端7的这段线路则为低电位(为零)，试电笔应不发亮。

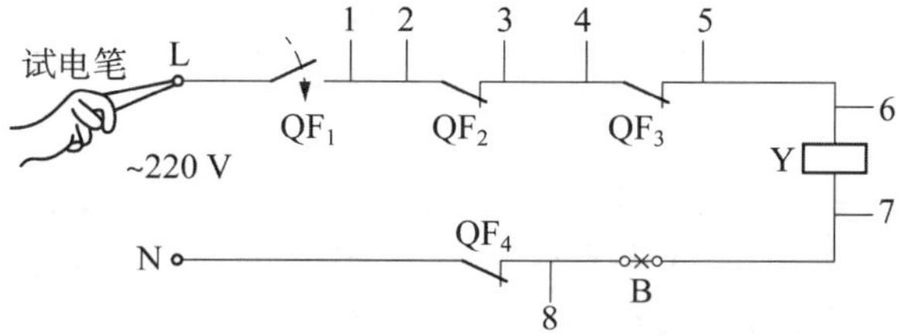

图3-7　电位法、电阻法

假定B点发生断路故障，那么查找步骤为：短接常开触点QF_1，送上交流电源220 V，用试电笔检测电源L点电位，试电笔应发亮。然后依次检测电路中1～8各个点电位。若7点为高位(试电笔亮)，而移至8点时试电笔不亮，则7点—8点线段间有断路故障点。

显然，电位法主要适宜于一根火线(高电位线)和一根零线(低电位线)的单相交流电路。直流电路也可采用，因为试电笔检测正、负极时，正极比负极明亮一些。

(6) 电阻法。电路出现断路故障后，断路点两端的电阻为无穷大，而其他各段的电阻近似为零，负载两端的电阻则为某一定值。因此，可以通过测量电路各线段的电阻值来查找断路点。检测电阻值一般采用万用表欧姆(Ω)挡。以图3-7为例，假定电路在B点发生断路故障，那么查找的步骤为：断开电源，将万用表置于“Ω”挡，一般选择R×10 Ω或R×1 Ω挡，而不

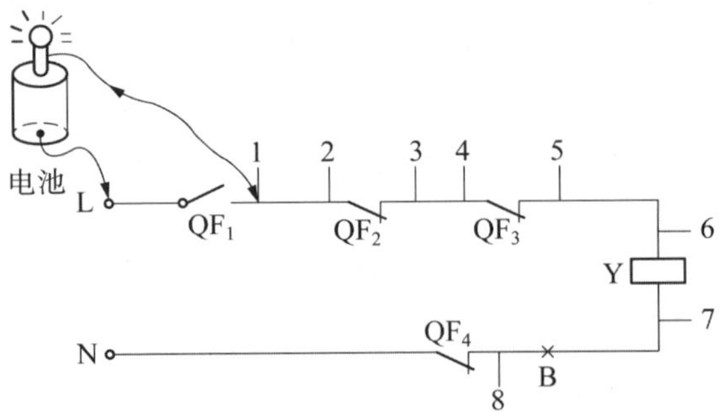

图 3-8　通灯法

要选择 R×1 kΩ 以上的高阻挡，以免发生误差。将万用表的一根表笔接于电路中的 L 点，手持另一表笔，将其接于 1 点。由于电源 L 和 1 之间为一常开触点，因此应手动将其闭合后再断开，观察表头指示，以检验此触点是否正常。再将常开触点 QF_1 短接，然后依次将表笔接于 2～8 点。在 7 点处，万用表指示电阻为线圈 Y 的电阻 RY，即 R_{1-7}＝RY。在 8 点处，万用表指示电阻为"∞"，则断路故障发生在 7 点—8 点的连接线处。

（7）通灯法。通灯是一种由干电池和灯泡构成的检测工具，检查方法与电阻法基本相同。如图 3-8 所示，若断路点发生在 B 点，则检测步骤是：断开电源，将通灯的一端接于 L 端，另一端分别接于 1～8 点。将触点 QF_1 两端短接，其中 L-1～L-7 各个点灯亮，说明各段导线无断路故障。L-8 灯不亮，说明故障发生在 7 点—8 点的导线段。

4. 短路故障

电路中不同电位的两点被导体短接起来或者其间的绝缘被击穿，造成电路不能正常工作的故障，称为短路故障。电路正常工作时，负载两端的电位差最大。因而，负载两端短路是最严重的短路故障。

1）短路故障的分类及危害

（1）金属性短路。不同电位的两个金属导体直接相接或被金属导线短接，称为金属性短路。金属性短路时，短路点的电阻为零，因而短路电流很大。如图 3-9 所示电路中，由于发生金属性短路，回路中的电阻只有导线电阻 R_L，则短路电流为 $I=U/R_L=220\ \text{V}/0.1\ \Omega=2\,200\ \text{A}$。

（2）非金属性短路。若不同电位的两点不是直接相接，而是经过一定的电阻相接，则称为非金属性短路。非金属性短路时，短路点的电阻不为零，因而短路电流不及金属性短路大，但持续时间可能很长。在某些情况下，这种故障的危害性更大。如图 3-10 所示，为两处接地而构成了经过两个接地电阻的非金属性短路示意图。假定接地电阻均为 4 Ω，则短路电流为 $I=U/2R_E=220\ \text{V}/(4+4)\Omega=27.5\ \text{A}$。这个电流可能还不足以使断路器跳闸、熔断器熔体熔断，但短路故障的长期存在会造成更大的危害。

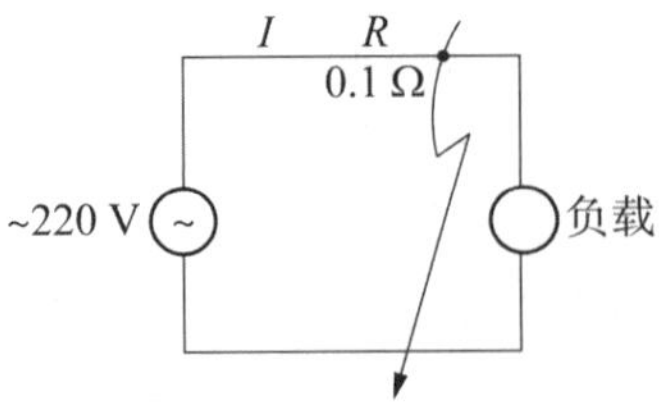

图 3-9　金属性短路

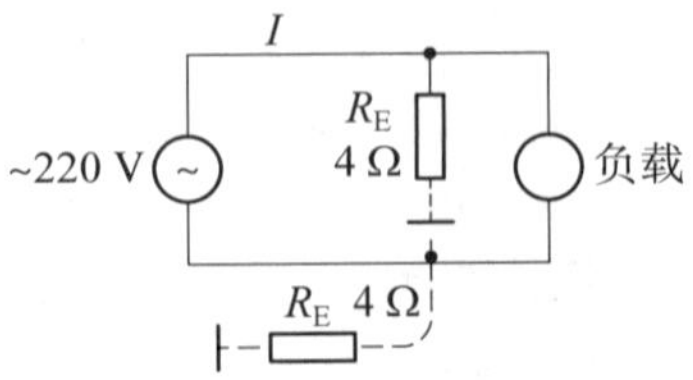

图 3-10　非金属性短路

(3) 单相短路和多相短路。在三相交流电路中，短路故障分为单相短路、两相短路和三相短路。其中，一相对中线或地发生短路，称为单相短路故障；两根相线互相短接，称为两相短路故障；三根相线相互短接，称为三相短路故障，这是最严重的短路故障。

(4) 匝间短路。电机、变压器等的部分绕组被短接，称为匝间短路。对于不太严重的匝间短路（只短接了数量很少的匝数），电路在短时间内还可以工作，但必须尽早排除。

(5) 短接故障。电路中的按钮、开关、继电器触点、熔断器等是对电路通断进行手动或自动控制的元件。如图3-11所示电路中，当各元件中的任何一个发生短接故障时，都会使电路不能正常工作。例如，熔断器FU被短路时，电路失去过载和短路保护，从而给电路造成更严重的故障；起动按钮SB_1被短接时，只要有电源，电路就工作，无法对电路进行控制；停止按钮SB_2被短接时，电路将不能断开；联锁触点K_2被短接时，电路将失去联锁功能，这将引发更严重的故障。

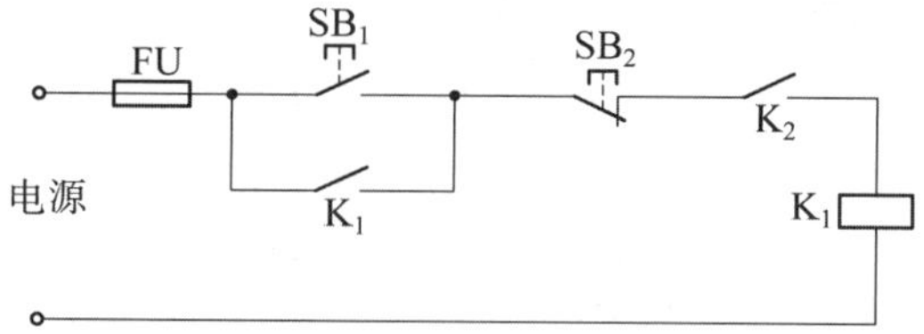

图3-11　短接故障

2) 产生短路故障的原因

产生短路故障的原因很多，通常是由于导线相距太近，而且绝缘层损坏造成的。其原因经过总结大致有以下几个方面：

(1) 导线相连。如果架空裸导线的驰度过大，那么在外力的作用下，导线摆动，相互碰接，就会产生短路故障。产生短路故障的其他原因有：杂物影响、施工不符合要求、线头不包扎等。发生短路故障后，电路的阻抗变小，流过电路的电流变大，因此短路发生时，往往伴随以下特点：振动加剧、发热严重、产生火花等现象。

(2) 绝缘破坏。导线的外部有一绝缘层，该绝缘层被破坏后，不同电位的导体就会相接触。绝缘破坏的原因有：外力损伤、温度过高（短路或火灾）造成的绝缘材料变性、电场过强（强电压击穿）造成的绝缘材料变性、湿度过高造成的绝缘能力降低、污物过多造成的绝缘能力降低等。

(3) 漏电故障。在一般低压的场合下，漏电故障的表现并不突出，严重时可伴有发热、火花、响声、异味甚至冒烟，根据这些特点，查找漏电故障时可在安静、较暗的场合下，借助于非接触测温仪器，以及感官，采用综合的方法进行检查。

3) 短路故障回路查找

短路故障回路查找是指电路断电后，用万用表欧姆挡（电阻挡）测量短路回路电阻的方法。如图3-12所示为例，假定熔断器FU的熔体熔断，就说明该熔断器保护的区域发生短路故障，这个故障区域包括1～3个回路和干线。在断开电源的情况下，将熔断的熔体接好，将万用表置于欧姆挡“R×1 Ω”或“R×10 Ω”（不要置于倍数大的欧姆挡，以免因为人体电阻等造成读数错误），接于L、N端，断开S_1、S_2、S_3，使各回路断开。

(1) 万用表法。若万用表指示电阻为零，则短路故障发生在干线上，如图3-12(a)所示。若万用表指示电阻为“∞”或很大，则短路故障发生在1～3的某个回路中。依次合上开关S_1、

S_2、S_3。若合上 S_1、S_2 时万用表指示电阻为某一确定值，合上 S_3 时万用表指示电阻为零，则说明故障点在第 3 回路中，如图 3－12(b)所示。

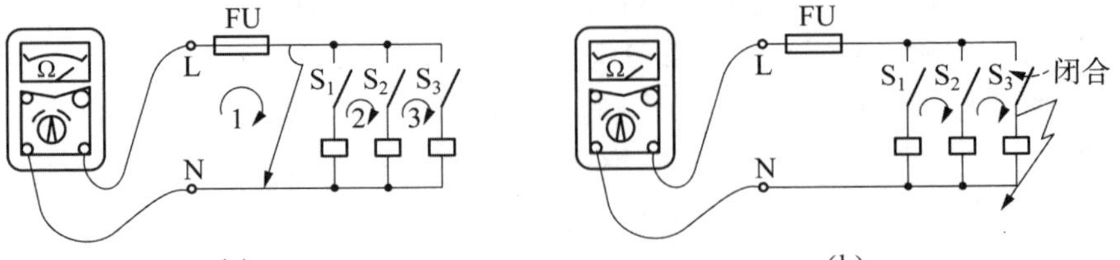

图 3－12 短路故障回路查找(万用表法)

(2) 灯泡法。灯泡法特别适合 220 V 照明电路。如图 3－13 所示的照明供电系统中，当某照明支路发生短路故障时，各支路的熔断器熔体未熔断，而总熔断器 FU_1 熔体熔断。因此，短路故障发生在 L_1 相(L_1 相线与中性线 N 短接)。

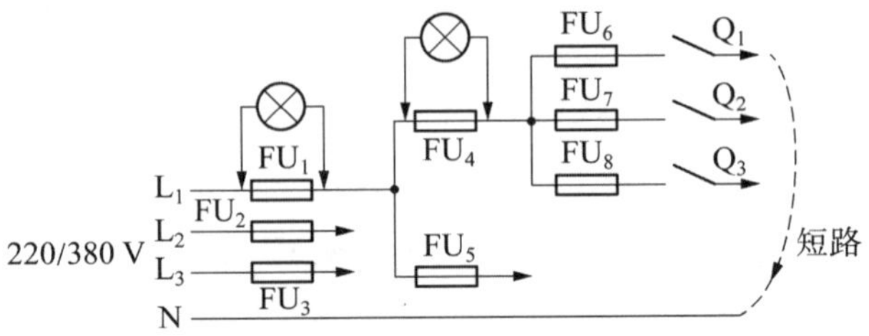

图 3－13 短路故障回路查找(灯泡法)

假定 Q_1 支路短路(图 3－13 中虚线)，用灯泡法的查找步骤为：在熔断器 FU_1 熔体两端并接一个灯泡，接通电源后，若灯点亮，则短路故障发生在 L_1 相。切除熔断器 FU_4，接好熔断器 FU_1，在 FU_4 两端并接一个灯泡，若灯点亮，则短路故障在 FU_4 控制的支路。依次断开开关 Q_1、Q_2、Q_3(在此之前是全合上的)。若断开 Q_1 时并接于 FU_4 上的灯泡明显变暗(此灯与其他支路的灯泡串联)，而断开 Q_2 或 Q_3 时灯泡依然很亮，则故障点在 Q_1 支路。

4) 短路故障点的查找

查找到短路故障支路后，还要继续确定故障点的具体部位。以如图 3—14 所示电路为例，查找该回路短路故障点的方法为：断开降压元件 R(图中为灯泡)的一端，用万用表电阻挡测量 1 点—2 点(降压元件两端)的电阻。若电阻为零，则短路点在此负载内部；若电阻为某一数值，则负载内部完好，短路点在负载设备外部。若短路点在外部，则再测量 1 点—3 点的电阻。若阻值为零，则短路故障在 3# 导线至 1# 导线间。断开这些线段的某些点依次测量，可找到确定的故障点。

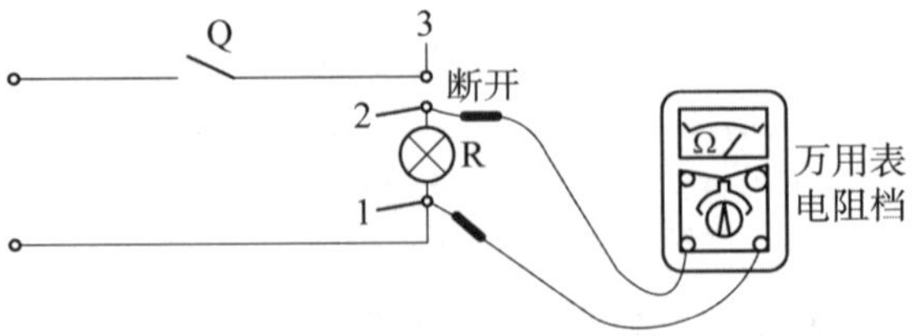

图 3－14 短路故障点的查找

5. 电路接地故障

1）接地故障的概念

保护接地：为保证人身安全，防止间接触电，而将电气设备的金属外壳或其他部分接地，称为保护接地。

工作接地：为保证系统、装置、设备达到正常工作要求而进行的接地，称为工作接地。常见的为三相电力系统中性点接地、除尘或油箱的防静电接地等。

除以上两种正常接地外，电路中的某点非正常接地所形成的故障，称为接地故障。接地故障有单相接地故障、两相或三相接地故障。对于中性点接地系统的单相接地，实际上构成了单相短路故障。

2）故障接地的检测

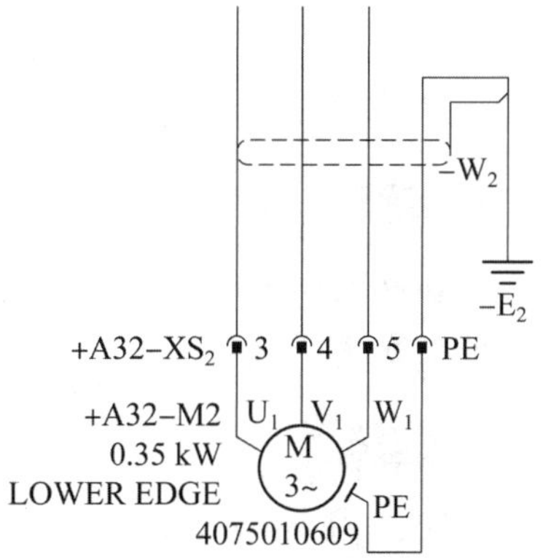

图3－15　电机外壳保护接地

电路接地就是电路对地的绝缘损坏，使电路对地的绝缘电阻大大降低，甚至为零。因此可以用万用表（绝缘电阻为零）或绝缘电阻表（还有一定的绝缘电阻）测量绝缘电阻的大小，判断是否存在接地故障。

例如，可以用万用表检查电机三相绕组对地的绝缘电阻，如果为零或接近零，就说明接地故障。

电气控制系统随着现代科技的发展取得了快速的发展，然而，因其特殊的工作环境与工作任务，导致其必然会发生不同的故障，严重影响电气设备的安全稳定运行。在这些故障中，线路的故障在电气控制电路故障中占了相当大的比例，且往往因线路故障还会引起元件故障、电源故障与设备故障，在维护工作中要有足够的重视。

四 课程思政小故事

80后造船工匠

张冬伟是个80后，但手里的活儿却让老师傅们竖起大拇指。他是沪东中华造船（集团）有限公司总装二部围护系统车间电焊二组班组长、高级技师，主要从事LNG（液化天然气）船围护系统的焊接工作。虽然年纪不大，却已是个明星工人，所获奖励无数：2005年度中央企业职业技能大赛焊工比赛铜奖、2006年第二十届中国焊接博览会优秀焊工表演赛一等奖，是当今世界最先进、建造难度最大的45 000吨集装箱滚装船的建造骨干工人。

LNG船是国际上公认的高技术、高难度、高附加值的“三高”船舶。作为LNG船核心的围护系统，焊接是重中之重。围护系统使用的殷瓦大部分为0.7 mm厚，殷瓦焊接犹如在钢板上“绣花”，对操作人员的技术、耐心和责任心要求非常高。面对肩上的重担，张冬伟不断地磨炼自己的心性，培养专注度，潜心研究焊接工艺。为了攻破技术难关，他与技术人员放弃休息时间，日夜埋头在图纸堆中，潜心钻研技术突破。最终，他主持的实验取得成功，得到专利方的认可，并用于LNG船实船生产，收到良好成效。

张冬伟特别注意经验的积累总结，国内没有现成的作业标准，他就不断摸索完善各类焊接工艺，先后参与编写了多部作业指导书，为提高LNG船生产效率，保证产品质量发挥了积极作用。

张冬伟是中国广大“造船工匠”的杰出代表，他用自己火红的青春谱写了一曲执着于国家海洋装备建设的奉献之歌。

任务 3.3 分析检查电源故障

任务描述

在电气控制系统故障中，电源故障也占很大比例，因此运行人员必须掌握电源故障的分析和解决方法。

任务目标

（1）了解电源故障的相关概念及电源故障的特点。

（2）掌握电源故障查找的顺序。

知识链接

1. 电源故障的相关概念

电源主要是指为电气设备及控制电路提供能量的功率源，电源参数的变化会引起电气控制系统的故障，在控制电路中，电源故障一般占到故障总数的 20%左右。例如，电压的异常升高或者降低；系统的部分功能时好时坏，屡烧保险；故障控制系统没有反应，各种指示全无；部分电路工作正常，部分不正常；电压去耦不良产生的干扰等。由于电压种类较多，且不同电压具有不同的特点，不同的用电设备在相同的电压参数下有不同的故障表现，因此电压故障的分析查找难度很大。

1）直流电源和交流电源

电源可分为直流电源和交流电源。

（1）交流电源：提供电流的大小和方向随时间变化的电源。

交流电源又可分为单相电源和多相电源。

由一根火线（相线）和一根零线（中性线）构成的电源为单相电源。

检查单相和多相电源应注意电源电压、相线及中线、电源是否对称以及电源相序。

（2）直流电源：提供电流的大小和方向稳定不变的电源。

直流电源应注意电源的正负极性、电压高低。

在我们的机器上，直流电源是由单相电源或多相电源经过变压整流器获得的，用于控制电源，为 24 VDC。

2）电源电压

（1）电源电压对电气运行的影响。

当负载电阻 R 和负载阻抗 Z 不变时，电压 U 增加，电流 I 就要增加，使电气设备内部的损耗和输出增加，从而导致设备不能正常工作或因过热而烧毁；当功率 P 不变，电压 U 下降时，电流 I 势必增加，同样会造成这类电气设备的烧毁。例如：①白炽灯的电阻可认为是不变的，

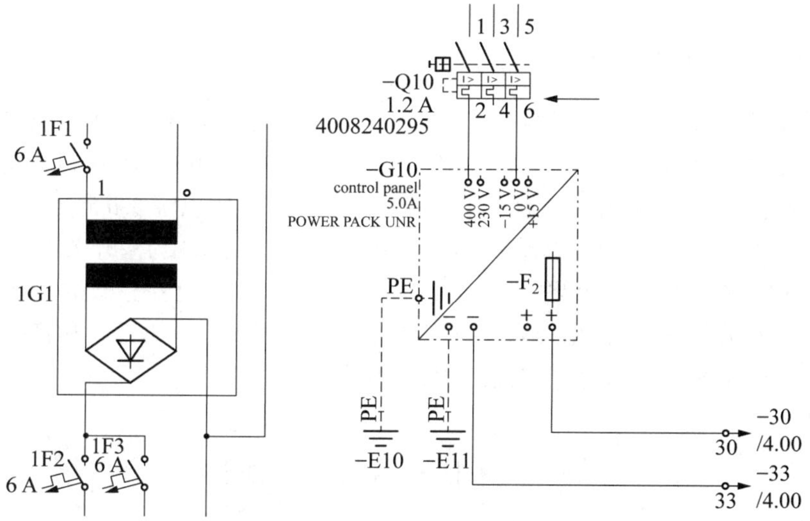

图3-16 设备里的直流电源和交流电源

当电压升高后，灯的输出功率增加，灯明显变亮，当电压超过某一限值时，灯泡就会烧毁。②旋转电动机的转矩 T 与电压的关系可简单表示为 $T=KU^2$（K 为常数），当电压下降时，其转矩下降，电动机将可能不能起动，且因电动机的起动电流很大，故电动机将因发热而被烧毁。

（2）电压偏移与电气故障。

当电源电压比电气设备的额定电压偏高或偏低时，其影响程度取决于偏移值的大小和持续时间的长短。对于异步电动机，造成故障的主要原因是电压偏低；对于电热设备和白炽灯，造成故障的主要原因是电压偏高；对于荧光灯、高压汞灯、金属卤化物灯等气体放电灯，造成故障的原因既来自电压偏高，也来自电压偏低。

2. 电源故障的特点

电源是驱动设备正常工作的源头，电源出现问题会使整台设备或整个控制电路都不能正常工作。因此，电源故障属于整体性故障。

对于设备来讲，检查电源故障时，应根据电源的性质检查电源的电压、对称性、极性、相序、接地等，这相对较容易。但有些电源故障需要用复杂的仪器才能找出来，因此电源故障查找难易差别大。

有些电源故障是偶尔出现的，如熔丝熔断、电源中断等；但许多故障不是偶然出现的，如供电电网电源偏低等。如果某些电气故障长期存在，就应从电源方面去考虑。

3. 电源故障查找的顺序

（1）电源类别：交直流/电压等级/频率/相数。

（2）电源电压：有无/大小。

（3）三相电源：缺相/平衡/相序。

（4）电源极性：正负极/同极性端。

（5）频率。

(6) 波形/相位。

4. 相线和零线接线故障

相线和零线错接可能造成严重的触电事故和电气运行故障。例如,在为洗衣机接线时,若把相线和零线接反了,使洗衣机外壳接在相线上,则只要接上电源,洗衣机外壳的电位就是220 V,洗衣机就会"电人"。但洗衣机的工作电压仍为220 V,所以洗衣机能正常运转。

如图3-17所示,正确的灯头接线应为图(a),相线L进灯头中心,开关装在此相线上,这样,开关Q断开后,灯头断电。在图(b)中,开关Q接在零线上。在图(c)中,零线进入灯头中心。在图(d)中,开关装在零线,相线未进灯头中心上。在图(b)~(d)这3种情况下,开关断开后,灯头仍带电,处于相线的高电位,会发生触电事故。

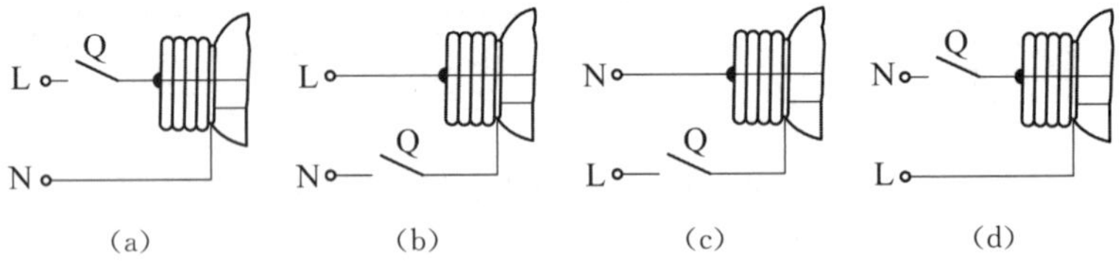

图3-17 相线和零线接线故障

1) 错接故障的查找

如果出现下列故障现象,通常就要考虑到相线和零线接错:

(1) 已接地和接零的电气设备外壳有带电现象,可能是金属外壳接到相线上。

(2) 断开开关以后,电器两端线端子仍有电,那么相线和零线接错了。

2) 相线和零线的识别

必须正确识别相线和零线,其识别方法有很多,大致归纳如下:

(1) 试电笔法:在带电的情况下识别相线和零线最简单的方法是用试电笔分别检查电源两出线端,试电笔亮则是相线,不亮(或微亮)则是中线。

(2) 电压法:通过测量对地电压来判别相线和零线。在三相四线系统中,零线通常是接地的,把电压表的一端接电源线,另一端接地,当电压表的指示几乎为零时,所测的那根电源线是零线;若有电压指示,则那根电源线是相线。

四 课程思政小故事

青蒿济世 科研报国

2015年10月5日,一个名字在中华大地沸腾,并响彻全球,它就是"屠呦呦"。因为发现青蒿素,屠呦呦获得了该年的诺贝尔生理学或医学奖,成为迄今为止第一位获得诺贝尔奖的中国本土科学家,实现了中国人在自然科学领域获诺贝尔奖零的突破。

时光倒流至20世纪60年代,屠呦呦和青蒿素故事开始的时间。当时,引发疟疾的疟原虫出现强大的抗药性,原有治疗药物失效,全世界都在受疟疾之苦。越南战场上,疟疾愈演愈烈,越南政府向我国请求支援;在国内,疟疾也多次大范围爆发,平均发病率居高不下。

1967年5月23日,我国起动"523"项目,全国60多个单位的500余名科研人员投入抗疟新药的研发中。年仅39岁,却已在中医药研究领域打下了坚实基础的屠呦呦临危受命,成为课题攻关组的组长。

简陋的设备、匮乏的资源、稀缺的人手，摆在屠呦呦面前的，是一个堪比攀登珠峰的艰难挑战。3 个月里，屠呦呦带领组员翻阅上百份中国古代医学典籍，从 2 000 多个抗疟药方中精选了 640 个方药，开始逐一排查实验。

在经历了 190 次失败，筛选了 300 余种中草药后，受东晋葛洪《肘后备急方》中一段关于青蒿描述的启发，屠呦呦终于在 1971 年 10 月 4 日发现 191 号青蒿乙醚中性提取物样品对疟原虫的抑制率达到 100%。临床阶段，屠呦呦又以身试药，亲自证实了青蒿素抗疟疗效的安全可靠。

如今，以青蒿素为基础的联合疗法，已经成为世界卫生组织推荐的抗疟疾标准疗法。青蒿素的重要发现，挽救了数百万人的生命。

呦呦鹿鸣，食野之“蒿”，似乎早在父亲给屠呦呦取名字时，就注定了她与青蒿的不解之缘。在屠呦呦的手里，这株小草改变并走向了世界！

任务 3.4　分析检查元件故障

任务描述

在电气控制系统故障中，元器件故障占比最大，因此运行人员必须掌握电气控制系统常用元器件的结构和原理，熟练掌握常见元器件的故障分析方法和解决方法。

任务目标

(1) 了解元器件发生故障的原因。
(2) 掌握常见元器件的故障分析方法和解决方法。

任务实施

1. 低压断路器故障分析

将项目 2 中 11 个基本电气控制线路在接线过程中出现的断路器故障记录到表 3－9 中，并分析故障原因。

表 3－9　低压断路器故障分析

序号	电气控制线路名称	故障部位	原因分析	解决方法

续 表

序号	电气控制线路名称	故障部位	原因分析	解决方法

2. 熔断器故障分析

将项目 2 中 11 个基本电气控制线路在接线过程中出现的熔断器故障记录到表 3－10 中，并分析故障原因。

表 3－10　熔断器故障分析

序号	电气控制线路名称	故障部位	原因分析	解决方法

3. 交流接触器故障分析

将项目 2 中 11 个基本电气控制线路在接线过程中出现的交流接触器故障记录到表 3－11 中，并分析故障原因。

表 3－11　交流接触器故障分析

序号	电气控制线路名称	故障部位	原因分析	解决方法

续　表

序号	电气控制线路名称	故障部位	原因分析	解决方法

4. 热继电器故障分析

将项目 2 中 11 个基本电气控制线路在接线过程中出现的热继电器故障记录到表 3－12 中，并分析故障原因。

表 3－12　热继电器故障分析

序号	电气控制线路名称	故障部位	原因分析	解决方法

5. 中间继电器故障分析

找出所给电气控制线路在接线过程中出现的中间继电器故障，记录到表 3－13 中，并分析故障原因。

表 3－13　中间继电器故障分析

序号	电气控制线路名称	故障部位	原因分析	解决方法

6. 时间继电器故障分析

找出所给电气控制线路在接线过程中出现的时间继电器故障，记录到表 3－14 中，并分析故障原因。

表 3－14　时间继电器故障分析

序号	电气控制线路名称	故障部位	原因分析	解决方法

7. 控制按钮故障分析

找出所给电气控制线路在接线过程中出现的控制按钮故障，记录到表 3－15 中，并分析故障原因。

表 3 - 15　控制按钮故障分析

序号	电气控制线路名称	故障部位	原因分析	解决方法

8. 行程开关故障分析

找出所给电气控制线路在接线过程中出现的行程开关故障，记录到表 3 - 16 中，并分析故障原因。

表 3 - 16　行程开关故障分析

序号	电气控制线路名称	故障部位	原因分析	解决方法

知识链接

电子设备是一种极为基础的设备类型，是电力系统的基本构成要素。然而电子设备在长期使用过程中，会因为设备老化、元器件受损等问题出现各种各样的故障，进而对电力系统的运行产生不利影响。如何解决这些问题，值得思虑。

1. 元器件故障概述

毫无疑问，在整个电子设备体系中，电子元器件是一种极为基础的构成要素。元器件在长期使用过程中，会出现各种各样的故障，包括电阻类元器件故障、电容类元器件故障、电感类元器件故障、集成模块故障、电路类故障等。以电阻器故障为例进行说明。电阻在电路中发挥着限流、分流、降压、负载等功能。结合现实看，电阻失效会产生严重的电子设备受损或发生故障问题。整体而言，电阻器故障可以划分成致命失效、漂移参数失效两种类型。有数据显示，有85%～90%的电阻器故障属于致命失效，剩下仅10%左右的电阻器故障乃因为漂移参数问题引起电阻失效。从电阻类元器件的构成角度看，它可以根据线阻的不同划分成线绕电阻和非线绕电阻两类。除此之外，电位器接触不当也是最为常见的故障类型，这种故障在电信设备中的出现率可达90%，在电视机中约占87%，因此是值得重点关注的一个点。

2. 元器件产生故障的原因

1）芯片老化

芯片老化是器件芯片从正常到失效的过程，芯片老化估计是对芯片老化程度的判定。一般如芯片电击穿所引发的器件失效都是发生在单个或连续导通脉冲时，可以归类于短时失效或称为芯片的安全使用极限。其他如因器件长时间运行导致的芯片功能失效称为芯片疲劳失效，其老化过程是电力电子器件状态监测的关键对象之一。

芯片类失效主要可以分为以下几种：与时间相关的介质击穿（time dependent dielectric breakdown，TDDB）、电气过应力（electrical over stress，EOS）、静电放电（electrostatic discharge，ESD）、热载流子效应（hot carrier injection，HCI）、辐射损伤等。但现有研究主要集中在对引起失效的各种外部因素的分析上，对于芯片疲劳失效的内部机理、芯片疲劳与外部电气参量的本质关系缺乏深入研究。芯片瞬时失效通常采用器件保护机制进行防范，如短路故障保护、开路故障保护、过热保护等。芯片疲劳失效可通过故障预测与健康管理技术进行有效防护，现有研究主要集中在器件栅氧层劣化检测、IGBT芯片栅控丢失故障检测，IGBT闩锁故障检测等。

2）封装老化

当电力电子器件重复开通、关断时，在热冲击的反复作用下，各物理层材料产生疲劳效应甚至发生失效，其工作寿命与可靠性将影响到整个装置或系统的正常运行。其中，封装老化指的是器件长期运行后封装材料的疲劳失效。功率MOSFET器件是由热膨胀系数（coefficient of thermal expansion，CTE）不同的多种材料在空间上叠装而成，主要包括键合线、金属膜层、芯片、焊料层、铜层、环氧树脂塑封壳等。其中，键合引线、键合点、芯片及焊料层是最脆弱的部分，现有研究主要聚焦在这些结构上。由于电力电子器件寿命一般以年为单位计量，因此在封装老化研究层面上一般要关注封装老化这一过程。

课程思政小故事

出口量跃居第一，新能源发展强势

据中国汽车工业协会（下文简称为“中汽协”）公布的数据，今年1—11月，中国汽车出口总量达441.2万辆，同比增长58%。海关总署公布的最新数据显示，2023年我国汽车出口量达522.1万辆，同比增长57.4%。而近几年占据出口量榜首的日本，在今年前11个月的汽车出口总量仅为399万辆，虽然同比增长15%，但预计2023年全年的最终成绩仅为430万辆。也就是说，自上半年汽车出口量超越日本后，我国今年的汽车出口量将正式跃居世界第一。值得一提的是，这也是我国汽车出口量首次位列头名，对我国汽车产业具有重大的历史意义。

同时，中汽协的统计数据还显示，较2022年的67.9万辆，2023年我国新能源汽车全年出口总量有着大幅提升。在2023年中央经济工作会议上，提出新能源汽车成为一个工作重点。作为国民经济的重要支柱产业，汽车产业被视为工业经济稳增长的“压舱石”。而新能源汽车是全球汽车产业转型升级的主要方向，也是我国汽车产业高质量发展的战略选择。

近年来，我国新能源汽车产业发展势头强劲。2023年中国新能源汽车的产销量、零售渗透率和市场份额等都有了可观的增长。但与此同时，我国自主品牌新能源汽车并非“遥遥领先”，在出口方面还有着较大的进步空间。中国新能源汽车产业在技术研发、政策扶持、产业链全面等方面都具有显著优势，从而实现了在全球市场的领先地位。

中国新能源汽车产业不仅为中国的经济社会发展做出了重要贡献，也为全球的能源转型和环境保护作出了积极示范。展望未来，中国新能源汽车产业将继续坚持创新驱动、开放合作、绿色发展的理念，努力实现高质量发展，为构建人类命运共同体贡献中国智慧和中国方案。

项目4

电气制图与识图基础知识

项目要点

（1）了解电气图的分类及特点。
（2）掌握电气图的制图规范。
（3）了解电气图的布局方法。
（4）了解电气图的图形符号。
（5）掌握电气图的文字符号和项目代号。
（6）掌握电气图的基本表示方法。
（7）了解电气原理图的识图方法。
（8）了解典型电气图形符号的表示方法。
（9）理解电气原理图的绘图原则。
（10）掌握 AutoCAD 2020 常用绘图工具的使用。
（11）掌握 AutoCAD 2020 常用编辑工具的使用。

项目目标

（1）能够按照电气图的制图规范绘制简单的电气图。
（2）能够识读简单的电气图。
（3）掌握 AutoCAD 2020 常用绘图、编辑工具的使用技巧。
（4）具备阅读、绘制电气原理图的基本能力。

任务 4.1　电气制图基础知识

任务描述

电气图是一种特殊的专业技术图，在用电及供电设备的设计、制造、安装、维护中都会用到。电气制图是一项比较复杂的工作，不仅要设计合理，而且要符合相关的国家标准，因为这关系到用电安全和工程质量。能准确绘制电气图是每个电气工程技术人员必须掌握的职业技能。本任务主要介绍电气制图的相关知识。

任务目标

（1）通过学习，了解电气图的分类。

（2）能正确说出电气图的特点。
（3）掌握电气图的制图规范。
（4）了解电气图的布局方法。

任务实施

任务实施通过知识竞赛的形式分两轮进行，通过两轮竞赛，评选出“王者之队”。学生要尽量提前复习，回答问题时要积极踊跃。

1. 第一轮竞赛

（1）全班学生自行组成 4 支队伍，每支队伍的人数尽量保持一致。

（2）老师组织竞赛，4 支队伍分成两组竞赛，学生举手抢答，回答错误不扣分，可由其他人继续抢答。

（3）每组中，总分多的一队为胜出队伍，总分少的一队为失败队伍，失败队伍不再参与后面的竞赛。

（4）本轮竞赛结束后，失败队伍的成员根据自己本轮的正确答题数算出自己的分数。

2. 第二轮竞赛

（1）胜出队伍进行第二轮竞赛，老师组织竞赛，学生举手抢答，回答错误不扣分，可由其他人继续抢答。

（2）总分多的队伍为最终获胜队伍，获得“王者之队”称号，老师可根据实际情况给予一定的奖励。

（3）本轮竞赛结束后，队伍的成员根据自己两轮的正确答题数算出自己的分数。

任务评价

（1）每位学生将自己的分数填写在表 4-1 中。

（2）每位学生根据自己的表现写出自我评价。

（3）每位学生将自己在竞赛中出现的不会或答错的题目列在表 4-1 中，并写出答案。

表 4-1　任务评价表一

正确答案数	得分	备注
学生自我评价：		
竞赛中不会或答错的题目及其解答：		

知识链接

电气图是指用图形符号、带注释的围框或简化外形来表示电气系统或设备中各有关组成部分连接关系的一种图。

1. 电气图的分类

根据各电气图所表示的电气设备、工程内容及表达形式的不同，电气图通常可分为系统图或框图、电路图、接线图、位置图、逻辑图、功能图等。

1）系统图或框图

系统图或框图是指用符号或带注释的线框概略表示系统或分系统的基本组成、相互关系及其主要特征的一种简图。系统图如图 4－1 所示。

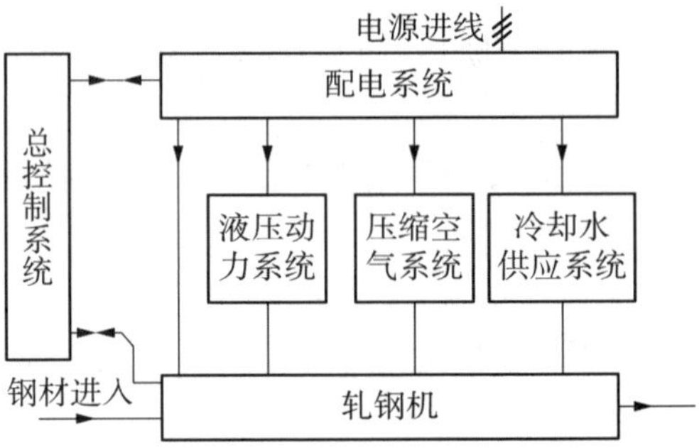

图 4－1　系统图

电气工程
图种类

2）电路图

电路图也称电气原理图，是指用图形符号按工作顺序详细表示成套电气设备或装置的全部组成和连接关系，而不考虑实际位置的一种简图，如图 4－2 所示。电路图可用于表达设备的工作原理，便于技术人员分析和计算电路特性及参数。

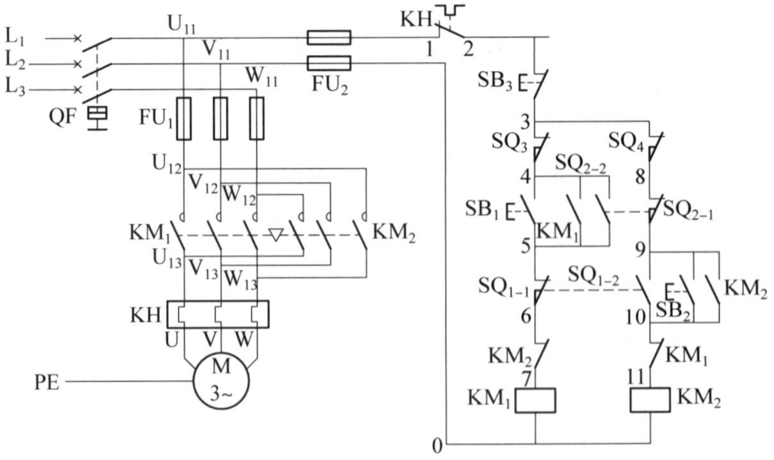

图 4－2　电路图

3）接线图

接线图是指表示成套电气设备或装置的连接关系的一种简图或表格，如图4-3所示。接线图可作为安装及维修人员进行接线和检查的依据。

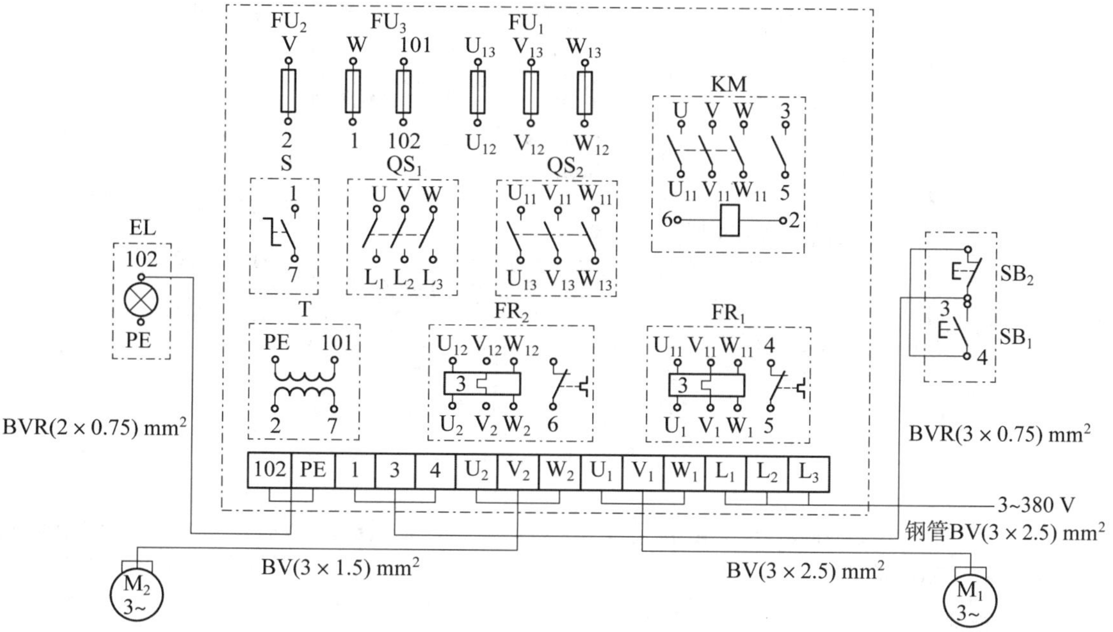

图4-3 接线图

当一个装置比较复杂时，接线图又可以分解为以下几类。

（1）单元接线图，是指表示成套电气设备或装置中一个结构单元内各元件之间连接关系的一种接线图或接线表。这里的“结构单元”是指在各种情况下均可独行的组件或某种组合体，如电动机、开关柜等。

（2）互连接线图，是指表示成套电气设备或装置的不同结构单元之间连接关系的一种接线图或接线表。

（3）端子接线图，是指表示成套电气设备或装置的端子及接在端子上的外部接线（必要时包括内部接线）的一种接线图或接线表。

（4）电线电缆配置图，是指表示电线电缆两端位置，必要时还包括电线电缆功能、特性和路径等信息的一种接线图或接线表。

4）位置图

位置图是指表示成套电气设备或装置中各个项目的具体位置的一种简图，如图4-4所示。常见的位置图有电气平面图、设备布置图、电气元件布置图等。

（1）电气平面图，表示电气设备、装置及线路的平面布置情况，一般在建筑平面基础上绘制出来。

（2）设备布置图，表示各类电气设备、装置的布置形式、安装方式及相互位置之间的尺寸关系，通常由平面图、立面图、断面图、剖面图等组成。

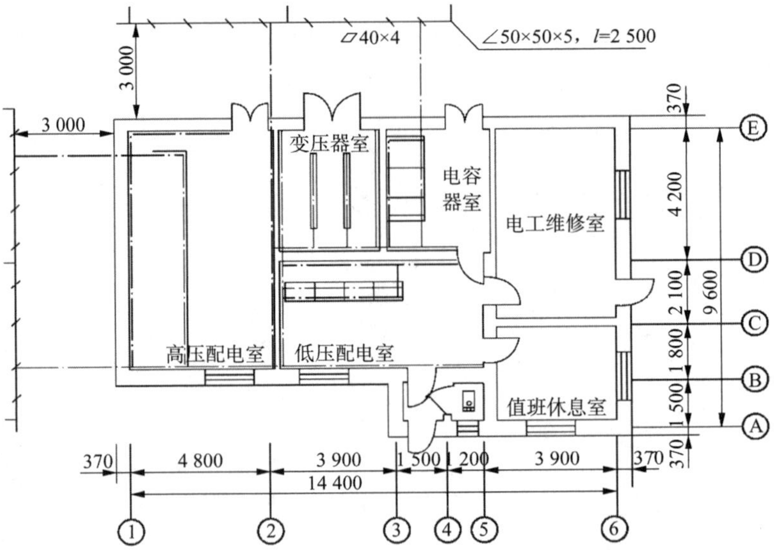

图 4-4　位置图

(3) 电气元件布置图，表示成套电气设备或装置中一个区域内所有电气元件和用电设备的实际位置及其连接布线。

5) 逻辑图

逻辑图是指把二进制逻辑(与、或、异或等)单元图形符号按逻辑关系连接起来而绘制成的一种简图，如图 4-5 所示。

6) 功能图

功能图是指用理论的或理想的电路而不涉及实现方法来表示系统、分系统、装置、部件、设备、软件等功能的简图，如图 4-6 所示。

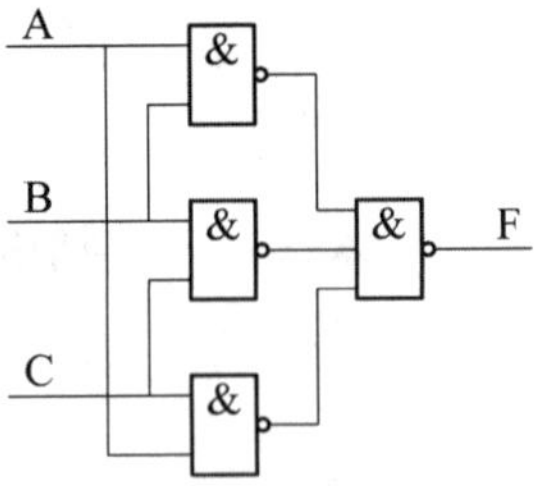

图 4-5　逻辑图

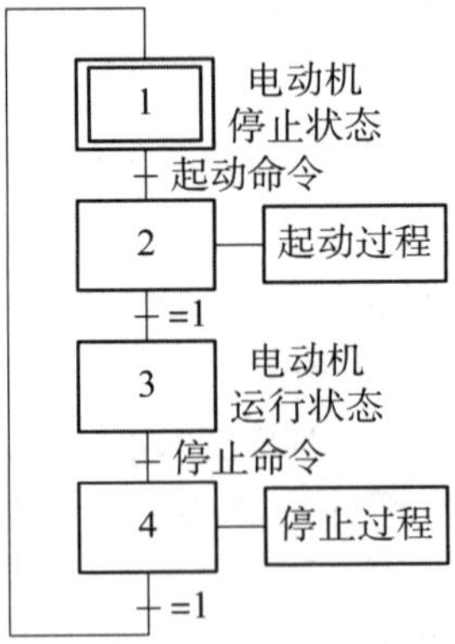

图 4-6　功能图

除了上述一些较为常用的电气图外，在实际电气工程中还存在多种形式的其他电气图。例如，对于较为复杂的成套设备或装置，为了便于制造，通常还绘有局部的大样图、印刷电路板图等。

2. 电气图的特点

1）简洁

电气图是用电气元器件或设备的图形符号、文字符号和连线来表示的，不具体表示电气元器件或设备的外形及结构等特征，形式简洁，内容清晰。

2）清楚

通过图形符号、文字符号和连线，电气图可以清楚地描述电气元器件或设备的构成、功能，以及各设备之间的连接关系和位置关系等。

3）布局有序

电气图的布局依据其所要表达的内容而定，布局有序。例如，接线图、位置图的布局要考虑元器件的实际位置，故按位置布局；而系统图、电路图的布局需要考虑元器件之间的功能关系，故按功能布局。

4）多样性

在一个电气系统中，各种电气设备或装置之间，从不同角度、不同侧面考虑，存在着不同的关系，这就构成了电气图的多样性。例如，有对逻辑进行描述的逻辑图，还有对功能进行描述的功能图等。

3. 电气图的制图规范

绘制电气图时，除了要遵守《电气技术用文件的编制　第 1 部分：规则》(GB/T 6988.1—2024)和《电气简图用图形符号》(GB/T 4728.1～13)外，还要遵守机械制图、建筑制图等方面的有关标准。相关标准有很多，这里仅简要介绍一些与电气制图密切相关的标准。

1）图纸幅面(GB/T 14689—2008)

图纸幅面简称图幅，是指绘制图样所用图纸尺寸规格的大小。图纸幅面用图纸的短边×长边＝$B \times L$ 表示，国家标准规定了 5 种基本幅面，如表 4－2 所列。

表 4－2　图纸幅面代号及尺寸

单位：mm

幅面代号	$B \times L$	a	c	e
A0	841×1 189	25	10	20
A1	594×841			
A2	420×594			10
A3	297×420		5	
A4	210×297			

在绘制图样时，应优先选用基本幅面的图纸，必要时，也可以用加长幅面的图纸。加长幅面时，基本幅面的长边保持不变，短边尺寸进行整数倍放大即可。

2）图框格式(GB/T 14689—2008)

图框是指限定绘图区域的线框，需要在图纸上用粗实线绘制。图框可以竖用或横用，按格式不同又可分为留装订边(图 4－7)和不留装订边(图 4－8)两种。留边尺寸 a、c、e 如表 4－2 所列。同一产品的所有图样应采用同一种图框格式。

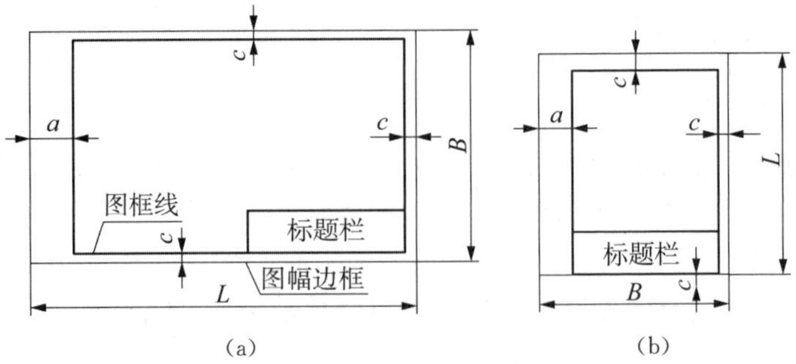

图 4-7　留装订边的图框格式

(a)A0、A1、A2、A3 图纸;(b)A4 图纸

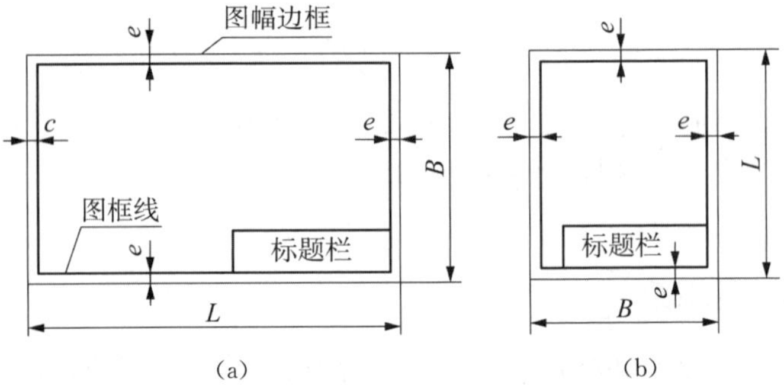

图 4-8　不留装订边的图框格式

(a)A0、A1、A2、A3 图纸;(b)A4 图纸

3) 图幅分区(GB/T 14689—2008)

图幅分区主要是为了确定图中内容的位置。一般幅面较大、内容复杂的电气图需要进行分区,如图 4-9 所示。

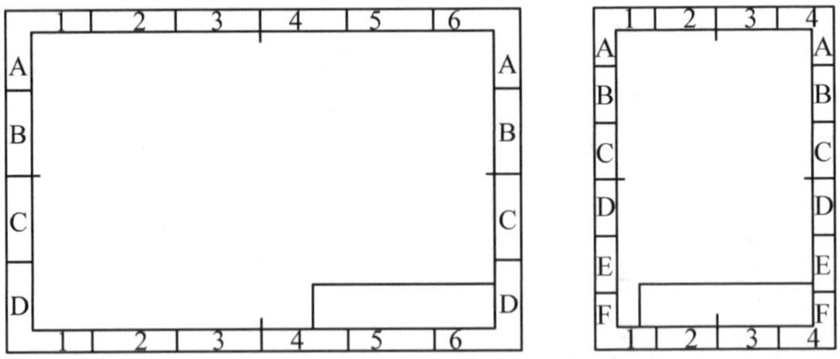

图 4-9　图幅分区

图幅的分区方法:用细实线在图纸周边内画出分区。图幅分区数目按图样的复杂程度确定,但必须取偶数。每一分区的长度应为 25～75 mm。分区的编号,沿上下方向(按看图方向确定图纸的上下和左右)用大写英文字母从上到下顺序编写,沿水平方向用阿拉伯数字从左到右顺序编写。

4) 标题栏(GB/T 10609.1—2008)

标题栏标示着图纸的名称、图号、张次以及设计者、审核者等相关信息。标题栏通常放在右下角，也可放在其他位置，文字方向应与看图方向一致。常用的标题栏有两种格式：一种是国家标准规定的标题栏，如图 4－10(a)所示；另一种是电气图中常用的标题栏，如图 4－10(b)所示。

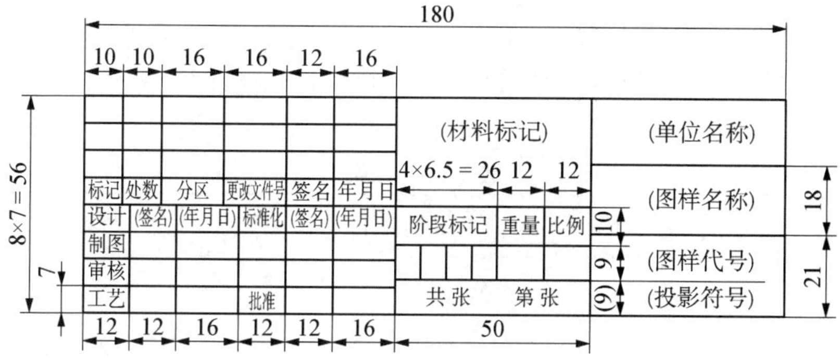

(a)

某电力勘察设计院				某工程	施工图
所长		校核		某布置图	
主任工程师		设计			
专业组长		制图			
项目负责人		描图			
日期	年　月　日	比例		图号	B812S－D01－14

(b)

图 4－10　标题栏

(a)国家标准规定的标题栏；(b)电气图中常用的标题栏

5）图线(GB/T 24341—2009)

图线是指电气图中所用的各种线条。下面给出几种常用图线的线型及一般应用，如表 4－3 所列。

表 4－3　常用图线的线型及一般应用

图线名称	图线线型	一般应用
粗实线	━━━━━━━━	基本线、可见导线、可见轮廓线、简图主要内容线
细实线	————————	
细虚线	— — — — — —	屏蔽线、辅助线、机械连接线、不可见轮廓线、不可见导线、计划扩展内容用线
细点画线	——-———-——	分界线、结构围框线、功能围框线、分组围框线
双点画线	——--———--——	辅助围框线

图线宽度及组别一般从以下序列(单位为 mm)中选取：

0.25(0.13)，0.35(0.18)，0.5(0.25)，0.7(0.35)，1.0(0.5)，1.4(0.7)，其中 0.35(0.18)，0.5(0.25)组别为优选。

通常只选用两种宽度的图线。粗线的宽度为细线的两倍。但在某些图中，可能需要两种以上宽度的图线，在这种情况下，线的宽度应以 2 的倍数依次递增。

6）比例(GB/T 14690—1993)

比例是指电气图中所画图形大小与实物大小的比值。绘制图样时，应尽量选用 1∶1 的比例。当需要绘制放大或缩小的图样时，应首先选用表 4-4 中第一系列的比例，必要时也可选用第二系列的比例。需要注意的是，绘图时无论采用何种比例，图样中都应按照实物的实际大小进行尺寸标注。

表 4-4　比例

种类	第一系列	第二系列
原值比例	1∶1	
放大比例	2∶1，5∶1，1×10^n∶1，2×10^n∶1，5×10^n∶1	4∶1，2.5∶1，4×10^n∶1，2.5×10^n∶1
缩小比例	1∶2，1∶5，1∶10，1∶2×10^n，1∶5×10^n，1∶10×10^n	1∶1.5，1∶2.5，1∶3，1∶4，1∶6，1∶1.5×10^n，1∶2.5×10^n，1∶3×10^n，1∶4×10^n，1∶6×10^n

7）字体(GB/T 14691—1993)

绘制图样时用到的字体有 3 种：汉字、数字和字母，在书写时应做到：字体工整、笔画清楚、间隔均匀、排列整齐。字号用字体的高 h 表示，国家标准规定了 8 种字号，分别为 20，14，10，7，5，3.5，2.5，1.8，单位均为 mm。若需要书写超过 20 号的字，则其字体高度应按 $\sqrt{2}$ 的比率递增。

(1) 汉字。

书写汉字时应采用长仿宋体字，并采用《汉字简化方案》中规定的简化汉字。汉字的字高 h 不应小于 3.5 mm，字宽一般为 $\frac{h}{\sqrt{2}}$。汉字书写示例如图 4-11 所示。

字体工整　笔画清楚　间隔均匀　排列整齐

图 4-11　汉字书写示例

(2) 数字和字母。

书写数字和字母时，可采用斜体或直体(常用斜体)。采用斜体书写时，字头向右倾斜，与水平基准线的夹角约为 75°，如图 4-12 所示。在同一张图样上，只能选用一种形式的字体。

图 4-12　数字和字母

8) 其他(GB/T 24341—2009)

(1) 箭头和指引线。

① 箭头。

箭头有开口箭头和实心箭头两种形式。开口箭头主要用于表示电气能量、电气信号的传递方向,如图 4-13(a)所示;实心箭头主要用于表示可变性、运动方向以及指引线方向,如图 4-13(b)所示。

图 4-13　箭头

(a)开口箭头;(b)实心箭头

② 指引线。

指引线应是细直线,指向被注释处,并在其末端加注如下标记:

a. 若末端在轮廓线内,则加一黑点,如图 4-14(a)所示:

b. 若末端在轮廓线上,则加一实心箭头,如图 4-14(b)所示;

c. 若末端在连接线上,则加一短斜线,如图 4-14(c)所示。

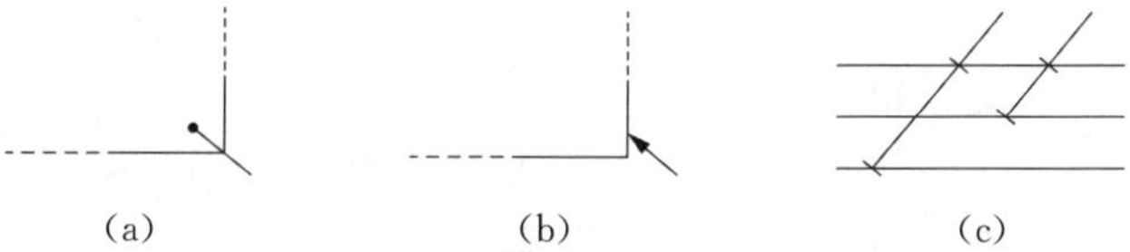

图 4-14　指引线

(a)加一黑点;(b)加一实心箭头;(c)加一短斜线

(2) 围框。

当需要在图上显示出图的某一部分,如功能单元、结构单元、项目组时,可以用点画线围框表示,如图 4-15 所示。围框的形状可以是不规则的。围框不能与元器件符号相交,但插头、插座和端子等符号除外,它们可以在围框线上,或在围框内,或者可以被省略。

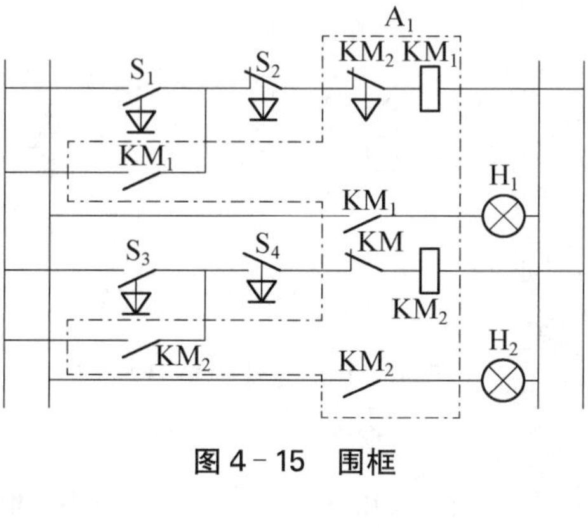

图 4-15　围框

(3) 注释。

当含义不便于用图示方法来表达时,可以通过在图上加注释来进行补充说明。注释可采用文字、图形、表格等形式，旨在将对象表达清楚。注释应放在它们所要说明的对象附近，或者在其附近加标记，而不要将注释置于图中其他位置。当图中出现多个注释时，应把这些注释按顺序放在图纸边框附近。如果是一份多张图纸，那么一般性的注释可以放在第一张图上，或放在适当的张次上，而所有其他注释应放在与它有关的张次上。

4. 电气图的布局

1）图线的布局

电气图的图线一般用于表示导线、信号通路、连接线等，要求用直线，即横平竖直，并尽可能减少交叉和弯折。图线的布局方法通常有水平布局、垂直布局和交叉布局 3 种。

(1) 水平布局。

将元件和设备按行布置，使其连接线处于水平位置，如图 4-16(a)所示。

(2) 垂直布局。

将元件和设备按列布置，使其连接线处于垂直位置，如图 4-16(b)所示。

(3) 交叉布局。

将相应的元件和设备对称布置，使其连接线呈交叉状态，如图 4-16(c)所示。

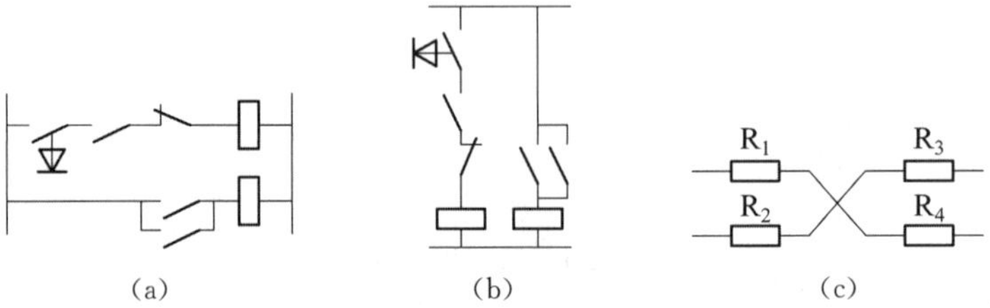

图 4-16　图线的布局

(a)水平布局；(b)垂直布局；(c)交叉布局

2）元件的布局

元件在电气图中的布局有功能布局和位置布局两种。

(1) 功能布局：元件符号的位置只考虑元件之间的功能关系，而不考虑其实际位置，如图 4-17(a)所示。

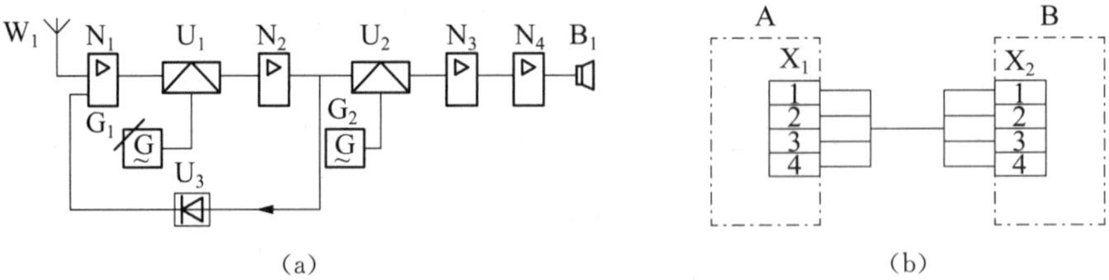

图 4-17　元件的布局

(a)功能布局；(b)位置布局

(2) 位置布局：元件符号的位置按该元件的实际位置在图中布局，清晰反映元件的相对位置和导线走向，如图 4-17(b)所示。

电气图的布局应做到结构合理、图面清晰、排列均匀、便于识图。

课程思政小故事

作电气图时，一定要严格按照制图规范来绘制。就定稿的电气图而言，那是一点错都不能出的。电气图纸上差之毫厘，实际应用中就会谬以千里，从而造成重大损失。曾有新闻报道，某公司员工张某，因设计制作的图纸出错，导致公司重大工程出现安全事故，张某也因此被判有期徒刑 3 年，并处罚金 10 万元。今后，大家在自己的工作岗位上一定要脚踏实地、专注技艺，严格遵守本岗位的操作规程和安全制度，杜绝违章、冒险蛮干等行为。

任务 4.2　电气识图基础知识

任务描述

工程建设中的电气图一般比较复杂。电气施工人员在日常工作中随时都可能需要识读电气图。若不能正确识读电气图，工程将无法继续进行，或会导致事故发生。因此，电气识图是电气施工人员必须具备的最基础技能之一。本任务主要介绍电气识图的相关知识。

任务目标

(1) 通过学习，了解图形符号的组成。

(2) 能正确识别常用的图形符号。

(3) 掌握文字符号的基本规则。

(4) 了解项目代号的基本规则。

(5) 掌握电气图的基本表示方法，特别是电气元件的表示方法。

(6) 了解电气识图的基本方法和步骤。

任务实施

任务实施通过知识竞赛的形式分两轮进行，通过两轮竞赛，评选出“王者之队”。学生要尽量提前复习，回答问题时要积极踊跃。

1. 第一轮竞赛

(1) 全班学生自行组成 4 支队伍，每支队伍的人数尽量保持一致。

(2) 老师组织竞赛，4 支队伍分成两组竞赛，学生举手抢答，回答错误不扣分，可由其他人继续抢答。

(3) 每组中，总分多的一队为胜出队伍，总分少的一队为失败队伍，失败队伍不再参与后面的竞赛。

(4) 本轮竞赛结束后，失败队伍的成员根据自己本轮的正确答题数算出自己的分数。

2. 第二轮竞赛

(1) 胜出队伍进行第二轮竞赛，老师组织竞赛，学生举手抢答，回答错误不扣分，可由其他人继续抢答。

（2）总分多的队伍为最终获胜队伍，获得“王者之队”称号，老师可根据实际情况给予一定的奖励。

（3）本轮竞赛结束后，队伍的成员根据自己两轮的正确答题数算出自己的分数。

任务评价

（1）每位学生将自己的分数填写在表 4－5 中。

（2）每位学生根据自己的表现写出自我评价。

（3）每位学生将自己在竞赛中出现的不会或答错的题目列在表 4－5 中，并写出答案。

表 4－5　任务评价表二

正确答案数	得分	备注
学生自我评价：		
竞赛中不会或答错的题目及其解答：		

知识链接

电气图为电气工程的组织和实施提供了必要的信息。要准确识读电气图，必须熟悉国家统一的图形符号、文字符号和项目代号，知道各种电气图的关系。

电气图中的图形符号、文字符号和项目代号必须统一才具备通用性，才能被技术人员识读，并有利于技术交流，这种“统一”就是国家标准。我国现行的电气图相关标准主要有《电气技术用文件的编制　第 1 部分：规则》(GB/T 6988.1—2024)、《电气简图用图形符号》(GB/T 4728.1～13)、《电气设备用图形符号　第 2 部分：图形符号》(GB/T 5465.2—2023)、《电气工程 CAD 制图规则》(GB/T 18135—2008)、《明细表的编制》(GB/T 19045—2003)、《工业机械电气图用图形符号》(GB/T 24340—2009)、《工业机械电气设备　电气图、图解和表的绘制》(GB/T 24341—2009)等。

电气图形符号

1. 图形符号

电气图中以直观图形和(或)字符表述器件、设备等的符号称为图形符号。

1) 图形符号的组成

图形符号由一般符号、符号要素、限定符号和方框符号组成。

(1) 一般符号。一般符号是表示一类产品及其特征的简明符号，如二极管、电容、电阻等，如图 4－18 所示。一般符号还可以作为组成其他图形符号的基础符号。

图 4－18　一般符号

(2) 符号要素。符号要素是具有确定意义的简单图形，不能单独使用。符号要素必须同其他图形组合后才能构成一个设备或概念的完整符号。符号要素以不同的形式组合，可构成多种不同形式的图形符号，如图 4－19 所示。

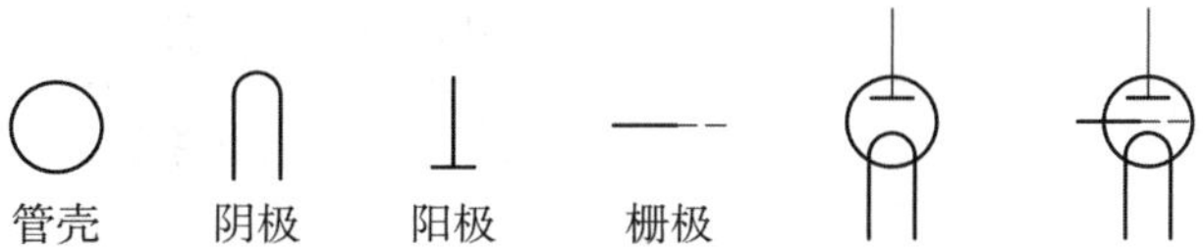

图 4－19　符号要素及其组合

(3) 限定符号。限定符号是附加于一般符号或其他图形符号之上的符号，可提供某种确定的或附加的信息，用来说明某些特征、功能和作用等，通常不能单独使用。

一般符号加上不同的限定符号后，可得到不同的专用符号。例如，在电阻器的一般符号上加上不同的限定符号，可得到可变电阻、热敏电阻等的符号。有些一般符号也可用作限定符号。例如，在扬声器符号上加上电容器的一般符号，即构成电容式扬声器符号。

(4) 方框符号。方框符号是用以表示元件、设备等的组合及其功能，既不给出元件、设备的细节，也不考虑所有连接的简单的图形符号。

方框符号通常用在使用单线表示法的图中，也可用在全部表示输入和输出接线的图中，如图 4－20 所示。

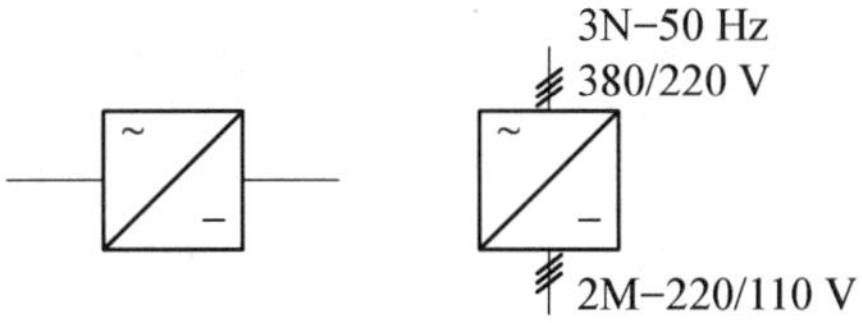

图 4－20　方框符号及应用

2) 常用图形符号

常用图形符号如表 4－6 所列。

表 4－6　常用图形符号(摘自 GB/T 24340—2009)

名称	图形符号	名称	图形符号
直流	⎓	直线运动(单向)	→

续 表

名称	图形符号	名称	图形符号
交流	~	直线运动(双向)	
正极性	+	传送(单向)	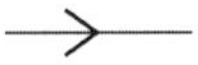
负极性	−	传送,双向,同时	
原电池、蓄电池、原电池或蓄电池组		电容器,一般符号	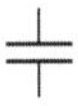
保护等电位联结		带滑动触点的电位器	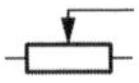
接机壳		脉冲发生器	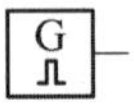
导线组(示出导线数)		线圈;绕组,一般符号	
电流表		带磁芯的电感器	
半导体二极管,一般符号		振荡器,一般符号	
PNP 晶体管	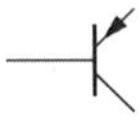	双绕组变压器	
集电极接管壳 NPN 晶体管	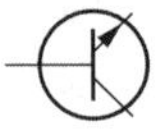	整流器	
直流串励电动机		桥式全波整流器	
单相同步电动机		动合(常开)触点	
三相鼠笼式感应电动机		动断(常闭)触点	
手动操作开关,一般符号	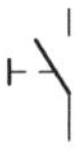	延时闭合的动合触点	
电压表		延时断开的动合触点	
音响信号装置,一般符号		延迟断开的动断触点	
灯,一般符号		延迟闭合的动断触点	

续 表

名称	图形符号	名称	图形符号
报警器		异或元件	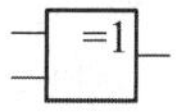
蜂鸣器		滤波器	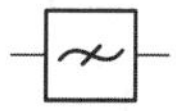
放大器的一般符号		削波器	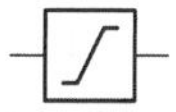

图形符号的应用说明如下：

(1) 所用的图形符号，均按无电压、无外力作用的正常状态画出。

(2) 若某些设备元件有多个图形符号，则应尽量采用最简单的形式，且在同一图号的电气图中使用同一种形式的图形符号。

(3) 图形符号的大小和图线宽度一般不影响其含义。

(4) 避免导线弯折或交叉。

(5) 若某些特定装置或概念的图形符号在标准中未列出，则允许通过已规定的一般符号、限定符号和符号要素适当组合出新的图形符号。

2. 文字符号

文字符号由电气设备、装置和元器件的种类字母代码和功能字母代码组成，以标明其名称、功能、状态和特征。文字符号可分为基本文字符号和辅助文字符号。

1) 基本文字符号

基本文字符号可分为单字母符号和双字母符号两种。

(1) 单字母符号。单字母符号按英文字母将各类电气设备、装置和元器件划分为 23 大类，每大类用一个专用单字母符号表示，如“C”表示电容器类，“R”表示电阻器类等。

英文字母“I”“O”易与阿拉伯数字“1”“0”混淆，不允许使用，英文字母“J”也未采用。

(2) 双字母符号。双字母符号由一个表示种类的单字母符号与另一字母组成，其组合形式为：单字母符号在前，另一个字母在后。双字母符号可以较详细和更具体地表述电气设备、装置和元器件的名称。双字母符号中的另一个字母通常选用该类设备、装置或元器件的英文名称的首位字母，或常用缩略语，或约定俗成的习惯用字母。例如，“G”表示发电机，同步发电机的英文名称为 synchronous generator，则“GS”表示同步发电机。

2) 辅助文字符号

辅助文字符号是用来表示电气设备、装置、元器件及线路的功能、状态和特征的，如“ACC”表示加速，“BRK”表示制动等。

辅助文字符号可以放在表示种类的单字母符号后边组成双字母符号，如“SP”表示压力传感器。当辅助文字符号由两个以上字母组成时，为简化文字符号，允许只采用其首位字母进行组合，如“M”表示电动机，“S”为辅助文字符号“SYN”(同步)的第一位字母，则“MS”表示同步电动机。辅助文字符号也可以单独使用，如“OFF”表示断开，“DC”表示直流等。

辅助文字符号一般不能超过 3 个字母。

3. 项目代号

项目代号是指用以识别图、图表、表格及设备上的项目种类，并提供项目的层级关系、实际位置等信息的一种特定的代码。

一个完整的项目代号包括高层代号、位置代号、种类代号、端子代号 4 个代号段。每个代号段前都有用以区分各个代号段的前缀符号，每个代号段的字符都应该包括字母或数字，或者由字母和数字构成。

1）高层代号

高层代号是指系统或设备中任何较高层次（对给予代号的项目而言）项目的代号，前缀符号为“＝”。例如，S_1 系统中的开关 Q_2 可表示为“$=S_1-Q_2$”，其中“$=S_1$”为高层代号。

2）位置代号

位置代号是指项目在组件、设备、系统或建筑物中的实际位置的代号，前缀符号为“＋”。例如，在 204 室第 A 列控制柜的 4 号机柜可写为“＋204＋A＋4”，在不致引起混淆时，代号中间的前缀符号可省略，写为“＋204A4”。

3）种类代号

种类代号是指用于识别项目种类的代号，前缀符号为“－”。种类代号有以下 3 种表示方法：

（1）由字母代码和数字组成，如“－K2”“－K2M”等。

（2）仅用数字序号表示。给每个项目规定一个数字序号，将这些数字序号和它代表的项目排列成表置于图中或附于图后，如“－1”“－2”“－3”等。

（3）仅用数字组表示。按不同种类的项目分组编号，将这些编号和它代表的项目排列成表置于图中或附于图后。例如，在具有多种继电器的电气图中，时间继电器用“－11”“－12”“－13”……表示。

4）端子代号

端子代号是指用以同外电路进行电气连接的电器导电件的代号，前缀符号为“：”。当项目具有接线端子时，端子代号必须与项目上端子的标记相一致。端子代号通常只与种类代号组合。例如，“$-S_4$：A”表示控制开关 S_4 的 A 号端子。

5）项目代号的组合

项目代号由代号段组成，一个项目可以由一个代号段组成，也可以由几个代号段组成，具体组合形式如下：

（1）由高层代号和种类代号进行组合，如“$=2-G_3$”。

（2）由位置代号和种类代号进行组合，如“$+5-G_2$”。

（3）先将高层代号和种类代号进行组合，用以识别项目，再加上位置代号，提供项目的实际安装位置，如“$=P_1-Q_2+C_4S_5M_6$”表示 P_1 系统中的开关 Q_2，位置为 C_4 室 S_5 列控制柜 M_6 号机柜。以上组合形式中，种类代号后都可组合端子代号，如“$=2-G_6$：A”。

4. 电气图的基本表示方法

1）线路的表示方法

线路的表示方法通常有单线表示法、多线表示法和混合表示法 3 种。

(1) 单线表示法。电气图中的两根或两根以上的连接线或导线只用一根线表示的方法，称为单线表示法，如图 4－21(a)所示。

单线表示法一般适用于三相电路或各线基本对称的电路图中，对于不对称的部分，应在图中注释。例如，在图 4－21(a)中，热继电器 FR 有 2 个，图中标注了 FR_2。

(2) 多线表示法。电气图中的每根连接线或导线各用一条图线表示的方法，称为多线表示法，如图 4－21(b)所示。

多线表示法能比较清楚地表明电路的连接，一般用于表示各相或各线内容的不对称，以及要详细地表示各相或各线的具体连接方法的情况，但是对于比较复杂的设备，图线太多反而不容易看懂图。

(3) 混合表示法。在一个电气图中，一部分采用单线表示法，另一部分采用多线表示法，称为混合表示法，如图 4－21(c)所示。

混合表示法既有单线表示法简洁、精炼的优点，又有多线表示法描述清晰、明确的优点。

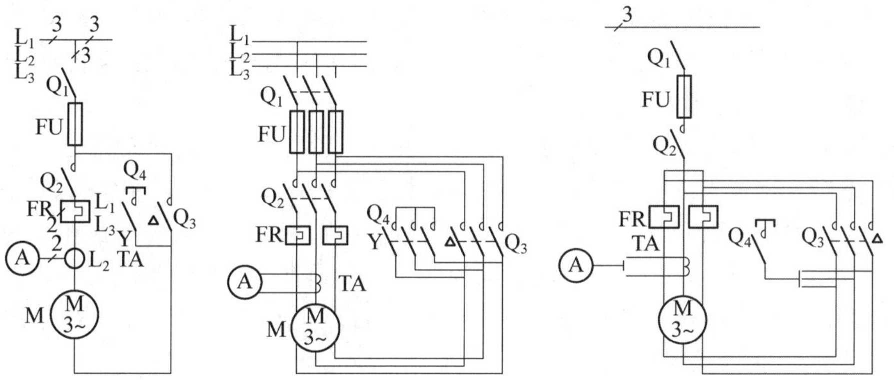

(a)　　(b)　　(c)

图 4－21　线路表示方法

(a)单线表示法；(b)多线表示法；(c)混合表示法

2) 电气元件的表示方法

电气元件的表示方法通常采用集中表示法、半集中表示法和分开表示法等。

(1) 集中表示法。把一个项目各组成部分的图形符号在简图上绘制在一起的方法，称为集中表示法，如图 4－22(a)所示。

在集中表示法中，各组成部分用机械连接线(虚线)互相连接起来，连接线必须是一条直线，这种表示方法只适用于比较简单的电路图。

(2) 半集中表示法。把一个项目中某些部分的图形符号在简图中分开布置，并用机械连接线把它们连接起来的方法，称为半集中表示法，如图 4－22(b)所示。在半集中表示法中，机械连接线可以弯折、分支或交叉。

(3) 分开表示法。把一个项目中某些部分的图形符号在简图中分开布置，并使用项目代号(或文字符号)表示它们之间关系的方法，称为分开表示法，如图 4－22(c)所示。分开表示法就是把半集中表示法中的机械连接线去掉，在同一个项目图形符号上标注同样的项目代号。

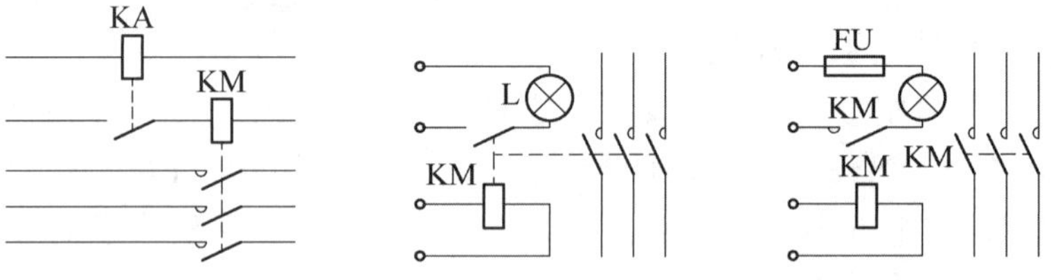

(a)　　(b)　　(c)

图 4-22　电气元件表示方法

(a)集中表示法;(b)半集中表示法;(c)分开表示法

若采用分开表示法,则图中的虚线会减少,图面也更简洁,但是在识图时,要寻找各组成部分比较困难,必须综观全局图,把同一项目的图形符号在图中全部找出,否则在识图时就可能会遗漏。

3) 电气元件触点位置、工作状态和技术数据的表示方法

(1) 电气元件触点位置的表示方法。在同一电路中,电气元件触点位置的表示应满足:加电和受力后,各触点符号的动作方向取向一致。但是对于采用分开表示法绘制的电路图,触点位置可以灵活运用,没有严格的规定。

(2) 电气元件工作状态的表示方法。在电气图中,元件和设备的可动部分通常应表示在非激励或不工作的状态或位置,例如:①继电器和接触器的触头处于非受电状态;②断路器、负荷开关和隔离开关处于断开位置;③多重开闭器件的各组成部分必须表示在相互一致的位置上,而不管电路的工作状态;④带零位的手动控制开关在零位置,不带零位的手动控制开关在图中规定位置;⑤事故、备用、报警等开关或继电器的触点应该表示在设备正常使用的位置,若有特定位置,则应在图中另加说明。

(3) 电气元件技术数据的表示方法。电路中电气元件的技术数据(如型号、规格、额定值等)一般标在图形符号的附近。当电气元件垂直布局时,技术数据可标在图形符号的左边,如图 4-23(a)所示;当电气元件水平布局时,技术数据可标在图形符号的下方,如图 4-23(b)所示;对于像继电器、仪表、集成块等矩形符号或简化外形符号,技术数据可标注在方框内,如图 4-23(c)所示。

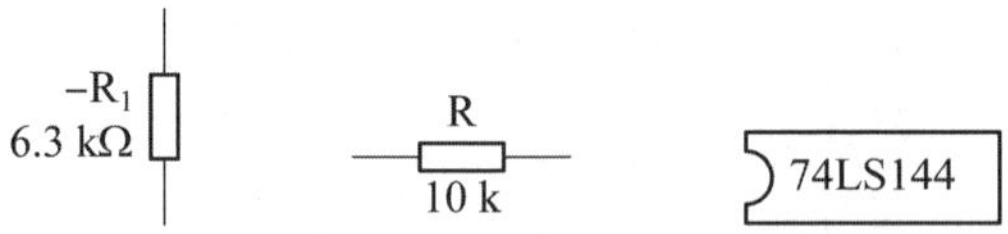

(a)　　(b)　　(c)

图 4-23　电气元件技术数据的表示方法

5. 电气识图的基本方法和步骤

1) 电气识图的基本方法

(1) 结合电工、电子知识识图。

(2) 结合电路图中各元器件的工作原理识图。

(3) 牢记并清楚图形符号、文字符号、项目代号的含义。

(4) 结合相关图样的技术资料(如目录、元器件清单等)识图。

2) 电气识图的基本步骤

(1) 看图样说明。看图样的标题栏、目录、技术说明、元器件明细表等,从整体上了解图样的概括和所要表达的重点。

(2) 看系统图或框图。了解整个系统或分系统的概况,如基本组成、相互关系及主要特征等,为看原理图打下基础。

(3) 看原理图。首先要通过看图形符号、文字符号和项目代号,了解图中各组成部分的作用,分清主、辅电路;其次按照“先主电路、后辅电路”的方法识图。

四 课程思政小故事

致敬每一位电气工程师

在自动化行业里,电气工程师和机械工程师是相互合作的,机械工程师完成机械机构部分的设计,而具体的动作、速度、压力、温度、时间、力矩等各方面系数的计算,都需要电气工程师去完成。如果说机械工程师创造了一台机器的躯体,那么电气工程师则是赋予了它们灵魂。电气工程师具体是做什么的呢?

一台机器预定下单后,电气工程师首先需要和机械工程师反复讨论该机器的具体工作流程及生产工艺要求;其次,在机械工程师绘制零件图的同时,还需要将电气原理图设计出来;再次,根据电气原理图上所需要的电气元器件,列出该机器的电气元器件清单(清单的准确度很重要,若是出错,则会导致工艺要求不能实现)。

画了电气原理图交给电工接线,列完清单交给采购部。此时电气工程师还不能闲着,还有一个重要的环节等着他们——编程,电气工程师要根据产品的生产工艺要求,将机器的每个动作细节用程序编写下来。

当机器零件和电路都安装完成后,电气工程师还要检查接线中的错误,调整传感器安装的位置,调整伺服、变频器、温控器等各类元器件的参数,这些准备工作都完成后,才能真正开始调试程序,而且是孤军奋战。这期间,总有人跑过来反复催问:“什么时候能好?”“机械都安装完了,就等电气了”。

这时候,电气工程师除了要承受身体上的压力外,还要承受精神上的压力。

机器出货了,可以轻松了吗?不能,为了实现客户对工艺的严格要求,一般电气工程师在机器出货后还要到现场进行调试,直到机器能够稳定生产为止。如果调试不顺利,需要更改机器结构,那么完成时间还要往后推移,中间的苦涩也只有他们自己知道。

那么,这样繁忙和枯燥的工作,为什么还有这么多人前赴后继,深陷其中呢?原来,虽然工作中有很多琐碎和不如意,但是他们大多数时候都是快乐的。电气工程师大都是二三十岁的年轻人,他们朝气蓬勃,他们心中都有一个梦想,那就是希望自己的设计能够给客户带来更好的操作体验和更高的生产效率。

生活、工作中难免会遇到不如意。当出现不顺心的事情时,不要心怀不满、一蹶不振,要勇敢面对它们。攻坚克难、拼搏进取是我辈青年人应具备的基本素质!

任务 4.3　电气原理图简介

任务描述

电气原理图是电气控制系统图中的重要部分，其结构简单、层次分明，适用于研究和分析电路的工作原理，并可为查找电路故障提供帮助，同时是编制电气安装接线图的依据。因此，在设计部门和生产现场得到广泛应用。本任务主要介绍电气原理图的相关知识。

任务目标

（1）通过学习，了解电气原理图的基本概念。

（2）能正确说出电气原理图绘图的基本原则。

（3）掌握电气原理图的识图要点。

任务实施

任务实施通过知识竞赛的形式分两轮进行，通过两轮竞赛，评选出“王者之队”。学生要尽量提前复习，回答问题时要积极踊跃。

1. 第一轮竞赛

（1）全班学生自行组成 4 支队伍，每支队伍的人数尽量保持一致。

（2）老师组织竞赛，4 支队伍分成两组竞赛，学生举手抢答，回答错误不扣分，可由其他人继续抢答。

（3）每组中，总分多的一队为胜出队伍，总分少的一队为失败队伍，失败队伍不再参与后面的竞赛。

（4）本轮竞赛结束后，失败队伍的成员根据自己本轮的正确答题数算出自己的分数。

2. 第二轮竞赛

（1）胜出队伍进行第二轮竞赛，老师组织竞赛，学生举手抢答，回答错误不扣分，可由其他人继续抢答。

（2）总分多的队伍为最终获胜队伍，获得“王者之队”称号，老师可根据实际情况给予一定的奖励。

（3）本轮竞赛结束后，队伍的成员根据自己两轮的正确答题数算出自己的分数。

任务评价

（1）每位学生将自己的分数填写在表 4 - 7 中。

（2）每位学生根据自己的表现写出自我评价。

（3）每位学生将自己在竞赛中出现的不会或答错的题目列在表 4 - 7 中，并写出答案。

表4-7　任务评价表三

正确答案数	得分	备注

学生自我评价：

竞赛中不会或答错的题目及其解答：

知识链接

1. 电气原理图的基本概念

用图形符号、文字符号、项目代号等表示电路中各个电气元件之间的关系和工作原理的图称为电气原理图。电气原理图是电气系统图的一种（电气系统图包括电气原理图、电气布置图、电气接线图等），是根据控制线路工作原理绘制的，具有结构简单、层次分明的特点。电气原理图主要用于研究和分析电路的工作原理，因此并不按照电气元件的实际布置位置来绘制，也不反映电气元件的实际大小。电气原理图中的常用术语如下。

（1）失电压、欠电压保护：由接触器本身的电磁机构实现，当电源电压严重过低或失电压时，接触器的衔铁自行释放，电动机失电而停机。

（2）点动与长动：点动按钮两端没有并联接触器的常开触点，长动按钮两端并联接触器的常开触点。

（3）联锁控制：在控制线路中，一条支路通电时保证另一条支路断电。

（4）双重互锁：从一个运行状态到另一个运行状态可以直接切换，即“正—反—停”。

（5）直接起动：把电源电压直接加到电动机的接线端，这种控制线路结构简单，成本低，仅适合于实现电动机的不频繁起动，不可实现远距离的自动控制。

（6）欠电压起动：利用起动设备将电压适当降低后加到电动机的定子绕组上进行起动，待电动机起动运转后，再使其电压恢复到额定值正常运行。

2. 电气原理图绘图的基本原则

绘制电气原理图基本原则

（1）在电气原理图中，所有电气元件都应采用国家标准规定的图形符号和文字符号来表示。属于同一电器的线圈和触点，都要用同一文字符号表示。当使用相同类型的电器时，可在文字符号后加注阿拉伯数字序号来区分。

（2）电气原理图一般分为主电路和辅助电路两部分。主电路是指给用电器（电动机等）供电的电路。辅助电路包括控制电路、照明电路、信号电路及保护电路等，由接触器线圈和触点、继电器触点、按钮、照明灯、控制变压器、转换开关等电气元件组成。一般主电路用垂直线绘制在图的左侧，辅助电路用垂直线绘制在图的右侧。

(3) 在电气原理图中，各电气元件的导电部件(如线圈和触点)的位置，应根据便于阅读和分析的原则来安排，绘在它们完成作用的地方。同一电气元件的各个部件可以不画在一起。

(4) 在电气原理图中，所有电器触点都按没有通电或没有外力作用时的开闭状态画出。如继电器、接触器的触点，按线圈未通电时的状态画；按钮、行程开关的触点，按不受外力作用时的状态画；控制器，按手柄处于零位时的状态画等。

(5) 在电气原理图中，有直接联系的交叉导线的连接点，要用黑圆点表示；无直接联系的交叉导线的连接点，交叉处不能画黑圆点。

(6) 在电气原理图中，无论是主电路还是辅助电路，各电气元件一般应按动作顺序从上到下、从左到右依次排列，可水平或垂直布置。

电气原理图的布局应做到结构合理、图面清晰、排列均匀、便于识图。

3. 电气原理图的识图要点

电气原理图识图的一般方法是先看主电路，再看辅助电路，并用辅助电路的回路去研究主电路的控制程序。大致归纳为以下几点：

(1) 熟悉并掌握图中各器件的符号和作用。

(2) 分析主电路，看清主电路中的用电设备。用电设备是指消耗电能的用电器具或电气设备(如电动机、电炉等)。了解各用电设备之间的相互联系、接线方式及一些不同要求等。

(3) 分析辅助电路。辅助电路由各种执行电器组成，主要用来控制主电路工作。在分析辅助电路时，一般先根据主电路接触器主触点的文字符号，到控制电路中去找与之对应的线圈，进一步弄清主电路用电设备的控制方式。而后逐一找出辅助电路中的其他控制环节，按功能不同划分成若干条局部控制线路进行分析。若控制线路较复杂，则可先排除照明、信号指示、监测、保护等与控制关系不密切的电路，以便集中精力进行分析。

(4) 对于比较复杂的控制电路，可按照先简后繁、先易后难的原则逐步解决。因为无论怎样复杂的控制线路，总是由许多简单的基本环节所组成。阅读时可将其分解开来，先逐个分析各个基本环节，再综合起来全面加以解决。分析时应当自上而下、从左到右，一个环节、一个环节地进行。

任务 4.4 三相异步电动机带限位的正反向控制电路原理图的绘制

任务描述

在实际生产控制过程中，往往要求三相异步电动机正、反两个方向运动，如电梯的升降、磨床工作台的往复运动等。三相异步电动机带限位的正、反向控制电路原理图的绘制主要是想让大家了解三相异步电动机带限位的正、反向控制电路的原理，熟悉电路中低压电器的符号和作用，掌握基础绘图环境的配置方法，熟悉电气原理图的绘图步骤。

本任务要求能够完成表格、图块的创建，并且能够综合利用 AutoCAD 软件完成三相异步电动机带限位的正、反向控制电路的绘制。

任务目标

（1）通过学习，能够正确认识电路原理图。

（2）能熟练地配置绘图环境，包括文件的创建、图层的创建、边框及标题栏的绘制、图形界限的设置等。

（3）掌握 AutoCAD 2020 常用绘图工具的使用。

（4）掌握 AutoCAD 2020 常用编辑工具的使用。

任务实施

（1）设置电气原理图的绘图环境。

（2）将表 4－8 中全部电气符号图形转换为图块。

表 4－8　三相异步电动机带限位的正、反向控制电路原理图中出现的电气符号

名称	电气符号	名称	电气符号
火线		热继电器动断触点	
零线		三相交流异步电动机	
接地线		常开按钮	
断路器		常闭按钮	
接触器线圈	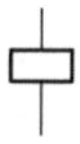	限位开关	
接触器主触点		指示灯	
常开辅助触点		热继电器线圈	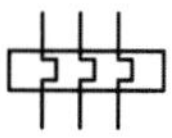
接触器常闭辅助触点			

（3）绘制辅助电路，完成三相异步电动机带限位的正、反向控制原理图的设计。

任务评价

（1）每位学生将自己的分数填写在表 4－9 中。

（2）每位学生根据自己的表现写出自我评价。

（3）每位学生将自己在竞赛中出现的不会或答错的题目列在表 4－9 中，并写出答案。

表 4－9　任务评价表四

正确答案数	得分	备注
学生自我评价：		
竞赛中不会或答错的题目及其解答：		

知识链接

1. 认识电路原理图

由电机原理可知，任意改变电动机三相电源中的两相接线相序，即可实现电动机的正、反向。三相异步电动机带限位的正、反向控制电路原理图如图 4－24 所示。

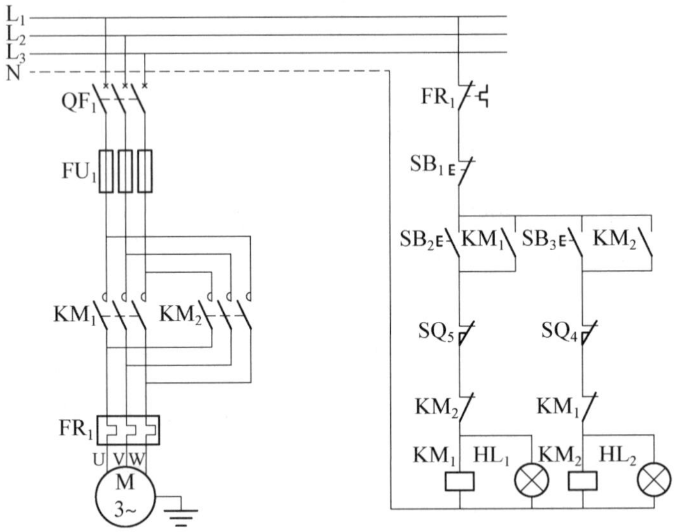

图 4－24　三相异步电动机带限位的正、反向控制电路原理图

（1）正向起动。闭合空气开关 QF_1，按下起动按钮 SB_2，正向接触器 KM_1 线圈得电吸合，KM_1 的主触点和自锁辅助触点闭合，三相电源 L_1、L_2、L_3 按 U—V—W 相序输入电动机，电动机正向起动并连续运行，HL_1 指示灯亮。同时与接触器 KM_2 线圈串联的 KM_1 的常闭辅助触点断开，防止接触器 KM_2 线圈同时得电。

(2) 正向停止。当正向运行碰到限位开关 SQ_5 时,接触器 KM_1 线圈失电,KM_1 的主触点、辅助触点复原,HL_1 灭,电动机停止转动。

(3) 反向起动。按下起动按钮 SB_3,反向接触器 KM_2 线圈得电吸合,KM_2 的主触点和自锁辅助触点闭合,三相电源 L_1、L_2、L_3 按 W—V—U 相序输入电动机,电动机反向起动并连续运行,HL_2 指示灯亮。同时与接触器 KM_1 线圈串联的 KM_2 的常闭辅助触点断开,防止接触器 KM_1 线圈同时得电。这种接触器辅助触点互相制约的关系称为互锁。

(4) 反向停止。当反向运行碰到限位开关 SQ_4 时,接触器 KM_2 线圈失电,KM_2 的主触点、辅助触点复原,HL_2 灭,电动机停止转动。

2. 配置绘图环境

绘制电路前,需要进行基本的绘图环境设置,包括文件的创建、保存、图形界限设置及完成图层管理等。

1) 新建文件

起动 AutoCAD 2020 中文版应用程序,在命令行中输入"New",或单击快速访问工具栏中的"新建"按钮,系统弹出"选择样板"对话框,如图 4-25 所示。以"无样板打开-公制"创建一个新的文件,将新文件命名为"三相异步电动机带限位的正、反向控制原理图. dwg"并保存。

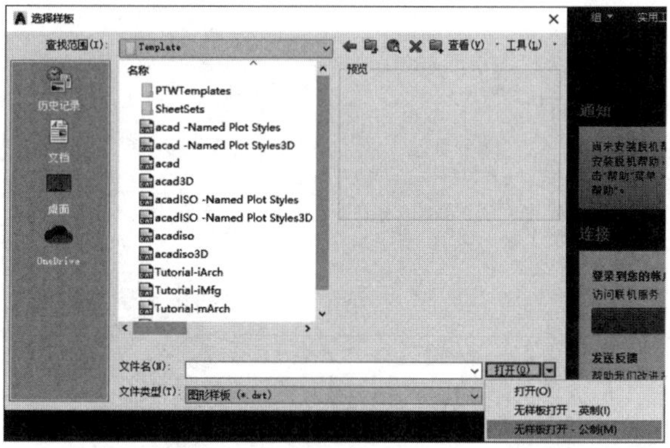

图 4-25 "选择样板"对话框

2) 绘制图框

在新文件中,利用"矩形"命令绘制 A4 图幅(210×297)的图框,如图 4-26 所示。

图 4-26 新文件图框

3）设置图形界限

设置图形界限就是设置绘图区域的大小。执行“格式”→“图形界限”命令，按提示在命令行内先指定左下角点坐标，再指定右上角点坐标，设置图形界限为 A4 图纸幅面，命令行提示如下：

命令：LIMITS

重新设置模型空间界限：

指定左下角点或[开(ON)/关(OFF)]〈204.4666，209.8409〉：0，0

指定右上角点〈501.4666，419.8409〉：297，210

4）设置标题栏

（1）调用“表格”命令。设置标题栏一般采用绘制表格的方法，可以通过以下方式调用“表格”命令。

① 菜单栏：执行“绘图”→“表格”命令。

② 命令行：输入“TABLE”。

③ 工具条：“绘图”工具条→按钮。

④ 功能区：“默认”选项卡→“注释”面板→按钮，或“注释”选项卡→“表格”面板→按钮。

（2）“插入表格”。执行“表格”命令后，弹出“插入表格”对话框，如图 4－27 所示。

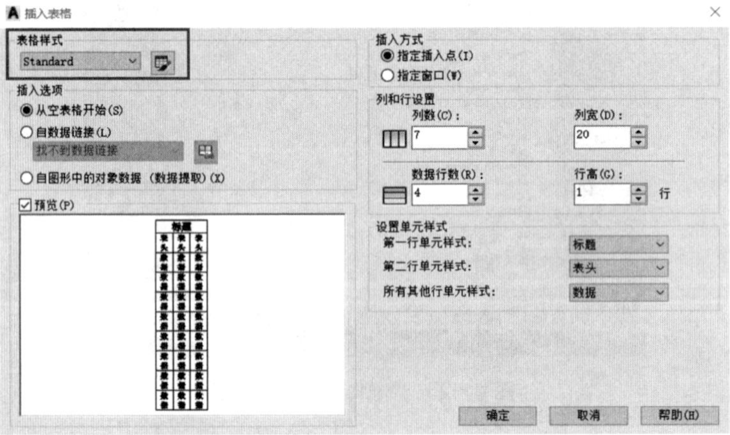

图 4－27 “插入表格”对话框

“插入表格”对话框用于设置需要插入表格的行、列、样式等参数属性。当插入表格对象时，AutoCAD 使用当前设置的表格样式，默认的表格样式命名为“Standard”，如图 4－27 中预览内容所示。如果需要修改表格样式，那么单击图 4－27 所示对话框内的按钮，或者通过以下方式调用。

① 菜单栏：执行“格式”→“表格样式”命令。

② 命令行：输入“TABLESTYLE”。

③ 工具条：“样式”工具条→按钮。

④ 功能区：“默认”选项卡→“注释”面板→“表格样式”按钮；“注释”选项卡→“表格”面

板→“表格样式”下拉列表→“管理表格样式”按钮；“注释”选项卡→“表格”面板→“对话框起动器”按钮 。

（3）“表格样式”。执行上述任意操作后，系统弹出“表格样式”对话框，如图 4－28 所示。

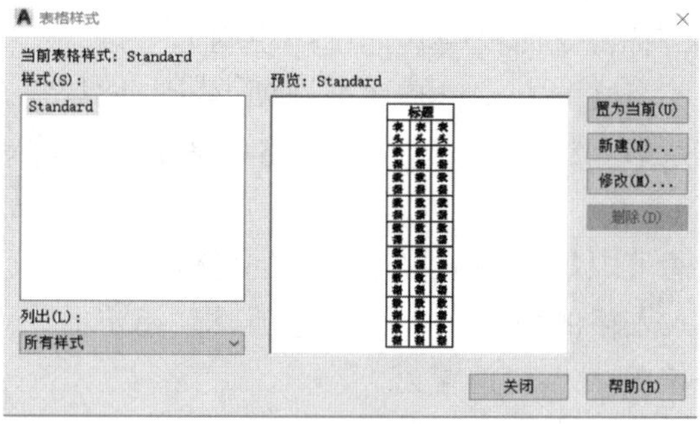

图 4－28　“表格样式”对话框

“表格样式”对话框中各按钮和选项的含义如下：

①“新建”按钮。单击“新建”按钮，弹出“创建新的表格样式”对话框，如图 4－29 所示。输入新的表格样式后，单击“继续”按钮，弹出“新建表格样式”对话框，如图 4－30 所示，从中可以设定新的表格样式。

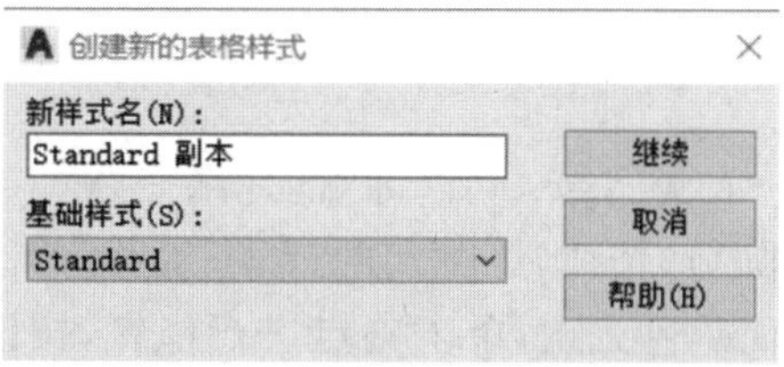

图 4－29　“创建新的表格样式”对话框

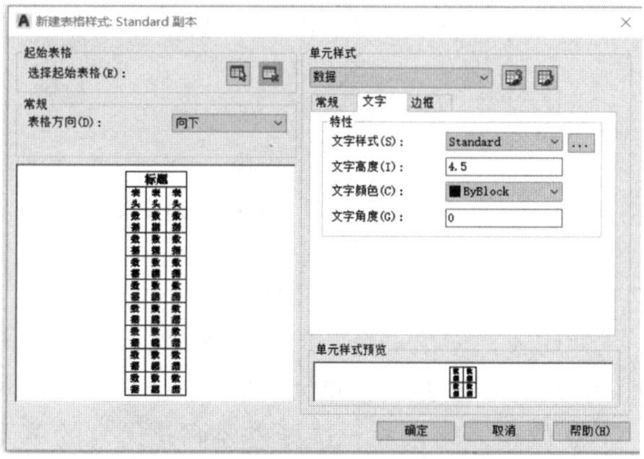

图 4－30　“新建表格样式”对话框

“新建表格样式”对话框的“单元样式”下拉列表中包含有“数据”“表头”“标题”3 个选项，分别控制表格中数据、列标题和总标题的有关参数。下面以“数据”单元样式为例，介绍“新建表格样式”对话框中 3 个重要的选项卡。

a. “常规”选项卡：用于控制数据栏与标题栏的上下位置关系。

b. “文字”选项卡：用于设置文字属性，单击此选项卡，在“文字样式”下拉列表框中可以选择已定义的文字样式并应用于数据文字，也可以单击右侧的 ... 按钮重新定义文字样式。其中有“文字高度”“文字颜色”“文字角度”各选项设定的相应参数格式可供选择。

c. “边框”选项卡：用于设置表格的边框属性，下面的边框线按钮控制数据边框线的各种形式，如绘制所有数据边框线、只绘制数据边框外部边框线、只绘制数据边框内部边框线、无边框线、只绘制底部边框线等。

选项卡中的“线宽”“线型”“颜色”下拉列表框则用于控制边框线的线宽、线型和颜色，“间距”文本框用于控制单元边界和内容之间的间距。

② “修改”按钮。对当前表格样式进行修改，方式与新建表格样式相同。

(4) 其他选项。“插入表格”对话框中其他选项说明如下：

① 插入选项：指定插入表格的方式。有 3 个选项，分别是“从空表格开始”(创建可以手动填充数据的空表格)、“自数据链接”(从外部电子表格中的数据创建表格)和“自图形中的对象数据”(数据提取)。

② 预览：选中该复选框可以显示当前表格样式的样例。

③ 插入方式：指定插入表格的位置。有 2 个选项，即“指定插入点”(指定表格左上角的位置)和“指定窗口”(指定表格的大小和位置)。

④ 列和行设置：设置列和行的数目及大小。

⑤ 设置单元样式：指定新表格中行的单元格式。

(5) 开始设置。在“三相异步电动机带限位的正、反向控制原理图.dwg”文件中的图框右下角，依照以上介绍的创建表格方法，设置一个简单的标题栏。

① 单击“绘图”工具条中的按钮，弹出“插入表格”对话框，设置“列和行设置”选项组，如图 4-31 所示。

图 4-31　列和行的设置

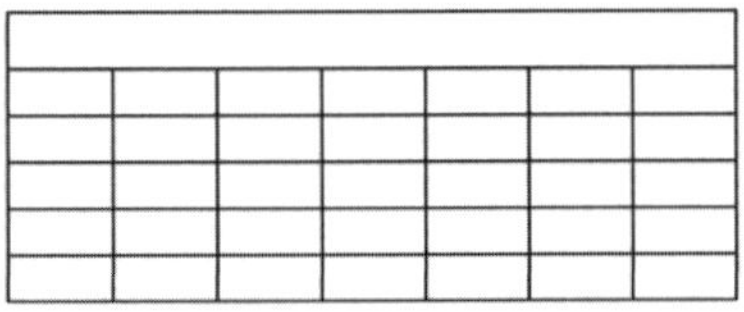

图 4-32　插入的表格

插入的表格如图 4-32 所示。

新建表格中第一行和第二行是默认出现的“标题”和“表头”，按 Shift 键，选择第一行和第二行，单击出现的“表格单元”选项卡中“行”面板中的“删除行”按钮，删除前两行。

② 调整表格尺寸。选择需要调整尺寸的单元格，出现蓝色夹点，单击夹点进行拖曳，按设定尺寸将单元格调整到相应位置。调整尺寸后的效果如图 4-33 所示。

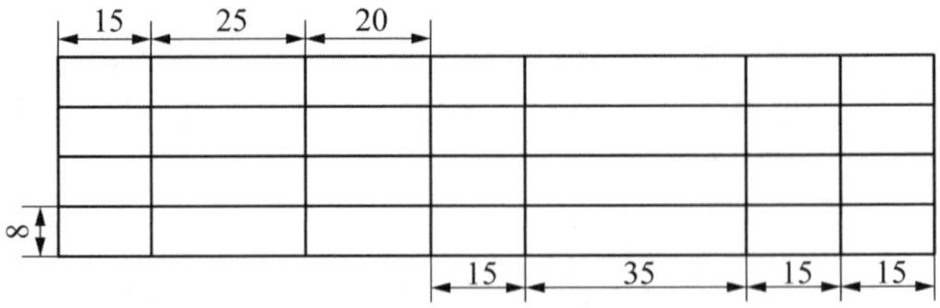

图 4-33　调整尺寸后的效果

③ 合并单元格。按 Shift 键，选择需要合并的单元格，出现蓝色夹点，单击出现的“表格单元”选项卡中“合并”面板，选择“全部合并”功能。合并后的效果如图 4-34 所示。

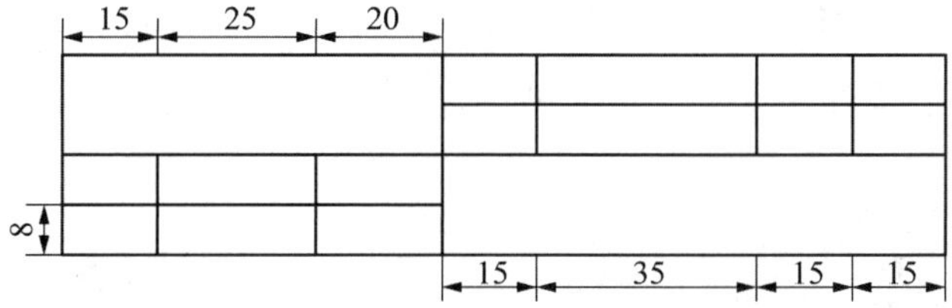

图 4－34　合并后的效果

④ 输入文字。利用 Tab 键和方向键在单元格上移动，双击某个单元格，出现“文字编辑器”选项卡，选择“正中”对正。最终效果如图 4－35 所示。

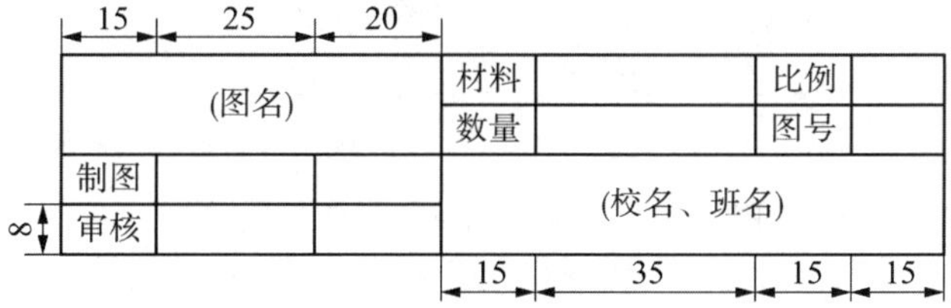

图 4－35　最终效果

5）设置图层

单击“默认”选项卡“图层”面板中的“图层特性”按钮，打开“图层特性管理器”对话框，创建电气符号层、线路层、注释层 3 个图层，各图层的颜色、线型及线宽设置如图 4－36 所示。

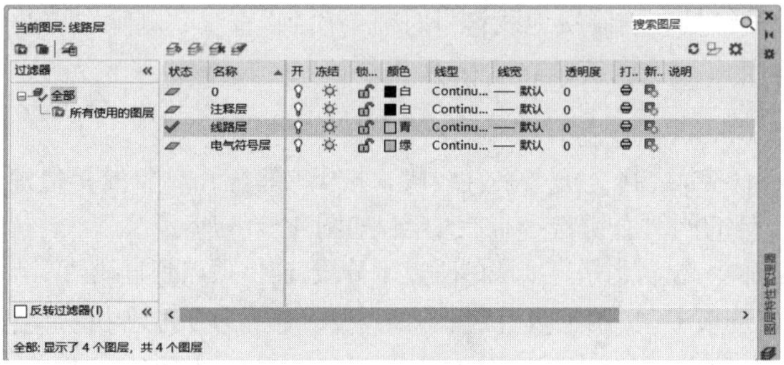

图 4－36　图层设置

3. 绘制电气符号

电机正反转主电路电气元件的绘制

1）基本电气符号图形

三相异步电动机带限位的正、反向控制电路原理图中出现的电气符号如表 4－8 所列。

2）绘制基本电气符号

(1) 绘制零线符号。绘制零线符号时，需先修改基本线型后调用“直线”命令。

① 单击状态栏的 按钮，开启正交模式。

② 单击“默认”选项卡“特性”面板中的“线型控制”命令 ByLayer ，在下拉

列表中选择“其他”功能，弹出“线型管理器”对话框。单击“加载”按钮，弹出“加载或重载线型”对话框，选择如图 4 - 37 所示的线型，单击“确定”按钮。

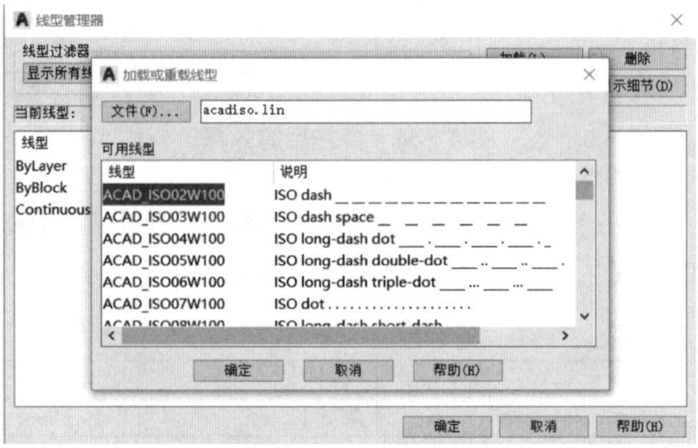

图 4 - 37 “加载或重载线型”对话框

③ 再次单击“特性”面板中的“线型控制”命令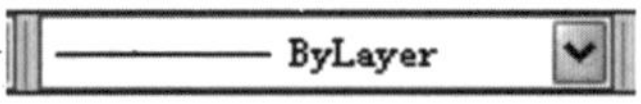，在下拉列表中选择“ACAD_ISO02W100”线型。

④ 执行“直线”命令，在绘图区域绘制零线。

命令行输入命令“LT”也可以打开“线型管理器”对话框。单击“显示/隐藏细节”按钮以显示其他设置，其中“全局比例因子”将影响图样中所有非连续线型的外观，值越大，划线和空格越长。

(2) 绘制接地线符号。绘制接地线符号时需要用到“直线”“删除”“定数等分”等命令。

① 单击状态栏的按钮，开启正交模式。

② 单击状态栏的按钮，开启动态输入模式。

③ 执行“直线”命令，绘制一条水平直线段。按 F3 键打开对象捕捉追踪功能(默认打开捕捉中点)或按 Shift 键的同时右键选择捕捉中点，如图 4 - 38 所示。

④ 执行“直线”命令，绘制水平直线段的垂直平分线，连接顶点到直线两端点，如图 4 - 39 所示。

⑤ 单击“默认”选项卡“实用工具”面板中的命令或者执行“格式”→“点样式”命令，弹出“点样式”对话框，选择╳样式，如图 4 - 40 所示，单击“确定”按钮退出。

图 4 - 38 “对象捕捉设置”菜单

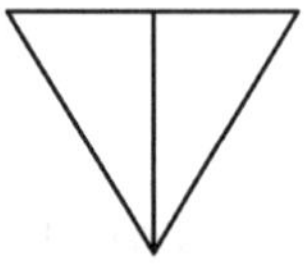

图 4 - 39 连接顶点到直线两端点

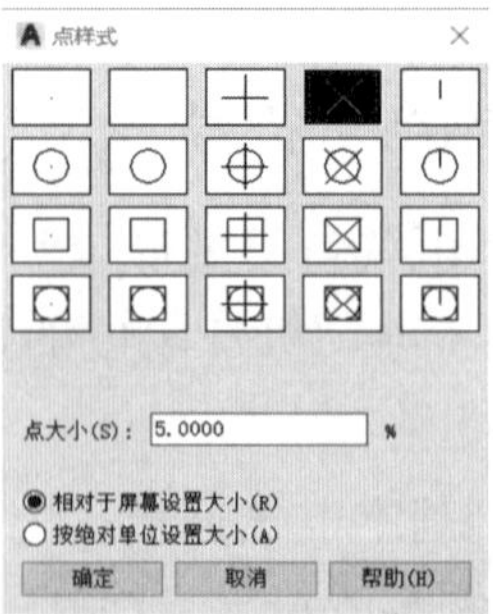

图 4 - 40 “点样式”对话框

⑥ 执行“定数等分”命令，在系统提示下执行如下操作。

命令：DIVIDE

选择要定数等分的对象：　　　　　　　　　　//选择需要等分的线段

输入线段数目或[块(B)]：3　　　　　　　　//输入等分数目

⑦ 在对象捕捉追踪功能中打开捕捉节点，执行“直线”命令，以等分点为端点绘制三等分线。

⑧ 绘制垂直平分线，完成接地线符号的绘制。

(3) 绘制常开按钮符号。绘制常开按钮符号，需要用到“矩形”“直线”“分解”“定比等分”“修剪”“删除”等命令。

① 单击状态栏的，开启正交模式。

② 单击状态栏的，开启动态输入模式。

③ 单击状态栏的，打开自动捕捉模式，选择捕捉端点类型。

④ 执行“矩形”命令，在绘图区域适当的位置绘制一个长8 mm、宽10 mm的矩形。在系统提示下执行如下操作。

命令：rec RECTANG

指定第一个角点或[倒角(C)/标高(E)/圆角(F)/厚度(T)/宽度(W)]：

指定另一个角点或[面积(A)/尺寸(D)/旋转(R)]：d

指定矩形的长度〈10.0000〉：8

指定矩形的宽度〈10.0000〉：10

指定另一个角点或[面积(A)/尺寸(D)/旋转(R)]：* 取消 *

⑤ 执行“分解”命令，把矩形分解成四段直线。

⑥ 选择图4-41所示的矩形中的一条边线，利用夹点向两个方向拉伸边线，左右拉伸距离各为10 mm。

⑦ 关闭正交模式，开启对象捕捉功能，捕捉矩形的左下角点。以此为起点，绘制一条与水平直线成30°角的倾斜直线，倾斜直线的终点在矩形的右侧边线上，如图4-42所示。

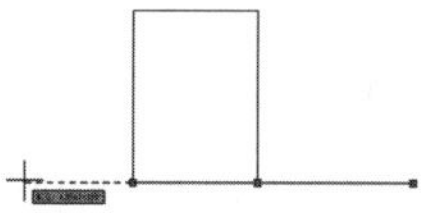

图4-41　拉伸边线

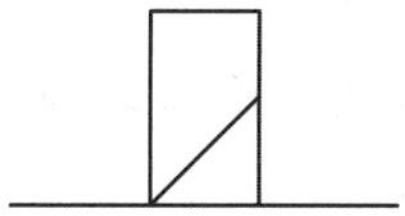

图4-42　绘制斜线

⑧ 执行“定比等分”命令，将矩形左右侧边线进行三等分，连接三等分点，并绘制矩形上下边线的垂直平分线，如图4-43所示。

⑨ 选择纵向直线，单击“特性”面板中的“线型控制”命令，在下拉列表中选择“ACAD_ISO02W100”线型，将选中的纵向直线线型属性更改为“虚线”。

⑩ 执行“修剪”命令，并调用“删除”命令，修剪并删除多余的线段，完成常开按钮符号的绘制，如图4-44所示。

(4) 绘制断路器符号。绘制断路器符号时，需要用到“直线”“旋转”“阵列”等命令。

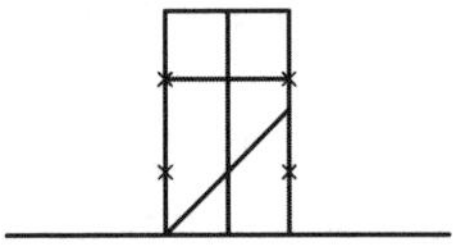

图 4 - 43　绘制连线

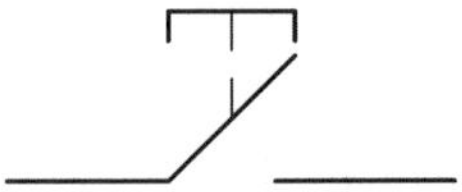

图 4 - 44　常开按钮符号

① 单击状态栏的 ，开启正交模式。

② 单击状态栏的 ，开启动态输入模式。

③ 执行“直线”命令，绘制 3 条纵向直线段，每段长 10 mm，如图 4 - 45 所示。

④ 执行“旋转”命令，然后在系统提示下执行如下操作。

命令：ROTATE

UCS 当前的正角方向：ANGDIR＝逆时针　　　ANGBASE＝0

选择对象：找到 1 个　　　　　　　　　　　//选择中间直线段

选择对象：

指定基点：　　　　　　　　　　　　　　//选择直线段下端点

指定旋转角度，或[复制(C)/参照(R)]〈0〉：30

　　　　　　　　　　　　　　　　　　　//输入旋转角度

设置后的结果如图 4 - 46 所示。

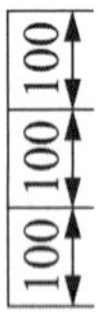

图 4 - 45　绘制 3 条竖向直线段

图 4 - 46　旋转直线

图 4 - 47　绘制 45°斜线段

⑤ 以第一条线段下端点为基点绘制一条长为 2 mm、倾斜角度为 45°的直线段，如图 4 - 47 所示。

⑥ 执行“阵列”命令，然后在系统提示下执行如下操作。

命令：AR ARRAY

选择对象：找到 1 个　　　　　　　　　//选择 45°斜线段

选择对象：输入阵列类型[矩形(R)/路径(PA)/极轴(PO)]〈矩形〉：po　//选择“极轴”类型

类型＝极轴关联＝是

指定阵列的中心点或[基点(B)/旋转轴(A)]：//指定 45°斜线的下端点为中心点

选择夹点以编辑阵列或[关联(AS)/基点(B)/项目(I)/项目间角度(A)/填充角度(F)/行(ROW)/层(L)/旋转项目(ROT)/退出(X)]〈退出〉：i

输入阵列中的项目数或[表达式(E)]〈6〉：4　　//设定阵列项目数为 4 个

选择夹点以编辑阵列或[关联(AS)/基点(B)/项目(I)/项目间角度(A)/填充角度(F)/行

(ROW)/层(L)/旋转项目(ROT)/退出(X)]〈退出〉: * 取消 *

(5) 绘制限位开关符号。绘制限位开关符号,需要用到“直线”“修剪”等命令。

① 单击状态栏的 ,开启正交模式。

② 单击状态栏的 ,开启动态输入模式。

③ 单击状态栏的 ,打开对象捕捉模式,选择捕捉中点类型。

④ 执行“直线”命令,指定任意点为起始点,连续绘制 3 条纵向直线段,每段长 10 mm。

⑤ 执行“直线”命令,以中间纵向直线段下端点为起始点绘制一条长 13 mm、倾斜角度为−30°的直线段。

⑥ 执行“直线”命令,以第一条纵向直线段下端点为起始点绘制一条长 8 mm 的水平直线段,如图 4 - 48 所示。

⑦ 捕捉中间直线段的中点作为起始点绘制直线,直线垂直于斜线段,如图 4 - 49 所示。

图 4 - 48　绘制水平直线段

图 4 - 49　绘制垂线

设置垂线的垂足,通过按 Shift 键的同时右键选择捕捉“垂足”功能。

⑧ 执行“修剪”命令,删除多余线段,完成限位开关符号的绘制。

(6) 绘制热继电器线圈符号。绘制热继电器线圈符号,需要用到“直线”“修剪”等命令。

① 单击状态栏的 ,开启正交模式。

② 单击状态栏的 ,开启动态输入模式。

③ 单击状态栏的 ,打开对象捕捉模式,选择捕捉中点类型。

④ 执行“矩形”命令,绘制一个矩形,并在矩形中绘制多条直线段,具体尺寸如图 4 - 50 所示。

⑤ 执行“复制”命令,然后在系统提示下执行如下操作。

命令:CO COPY

选择对象:找到 5 个　　　　　　　　　　//选择矩形中间直线段

选择对象:

当前设置:复制模式=多个

指定基点或[位移(D)/模式(O)]〈位移〉:〈打开对象捕捉〉

指定第二个点或[阵列(A)]〈使用第一个点作为位移〉:20

指定第二个点或[阵列(A)/退出(E)/放弃(U)]〈退出〉: * 取消 *

设置后的结果如图 4 - 51 所示。

继续“复制”对象,指定位移距离为−20 mm,完成热继电器线圈符号的绘制。

3) 操作图块

图块是 AutoCAD 图形设计中的一个重要概念,如果图形中有大量相同、相似的内容或者

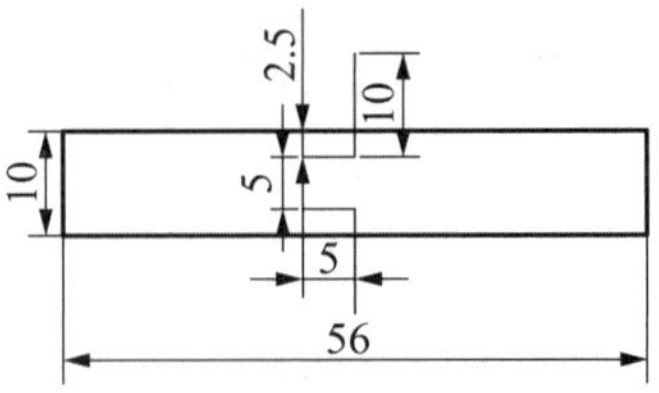

图 4－50　矩形、直线段尺寸

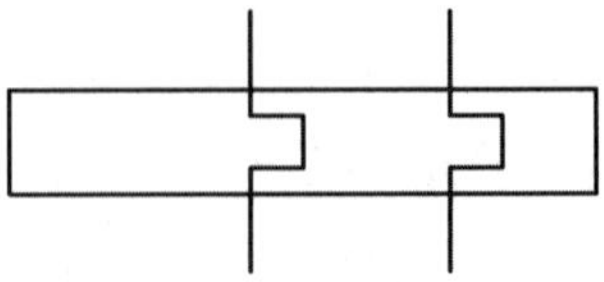

图 4－51　复制对象

所绘制的图块与已有图形文件相同，就可以把要重复绘制的图形创建成块，在需要时直接插入；也可以将已有的图形文件直接插入当前图形中，从而提高绘图效率，而且大大节省磁盘空间。

(1) 定义图块。可以通过以下方式调用创建新块命令。

① 菜单栏：执行“绘图”→“块”→“创建”命令。

② 命令行：输入“BLOCK”(快捷命令：B)。

③ 工具条：“绘图”工具条→“创建块”按钮。

④ 功能区：“默认”选项卡→“块”面板→“创建块”按钮，或“插入”选项卡→“块定义”面板→“创建块”按钮。

(2)“块定义”。执行命令后，弹出“块定义”对话框，如图 4－52 所示。

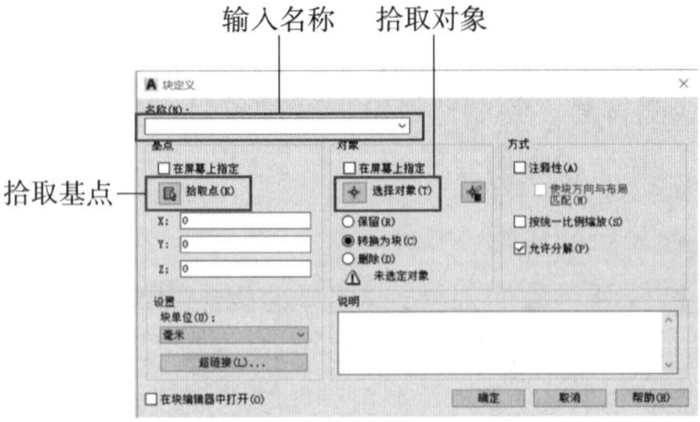

图 4－52　“块定义”对话框

“块定义”对话框各个选项的含义如下：

① 名称：指定块的名称。名称最多可以包含 255 个字符，包括字母、数字、空格等。

② 基点：指定块的插入基点。默认值是(0，0，0)。

a. 在屏幕上指定：关闭该对话框时，将提示用户指定基点。单击“拾取点”按钮后，暂时关闭该对话框以使用户能在当前图形中拾取插入基点。

b. X、Y 和 Z：指定 X、Y 和 Z 坐标值。

③“对象”选项组：用来指定新块中要包含的对象，以及创建块之后如何处理这些对象，是保留还是删除选定的对象，或者将它们转换成块的实例。

a. 在屏幕上指定：关闭对话框时，将提示用户指定对象。

b. 选择对象：暂时关闭“块定义”对话框，允许用户选择块对象，完成选择对象后，按 Enter

键重新显示该对话框。其中“保留”指创建块以后，将选定对象保留在图形中；“转换为块”指创建块以后，将选定对象转换成图形中的块实例；“删除”指创建块以后，从图形中删除选定的对象。

④ 其他设置。

a. 注释性：用于指定在图纸空间中，块参照的方向与布局方向是否匹配。

b. 按统一比例缩放：指定块是否按统一比例缩放。

c. 允许分解：指定块是否可以被分解。

d. 块单位：指定块的插入单位。

e. 超链接：打开“插入超链接”对话框，可以使用该对话框将某个超链接与块定义相关联。

(3) 图块的保存。用“BLOCK”命令定义的图块保存在其所属块的图形中，该图块只能在该图中插入，而不能插入其他图中。如本任务中的接触器、继电器等在电气原理图中经常用到，这时可以用“图块保存”命令把图块以图形文件(后缀为.dwg)的形式写入磁盘，可以通过以下方式调用。

① 命令行：输入“WBLOCK”(快捷命令：W)。

② 功能区：“插入”选项卡→“块定义”面板→“写块”按钮。

执行命令后，弹出“写块”对话框，如图 4-53 所示。

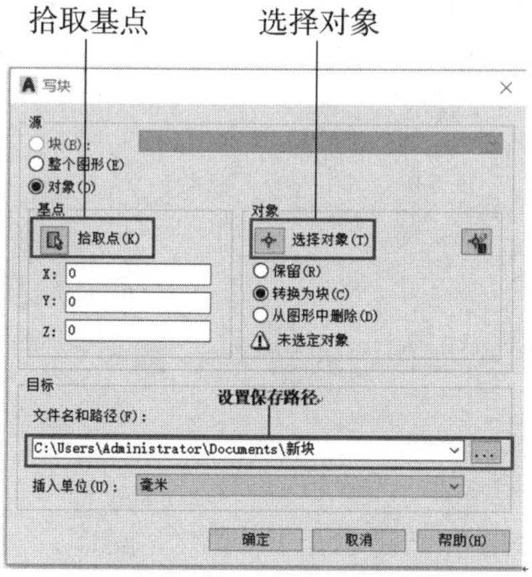

图 4-53　“写块”对话框

(4) “写块”。“写块”对话框各个选项的含义如下。

① “源”选项组：确定要保存为图形文件的图块或图形对象。

a. “块”单选按钮：单击右侧的下拉列表，在展开的列表中选择一个图块，将其保存为图形文件。

b. “整个图形”单选按钮：把当前的整个图形保存为图形文件。

c. “对象”单选按钮：把不属于图块的图形对象保存为图形文件。对象的选择通过“对象”选项组完成。

② “基点”选项组：用于选择图形。

③ “目标”选项组：用于指定图形文件的名称、保存路径和插入单位。

(5) 以接触器线圈为例。对于“三相异步电动机带限位的正、反向控制原理图.dwg”文件中的元器件，依照创建图块的方法分别进行设置。以接触器线圈为例，定义图块，并进行保存。

① 绘制接触器线圈符号。

② 单击“绘图”工具条中的按钮，弹出“块定义”对话框。设定名称为“接触器线圈”，之后单击“拾取点”按钮，选择接触器线圈基点，将基点选择为线圈上一点。单击“选择对象”按钮，选中交流接触器线圈，返回“块定义”对话框，单击“确定”按钮退出，完成接触器线圈图块的创建，如图 4－54 所示。

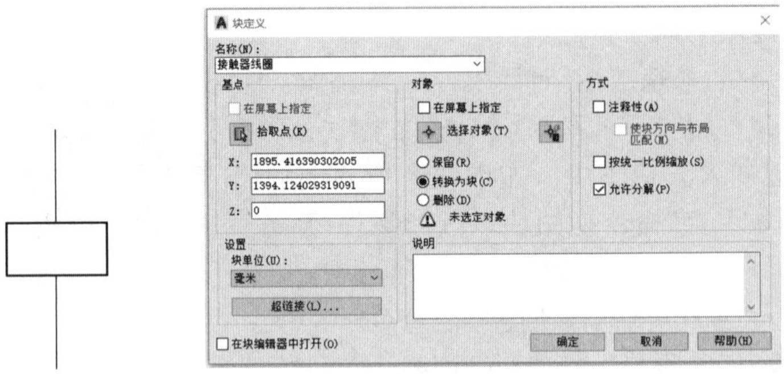

图 4－54　创建接触器线圈图块

在命令行中输入“WBLOCK”，弹出“写块”对话框。在“源”选项组选中“块”单选按钮，在后面的下拉列表中选择“接触器线圈”，将基点选择为线圈上一点，设置存储路径，单击“确定”按钮退出。

4. 电气原理图的绘制

1）绘制线路层

（1）单击“默认”选项卡“图层”面板中的  ，在弹出的下拉列表中选择“线路层”为当前层。

（2）打开正交模式，绘制一条纵向直线段。

（3）执行“偏移”命令，然后在系统提示下执行如下操作。

命令：o

OFFSET

当前设置：删除源＝否图层＝源 OFFSETGAPTYPE＝0

指定偏移距离，或[通过(T)/删除(E)/图层(L)]　〈5.0000〉：7　　　//偏移距离为 7 mm

选择要偏移的对象，或[退出(E)/放弃(U)]〈退出〉：　//纵向直线段作为偏移的对象

指定要偏移的那一侧上的点，或[退出(E)/多个(M)/放弃(U)]〈退出〉：　//单击直线段右侧

选择要偏移的对象，或[退出(E)/放弃(U)]〈退出〉：//上一步偏移出的直线段作为偏移对象

指定要偏移的那一侧上的点，或[退出(E)/多个(M)/放弃(U)]〈退出〉：　//单击所选直线段右侧

选择要偏移的对象，或[退出(E)/放弃(U)]〈退出〉：＊取消＊

设置后的结果如图 4－55 所示。

(4) 绘制一条水平直线段。参照上述方法进行偏移，设置结果如图 4－56 所示。

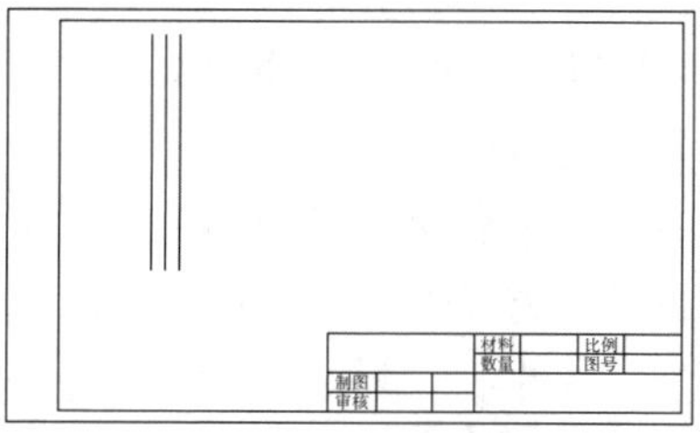

图 4－55 偏移纵向直线段

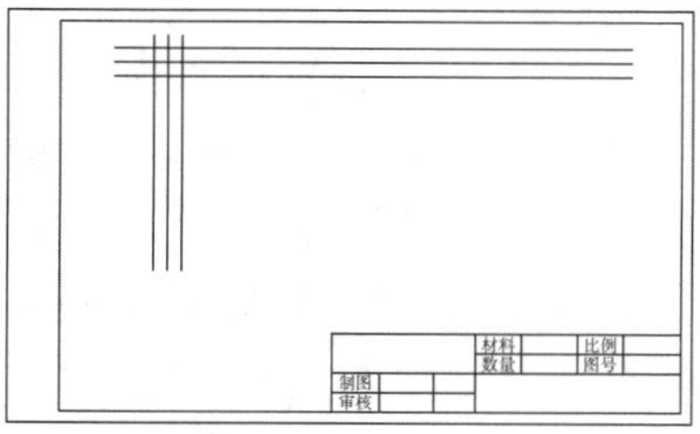

图 4－56 偏移水平直线段

(5) 按标注尺寸进行偏移，设置结果如图 4－57 所示。

(6) 利用“修剪”功能，按照图 4－58 中主电路线路位置对图 4－57 进行编辑。

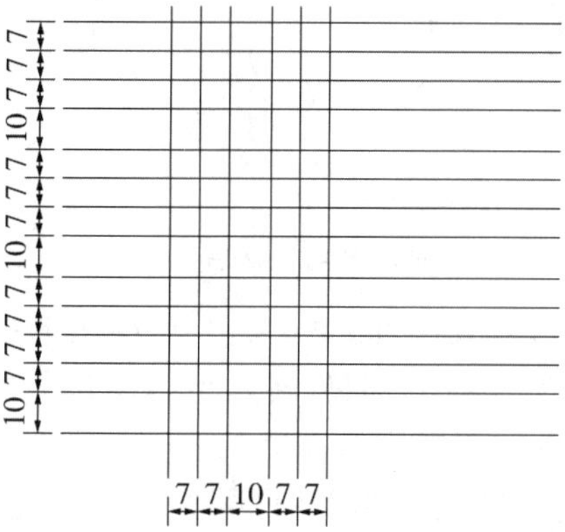

图 4－57 重复偏移

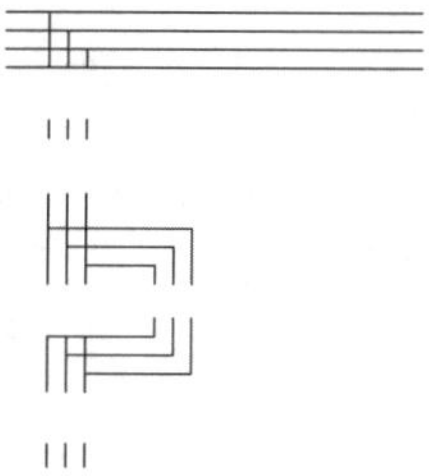

图 4－58 主电路结构图

2) 插入电气符号图块

(1) 插入图块。插入图块命令可以通过以下方式调用。

① 菜单栏：执行“插入”→“块选项板”命令。

② 命令行：输入“INSERT”(快捷命令：I)。

③ 工具条：“插入”工具条→“插入块”按钮或“绘图”工具条→“插入块”按钮。

④ 功能区：“默认”选项卡→“块”面板→“插入”下拉菜单，或者“插入”选项卡→“块”面板→“插入”下拉菜单。

执行命令后，弹出“块”选项板，如图 4－59 所示，可以指定要插入的图块及插入位置。

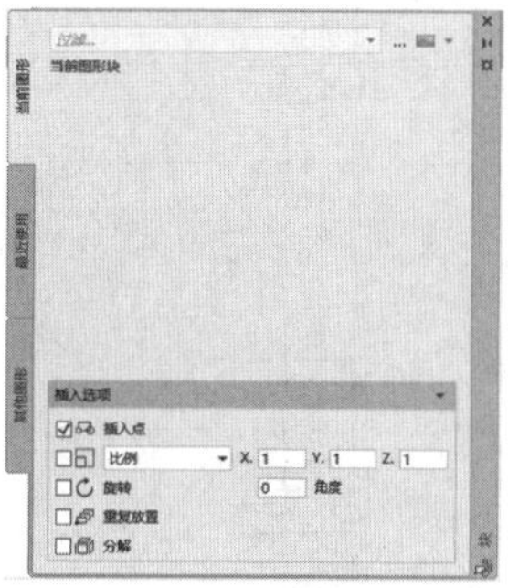

图 4－59 “块”选项板

(2)“块”。“块”选项板各选项的含义如下。

①“当前图形”选项卡：显示当前图形中可用块定义的预览或列表。

②“最近使用”选项卡：显示当前和上一个任务中最近插入或创建的块定义的预览或列表，这些块来自各种图形。

③“其他图形”选项卡：显示单个指定图形中块定义的预览或列表，将图形文件作为块插

入当前图形中。单击选项板顶部右侧的按钮，以浏览其他图形文件。

④“插入选项”下拉列表。

a.“插入点”复选框：指定插入点，插入图块时该点与图块的基点重合。可以在屏幕上指定插入点，或者取消选中该复选框，在右侧文本框中输入坐标值。

b.“比例”复选框：指定插入块时的缩放比例，可以以任意比例放大或缩小。单击“比例”下拉列表，选择“统一比例”，可以按照同等比例缩放图块。单击“比例”下拉列表，选择“比例”，可以就X轴方向和Y轴方向的比例系数取不同的值。另外，比例系数还可以是一个负数，当为负数时，表示插入图块的镜像，其效果如图4-60所示。图4-60(a)所示为X比例=1、Y比例=1的图形符号，图4-60(b)所示为X比例=-1、Y比例=1的图形符号，图4-60(c)所示为X比例=1、Y比例=-1的图形符号，图4-60(d)所示为X比例=-1、Y比例=-1的图形符号。

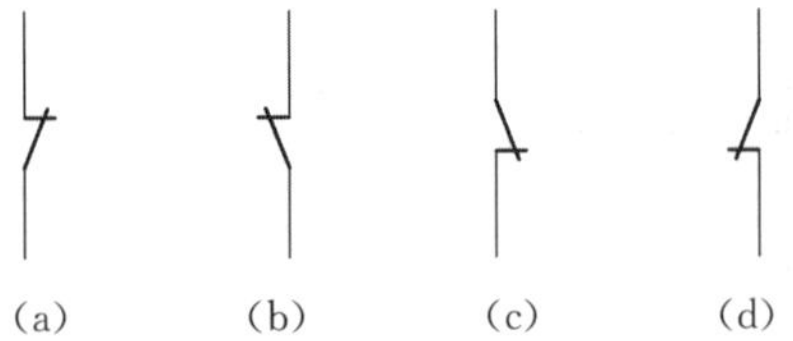

图4-60 不同比例系数插入图块的效果

c.“旋转”复选框：指定插入图块时的旋转角度。图块被插入当前图形中时，可以绕其基点旋转一定的角度，角度可以是正数(表示沿逆时针方向旋转)，也可以是负数(表示沿顺时针方向旋转)。如果选中“旋转”复选框，那么系统切换到绘图区，在绘图区拾取一点，AutoCAD自动测量插入点与该点连线和X轴正方向之间的夹角，并将其作为块的旋转角。也可以在“角度”文本框中直接输入插入图块时的旋转角度。

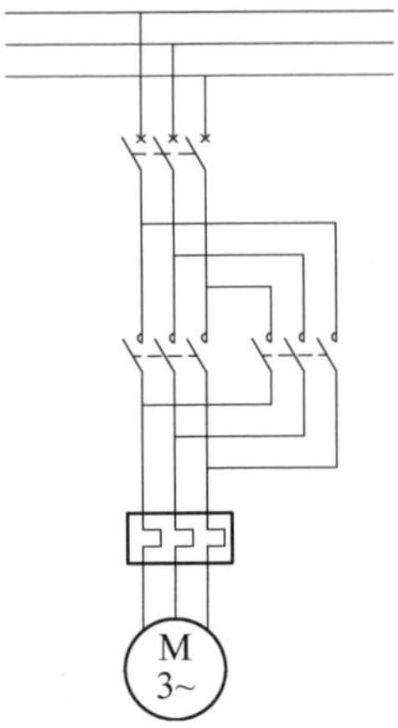

图4-61 插入电气符号

d.“重复放置”复选框：控制是否自动重复块插入操作。如果选中该复选框，那么系统将自动提示其他插入点，按Esc键取消命令。如果取消选中该复选框，将再一次插入指定块。

e.“分解”复选框：若选中此复选框，则在插入块的同时将其分解，插入图形中的图块不再是一个整体，可对每个对象单独进行编辑操作。

(3) 插入图块举例。在“三相异步电动机带限位的正、反向控制原理图.dwg”文件中创建电气符号图块，依照以上介绍的插入图块方法进行设置操作。

①单击“默认”选项卡“图层”面板中的，在弹出的下拉列表中选择“电气符号层”为当前层。

②执行“插入图块”命令，将完成的各主要电气符号图块插入主电路结构图中，完成基本草图的绘制，如图4-61所示。

可利用“缩放”功能对电气符号尺寸进行调整，以适应在电路结构图中的位置。

③绘制连接断路器、接触器主触点的直线，单击选中两条直线，单击“默认”选项卡“特性”面板中的“线型控制”命令，在下拉列表中选择“ACAD_ISO02W100”

线型，将其属性更改为“虚线”。

3）添加文字注释

（1）单击“默认”选项卡“图层”面板，在弹出的下拉列表中选择“注释层”为当前层。

（2）根据图 4－61 所示内容，在主电路中的各元器件上添加文字注释，主电路绘制完成。

任务 4.5　三相绕线式异步电动机 Y－△起动控制电路原理图的绘制

任务描述

在实际生产控制过程中，往往需要降压起动。三相绕线式异步电动机 Y－△起动控制电路原理图的绘制主要是想让大家了解三相绕线式异步电动机 Y－△起动控制电路的原理，熟悉电路中低压电器的符号和作用，掌握 AutoCAD 基本绘图编辑命令的操作方法，掌握电气原理图的绘图步骤。

本任务要求能够完成图块的创建、保存、插入，并且能够综合利用 AutoCAD 软件完成三相绕线式异步电动机 Y－△起动控制电路原理图的绘制。

任务目标

（1）通过学习，能够正确认识电路原理图。

（2）能熟练地配置绘图环境，包括文件的创建、图层的创建、边框及标题栏的绘制、图形界限的设置等。

（3）掌握 AutoCAD 2020 常用绘图工具的使用。

（4）掌握 AutoCAD 2020 常用编辑工具的使用。

任务实施

（1）将表 4－10 中的全部电气符号图形转换为图块。

表 4－10　三相绕线式异步电动机 Y－△起动控制电路原理图中出现的电气符号

名称	电气符号	名称	电气符号
火线		热继电器动断触点	
零线		三相绕线式异步电动机	
接地线		常开按钮	
断路器		常闭按钮	

续　表

名称	电气符号	名称	电气符号
接触器线圈	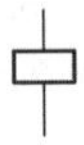	通电延时型时间继电器线圈	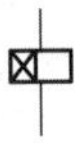
接触器主触点		延时断开触点	
接触器常开触点		延时闭合触点	
接触器常闭触点		热继电器线圈	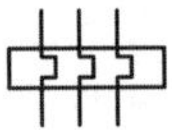

（2）按照任务介绍方法完成主电路的绘制。

（3）自行绘制辅助电路，完成“三相绕线式异步电动机 Y－△起动控制原理图”的绘制。

任务评价

（1）每位学生将自己的分数填写在表 4－11 中。

（2）每位学生根据自己的表现写出自我评价。

（3）每位学生将自己在竞赛中出现的不会或答错的题目列在表 4－11 中，并写出答案。

表 4－11　任务评价表五

正确答案数	得分	备注
学生自我评价：		
竞赛中不会或答错的题目及其解答：		

知识链接

1. 认识电路原理图

电动机的起动方式分为直接起动和降压起动两种。

1）直接起动

直接起动是将电动机定子绕组直接接入电源，在电动机的额定电压下起动，又称全压起动。直接起动具有起动转矩大、起动时间短、线路简单、维修量小的特点，通常应用于中、小容量电动机。但对于电源变压器容量不够大，而电动机容量较大的情况，直接起动将导致电源变压器输出电压下降，不仅会减小电动机本身的起动转矩，而且会影响同一供电线路中其他电气设备的正常工作。因此，较大容量的电动机起动时，需要采用降压起动的方法。

2）降压起动

降压起动是指利用起动设备将电压适当降低后，加到电动机的定子绕组上进行起动，待电动机起动运转后再使其恢复到额定电压正常运转。降压起动一般有串电阻起动、串自耦变压器起动、Y－△起动、延边三角形起动等方式。

三相绕线式异步电动机 Y－△降压起动控制电路原理图如图 4－62 所示。

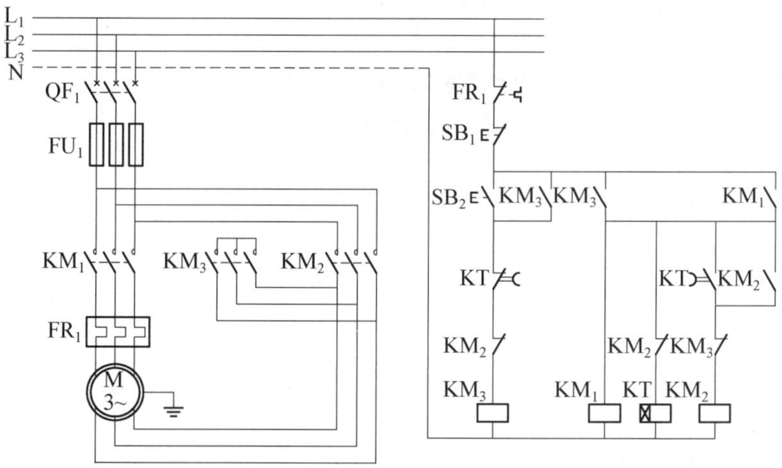

图 4－62　三相绕线式异步电动机 Y－△降压起动控制电路原理图

（1）星形起动。闭合空气开关 QF_1，按下起动按钮 SB_2，接触器 KM_3 线圈得电吸合，控制电路中与起动按钮 SB_2 并联的接触器 KM_3 常开辅助触点闭合，形成自锁电路；与接触器 KM_1 线圈串联的常开辅助触点闭合，使接触器 KM_1 线圈、时间继电器 KT 线圈得电吸合（接触器 KM_1 常开触点闭合）；主电路中接触器 KM_1、KM_3 主触点闭合，将电动机的三相绕组接成星形，进入星形起动状态。同时在控制电路中与接触器 KM_2 线圈串联的接触器 KM_3 的常闭辅助触点断开，防止接触器 KM_2 线圈同时得电。

（2）三角形运行。待电动机转速达到一定值时，时间继电器 KT 延时时间到。其延时触点（常闭）断开，接触器 KM_3 线圈失电。接触器 KM_3 主触点、辅助触点恢复常态。接触器 KM_1 线圈通过其常开辅助触点仍然得电吸合着。时间继电器 KT 延时触点（常开）闭合，接触器 KM_2 线圈得电，与延时触点（常开）并联的接触器 KM_2 常开辅助触点闭合，形成自锁电路；与时间继电器 KT 线圈串联的接触器 KM_2 常闭辅助触点断开，使时间继电器 KT 线圈失电；与接触器 KM_3 线圈串联的接触器 KM_2 常闭辅助触点断开，防止接触器 KM_3 线圈同时得电。主电路中接触器 KM_1、KM_2 主触点闭合，将电动机的三相绕组接成三角形，进入三角形运行状态。

2. 配置绘图环境

绘制电路前，需要进行基本的绘图环境设置，包括文件的创建、保存、图形界限设置及完成图层管理等。

1）新建文件

创建一个新文件，将其命名为“三相绕线式异步电动机 Y－△起动控制原理图. dwg”。

2）绘制图框

在新文件中，利用“矩形”命令绘制 A2 图幅（420 mm×594 mm）的图框。

3）设置图形界限

在新文件中，利用“LIMITS”命令设置图形界限，其中左下角点坐标为（0，0），右上角点坐标为（594，420）。

4）复制标题栏

将任务三中创建的标题栏复制于本绘图图框中。

5）创建图层

方法详见任务三中相关内容，创建线路层、电气符号层、注释层等，完成图 4-63 所示三相绕线式异步电动机 Y-△起动控制原理图绘图环境的设置。

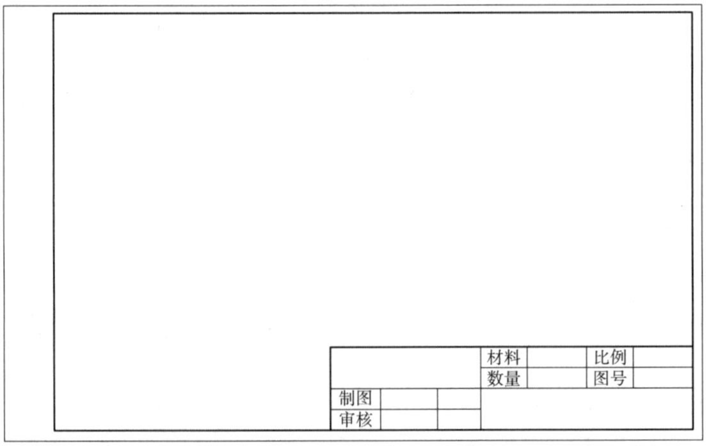

图 4-63　三相绕线式异步电动机 Y-△起动控制原理图绘图环境

3. 绘制电气符号

1）基本电气符号

三相绕线式异步电动机 Y-△起动控制电路原理图中出现的电气符号如表 4-10 所列。

2）绘制基本电气符号

（1）绘制接触器主触点符号。绘制接触器主触点符号，需要用到“直线”“圆”“移动”“修剪”等命令。

① 单击状态栏的，开启正交模式。

② 单击状态栏的，开启动态输入模式。

③ 单击状态栏的，打开对象捕捉模式，选择捕捉端点类型。

④ 执行“直线”命令，绘制 3 条纵向直线段，每段长 10 mm。

⑤ 执行“旋转”命令，然后在系统提示下执行如下操作。

命令：ROTATE

UCS 当前的正角方向：ANGDIR＝逆时针 ANGBASE＝0

选择对象：找到 1 个　　　　　　　　　　//选择中间直线段

选择对象：

指定基点：　　　　　　　　　　　　　　　//选择直线段下端点

指定旋转角度，或[复制(C)/参照(R)]〈0〉：30　　　　　　//输入旋转角度

设置后的结果如图 4-48 所示。

⑥ 执行“圆”命令，指定 3 条纵向直线段第一段的下端点为圆心，绘制半径为 1.5 mm 的圆。

⑦ 执行“移动”命令，以半径为 1.5 mm 圆的圆心为基点，垂直向上移动 1.5 mm。

⑧ 执行“修剪”命令，将圆的右侧部分修剪掉，完成图形绘制。

(2) 绘制延时断开触点符号。绘制延时断开触点符号，需要用到“直线”“圆弧”“移动”“偏移”“修剪”“删除”等命令。

① 单击状态栏的，开启正交模式。

② 单击状态栏的，开启动态输入模式。

③ 单击状态栏的，打开对象捕捉模式，选择捕捉中点类型。

④ 执行“直线”命令，指定任意点为起始点，连续绘制 3 条纵向直线段，每段长 10 mm。

⑤ 执行“直线”命令，以中间纵向直线段下端点为起始点绘制一条长 13 mm、倾斜角度为 60°的直线段。

⑥ 执行“直线”命令，以第一条纵向直线段下端点为起始点绘制一条长 8 mm 的水平直线段。

⑦ 执行“删除”命令，删除第二条纵向直线段。

⑧ 执行“直线”命令，指定任意点为起始点，绘制一条横向长 7 mm 的直线段。

⑨ 执行“偏移”命令，在横向长 7 mm 直线段的下方连续偏移出 2 条偏移间距为 1 mm 的直线段。

⑩ 执行“圆弧”命令，然后在系统提示下执行如下操作。

命令：a ARC

指定圆弧的起点或[圆心(C)]：//指定任意一点为圆弧的起点

指定圆弧的第二个点或[圆心(C)/端点(E)]：e　　　　　　//设置还原端点

指定圆弧的端点：〈正交 开〉7　　　　　//指定距起点纵向向下 7 mm 处为圆弧的端点

指定圆弧的中心点(按住 Ctrl 键以切换方向)或[角度(A)/方向(D)/半径(R)]：a　//设置圆弧角度

指定夹角(按住 Ctrl 键以切换方向)：140　　　　　　　//指定圆弧的角度为 140°

命令：＊取消＊

⑪ 执行“移动”命令，将圆弧作为移动对象，以圆弧中点为基点，以横向长 7 mm 的 3 条直线段中的第二条线段的端点作为第二个点。

⑫ 执行“删除”命令，删除横向长 7 mm 的 3 条直线段中的第二条线段。

⑬ 执行“延伸”命令，将剩余两条 7 mm 的直线段延伸到圆弧。

⑭ 执行“移动”命令，将圆弧和所剩两条直线段作为移动对象，移动到图 4-64 所示位置。

图 4-64　延时断开触点符号

⑮ 执行“修剪”命令，修剪多余的线段，完成延时断开触点符号的绘制。

3) 操作图块

利用创建图块的方法将“三相绕线式异步电动机 Y-△起动控制电路原理图.

dwg”文件中的元器件定义成图块，并进行保存。

4. 电气原理图的绘制

1）绘制参照线

（1）单击“默认”选项卡“图层”面板中的，在弹出的下拉列表中选择“线路层”为当前层。

（2）打开正交模式，执行“直线”命令，绘制一条纵向长 200 mm 的直线段。

（3）执行“偏移”命令，以纵向直线段为对象进行偏移，在直线段下侧连续偏移出 6 条偏移距离是 30 mm 的直线段，如图 4－65 所示。

（4）执行“直线”命令，连接 7 条纵向直线段的下端点。

（5）执行“偏移”命令，偏移距离如图 4－66 所示。

星-三角起动辅助电路图的绘制

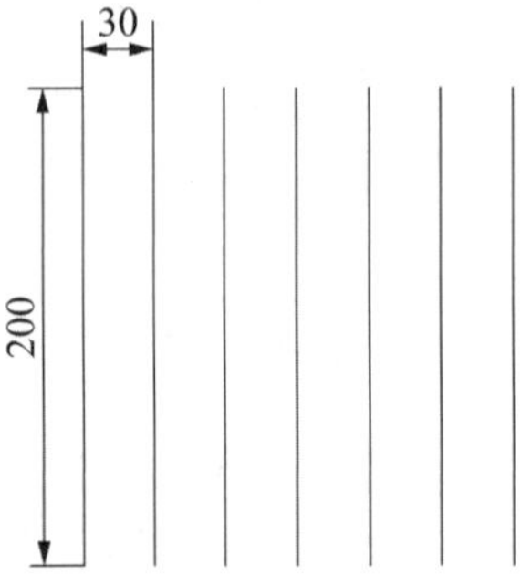

图 4－65 偏移纵向直线段

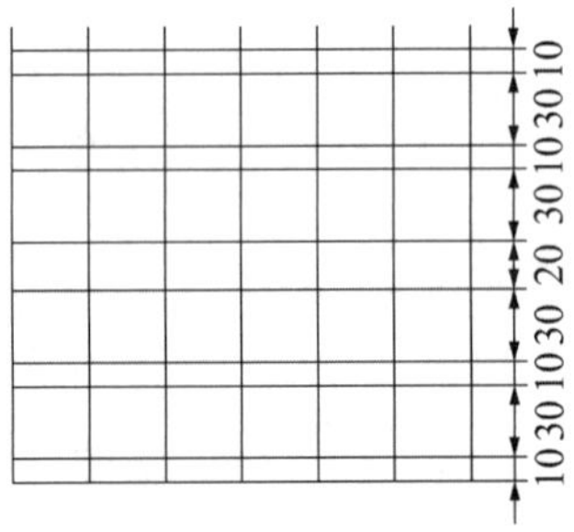

图 4－66 重复偏移

2）插入电气符号图块

（1）单击“默认”选项卡“图层”面板中的，在弹出的下拉列表中选择“电气符号层”为当前层。

（2）执行“插入图块”命令，将完成的各主要电气图块插入主电路参照线中，设置结果如图 4－67 所示。

3）连接导线

（1）单击“默认”选项卡“图层”面板中的，在弹出的下拉列表中再次切换“线路层”为当前层。

（2）单击状态栏的，开启正交模式。

（3）单击状态栏的，打开对象捕捉模式，选择捕捉端点、垂足、圆心类型。

（4）执行“删除”命令，删除图 4－67 中的参照线，完成后的效果如图 4－68 所示。

（5）执行“直线”命令，绘制元件间的连接线，完成效果如图 4－69 所示。

4）添加文字注释

（1）单击“默认”选项卡“图层”面板，在弹出的下拉列表中选择“注释层”为当前层。

（2）根据图 4－69 所示内容，对主电路添加文字注释，主电路绘制完成。

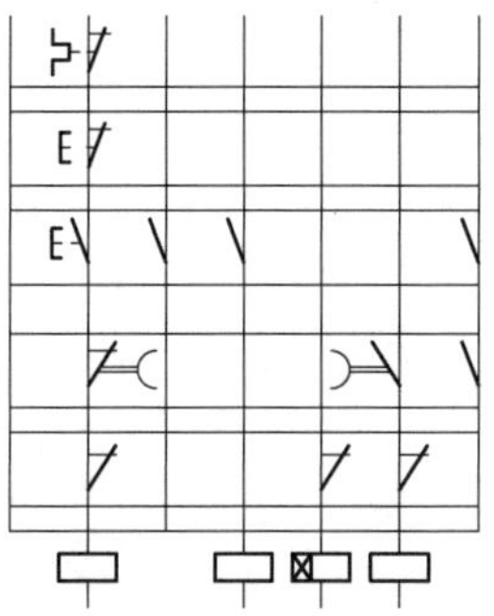

图4-67　插入电气符号

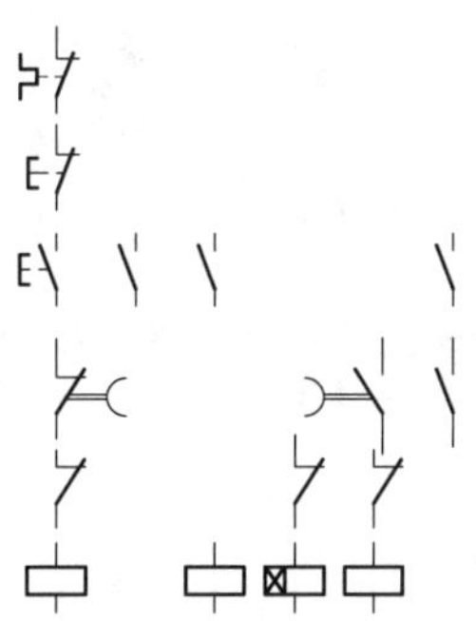

图4-68　元件分布图

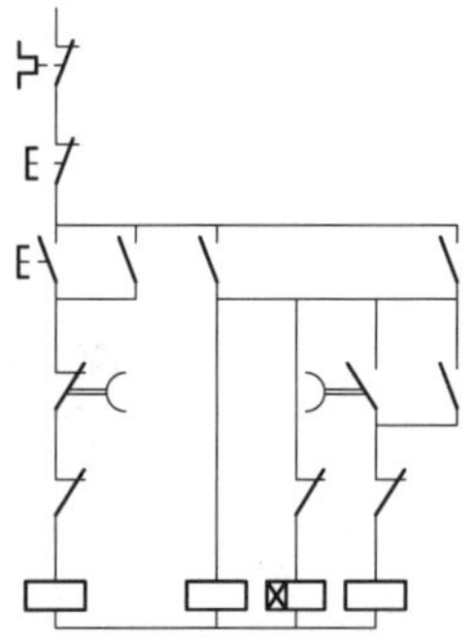

图4-69　绘制连接线

四 课程思政小故事

用工匠精神书写“中国高度”

世界第一高楼上海环球金融中心、广州第一高楼广州西塔、曾经的深圳第一高楼京基100和现在的深圳第一高楼平安金融中心，这些标志性建筑的背后，都指向一个共同的名字——陆建新，这位不断谱写中国城市新高度的人。

1982年，18岁的陆建新进入中建工作，成为一名测量技术员，一干就是14年。陆建新白天在施工现场奔波，晚上或研读技术书籍，或与工友们伏案探讨，日复一日年复一年地积累使他的工作技能有了很大的提升。公司每引进一台新设备，他都要深入工地，潜心研究其原理和使用方法。

工地上的绝大多数设备他都能熟练使用。这段经历，为他此后一步步成长为项目总工程师、项目经理、大区总工程师，乃至成为中国钢结构行业专家，提供了非常宝贵的知识积累和经验储备。

陆建新一直保持着学习的好习惯，工作再忙也要抽时间读书。不仅如此，他还加强AutoCAD等专业制图软件的学习，以应对信息时代的发展。使用AutoCAD的熟练程度让很多年轻人都追不上。

陆建新还具备勇于创新、勇于挑战的优秀作风。他负责建设的粤港澳大湾区新地标深圳国际会展中心，工程长度1.8 km，总用钢量达27万吨，相当于6座鸟巢的面积，完成这个项目需要建筑知识的结晶和精细到毫米的施工技术共同成就。为了实现既要“颜值”高，又要抗台风、防漏水的目标，陆建新带领团队成员前后改了10遍施工设计稿，他经常说，技术是给现场生产输送炮火的第一线，要保证方案的先进性和交底的及时性。

深圳国际会展中心项目在陆建新的带领下，不但完成了国家“十三五”课题示范工程验收，还发表核心期刊论文14篇，获得19项专利。

如今的陆建新，拒绝了更好的生活条件和职位，依然扑在一线，继续钻研他所热爱的事业，在祖国的大地上书写新的高度是他充满自豪感的追求。

项目5

电气控制柜的生产实例

项目要点

（1）了解常用低压电器的结构、分类及工作原理。
（2）掌握常用低压电器的选用、安装与使用方法。
（3）掌握常用低压电器的测试方法。
（4）熟悉常用低压电器的常见故障及检修方法。

项目目标

（1）具备常用低压电器的类型识别和结构特点分析能力。
（2）具备常用低压电器的选用、安装与使用能力。
（3）具备拆装和测试常用低压电器的能力。
（4）具备常用低压电器的故障排除能力。

任务5.1 生产实例1——风机配电箱(直接起动控制)

任务描述

生产一批15 kW(380 V)的风机配电箱——直接起动控制(挂墙明装)。

任务目标

（1）通过学习，掌握风机配电箱(直接起动控制)的设计和生产方法。
（2）能独立完成风机配电箱(直接起动控制)的设计和装配。
（3）能根据用户需求正确选择元件。
（4）通过操作，熟练掌握一次、二次及面板接线工艺。

任务实施

1. 用户需求分析

用户需求分析如表 5－1 所示。

表 5－1　合同交底记录表

合同交底部门:经营部　　合同交底人:×××　　所属公司:×××　　日期:

客户名称:×××有限公司		项目名称:×××车间改造工程			
产品名称	风机配电箱	规格及型号	具体见明细	数量	5
生产令号	23－106	竣工日期	2023.3.25	颜色/型式	银灰/挂墙明装

(1) 项目内容。

序号	物料名称	投标规格型号	数量	单位
1	风机配电箱(XRM)	XRM	5	台

要求:
① 控制方式:直接起动;
② 有备用电源,能实现外部控制;
③ 设置面板有起停按钮指示、常用电源和备用电源指示。
元器件要求:
① 塑壳断路器(BM30 系列);
② 微型断路器(BB2A 系列);
③ 接触器(BC2 系列)、热继电器(BR2 系列);
④ 双电源(BQ3 系列)。
(2) 预付 20%,货到 30%,试运行整改 30%,整改完成 15%,质保 5%(质保期 1 年)。
(3) 质保期:1 年。
(4) 工期:合同签订后 30 天,预计最晚 3 月 30 日交货。
备注:合同在拟写过程中,甲方要求设备基础图纸在 2 月 25 日中午前出具,之后出具一次图纸、二次图纸、深化图纸发给设计院核对,核对确认后再生产采购。先不进行元件采购及壳体生产,等商务通知后再采购及生产,现在先要出具图纸

任务划分:设备由生产中心完成,工程部分由工程公司完成

业务经理:×××

经营部:　　生产部:　　供用电/工程公司:　　售后服务部:　　财务部:

2. 根据用户需求进行电气设计

XRM 风机配电箱元件选择与初步设计

1) 一次系统电气设计

采用双电源——常用电源和备用电源。

绘制一次系统原理图(见图 5－1)。

2) 二次系统电气设计

(1) 控制方式:直接起动。

(2) 二次系统加起动和停止信号灯。

绘制二次系统原理图(见图 5－2)。

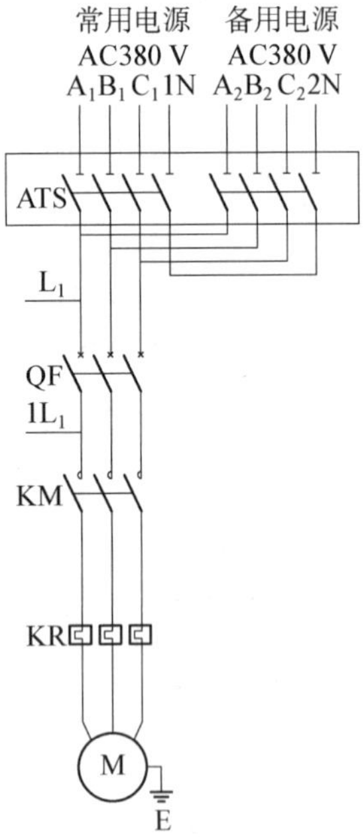

图 5-1　一次系统原理图

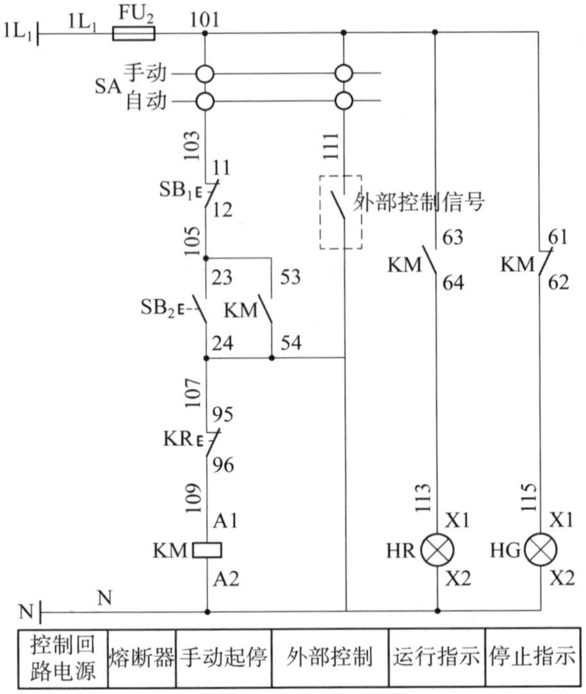

图 5-2　二次系统原理图

3）元件选择

一次系统原理图和二次系统原理图审核合格后根据合同交底记录进行元件选择(见表 5-2)。

表 5-2　风机配电箱(XRM)所需元件表

元件名称	型号	尺寸	品牌	单价	数量
双电源					
塑壳断路器					
熔断器					
交流接触器					
热继电器					
起动按钮					
停止按钮					
外部控制按钮					
指示灯					
元件总成本					

3. 电气设计方案确定后进行结构设计

(1) 根据元件尺寸确定柜体尺寸(见表 5-3)。

表5-3　风机配电箱尺寸表

长/mm	宽/mm	高/mm

(2) 绘制面板元件布置图(见图5-3)和柜内元件布置图(见图5-4)。

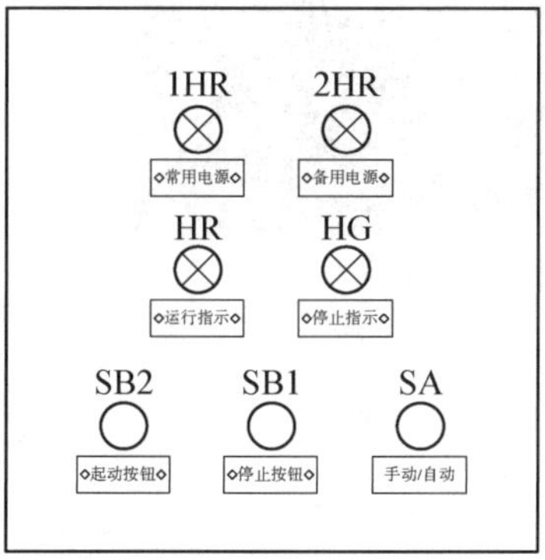

图5-3　面板元件布置图

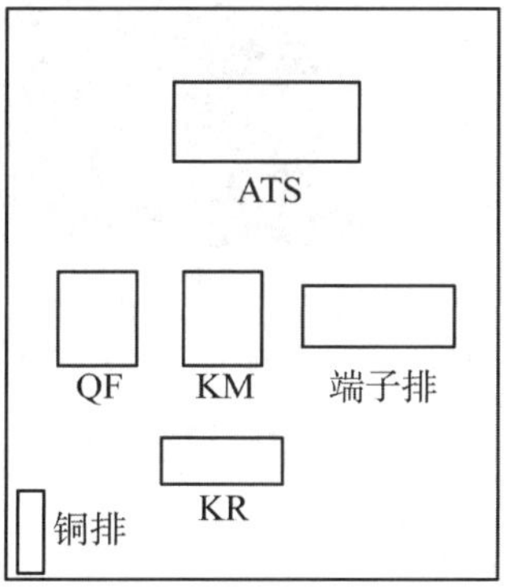

图5-4　柜内元件布置图

(3) 钻孔,元件安装。

一次接线工艺

4. 配电箱装配

1) 一次系统配线工艺要求

一次系统配线工艺要求如图5-5所示。

(1) 使用剥线机或剥线钳剥脱线头绝缘层,采用剥线钳剥线头时,不允许反复多次划圈式剥脱皮层,避免损伤线芯。

(2) 外六角压接方式可以使压接力均匀地分布在接线端子的周围。

(3) 线型弧度保持一致,压接紧固。

2) 二次系统配线工艺要求

二次系统配线工艺要求如图5-6所示。

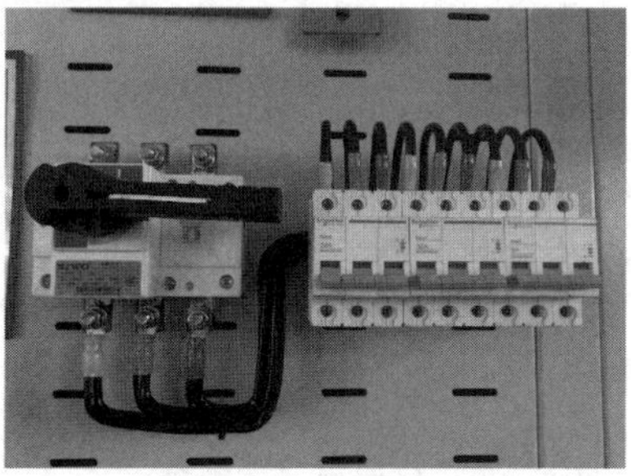

图5-5　一次系统配线工艺

图5-6　二次系统配线工艺

(1) 控制线采用针式冷压端子压接,屏蔽层用∅4的热缩管包裹,不允许露出线头,并压接冷压头再接入端子。每个端子最多允许压2根线。

(2) 线型弧度一致,线号方向正确。

3) 端子排配线工艺

端子排配线工艺如图 5-7 所示。

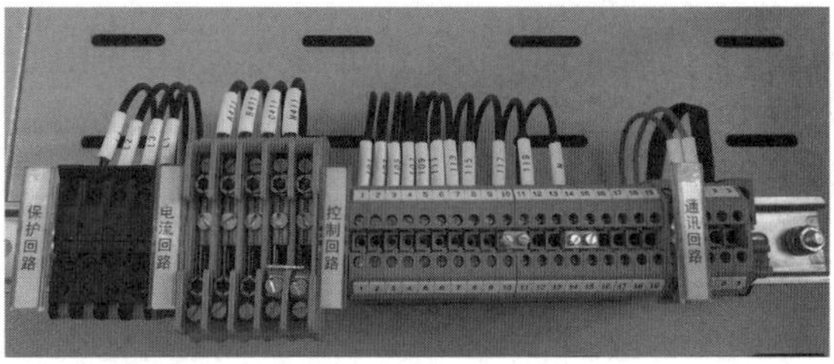

图 5-7　端子排配线工艺

(1) 不同端子之间要有堵头和回路名称。

(2) 连接片要求紧固。

(3) 端子两端安装标记条。

(4) 二次线型一致,压接冷压头,线号方向一致。

(5) 屏蔽层用∅4 的热缩管包裹,不允许漏出线头,并压接冷压头再接入端子。

4) 面板配线工艺

面板配线工艺如图 5-8 所示。

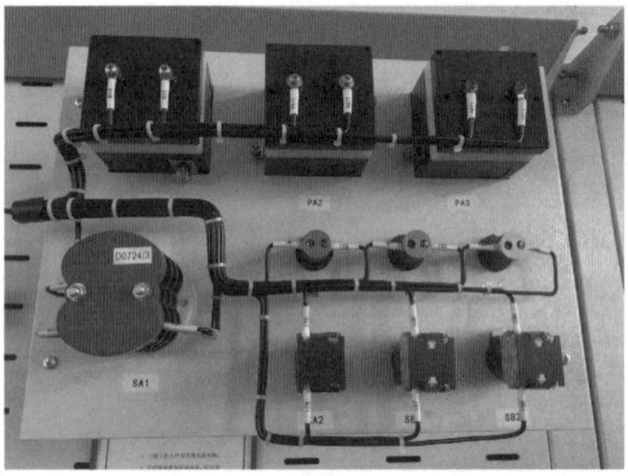

图 5-8　面板配线工艺

XRM 风机配电箱检测与通电试运行

(1) 面板上的元件要有黄色标识贴。

(2) 灯钮接线要求折直角弯,用 U 型冷压头压接。

(3) 线号方向一致,横向读数从左往右,竖向读数从下往上。

5. 配电箱完成后质量检验

对配电柜的元器件安装布局的合理性、主辅电路接线的正确性和可靠性、导线截面积选择的合理性等是否符合设计要求,电气间隙和爬电距离是否符合要求,外观质量、安全性能、机械性能等方面进行检测。

6. 调试与测试

对各个电器元件进行功能测试，确保其正常工作。测试工作包括对配电箱电压、电流、温度等参数进行监测和测量，以验证其性能是否符合设计要求。

任务评价

序号	考核内容与要求			考核情况记录	得分
1	螺丝压线工艺（30 分）	要求	接线端头牢固		
		扣分	有一处端子不牢固扣 5 分，扣完为止		
2	一次系统配线工艺（10 分）	要求	接头裸露不超过 5 mm		
			弧度一致		
			工艺美观		
		扣分	有一处不合格扣 3 分，扣完为止		
3	二次系统配线工艺（20 分）	要求	端子接头无导线裸露		
			每个端子压线不超过 2 根		
			线型弧度一致		
			工艺美观		
		扣分	有一处不合格扣 3 分，扣完为止		
4	端子排配线工艺（20 分）	要求	端子接头无导线裸露		
			每个端子压线不超过 2 根		
			线型弧度一致		
			工艺美观		
		扣分	有一处不合格扣 3 分，扣完为止		
5	门板配线工艺（10 分）	要求	元件要有黄色标识贴		
			灯钮接线要求折直角弯		
			线型弧度一致		
			工艺美观		
		扣分	有一处不合格扣 2 分，扣完为止		
6	文明生产（10 分）	要求	操作场地卫生清理		
			工具摆放整齐		
		扣分	有一项不合格扣 2 分，扣完为止		
总分					

知识链接

配电柜(箱)分动力配电柜(箱)和照明配电柜(箱)、计量柜(箱),是配电系统的末级设备。配电柜是电动机控制中心的统称。配电柜使用在负荷比较分散、回路较少的场合;电动机控制中心用于负荷集中、回路较多的场合。它们把上一级配电设备某一电路的电能分配给就近的负荷,这一级设备应对负荷提供保护、监视和控制。

1. 配电柜的分类

配电柜的分类方式主要包括以下几种。

1) 按电压波形分类

配电柜可分为直流配电柜和交流配电柜。

直流配电柜和交流配电柜都是电力系统中的重要组成部分,用于分配电能和保护电器设备。直流配电柜主要用于直流电系统中,而交流配电柜则主要用于交流电系统中。它们的区别如下。

(1) 电流方向不同。直流配电柜中的电流方向是一致的,流经电路的电子都是同一方向的;而交流配电柜中的电流方向是交替的,电子的流动方向会随着电波的周期性变化而改变。

(2) 电压不同。在直流配电系统中,电压一般比较低,通常在 50 V 以下;而在交流配电系统中,电压较高,通常超过 240 V。

(3) 应用场景不同。直流配电柜广泛应用于铁路、轨道交通、船舶、油田等重型工业领域,主要用于供电、充电、控制等方面。例如,在铁路系统中,直流配电柜被用来供电马达、照明和信号设备等;在石油行业中,它则用于供电油田中的钻机,确保其正常工作。

交流配电柜主要应用于建筑、能源、制造业等领域。例如,在建筑领域中,交流配电柜用于为建筑物的照明、空调、电梯等设备提供电能;在制造业中,交流配电柜则可以为机器设备提供电源和控制信号。

2) 按安装位置分类

配电柜可分为户内配电柜和户外配电柜。它们的区别如下。

(1) 使用场景不同。户外配电柜和户内配电柜的使用场景不同。户内配电柜通常用于干燥、温度相对稳定的环境,如家庭、写字楼等场所。而户外配电柜则用于室外环境,包括公路、铁路、电力、水利等行业和领域。由于户外环境的特殊性,户外配电柜要求有一定的防水、防晒、防雷、抗干扰等性能。

(2) 设计上存在不同。户外配电柜的设计更加复杂,包括材料、结构、工艺等方面的要求都比户内配电柜高。由于长期暴露在室外环境中,户外配电柜的材料要求更加坚固、耐用,具有更强的抗氧化、耐腐蚀、抗紫外线等性能。

同时,户外配电柜的结构和工艺也需要考虑更多因素,如防水、防湿、防腐蚀等。因此,在设计上户外配电柜要远远超过户内配电柜。

(3) 性能有所不同。由于环境和设计方面的差异,户外配电柜在性能上也与户内配电柜存在不同。户外配电柜具有比户内配电柜更高的耐久性、抗干扰能力、电气性能和防雷性能等。

此外,在瞬态电压、闪电电流、抗干扰能力等方面,户外配电柜的要求也会比户内配电柜高出很多。同时，在使用寿命和稳定性方面也会有所差异，以保证设备在极端环境下稳定运行。

户外配电柜具有更高的防水、防晒、防雷等性能，设计和制造过程也更为复杂，同时在性能上也要求更高。因此，在选购时，我们应根据实际需求仔细考虑，选择适合的设备。

3）按断路器安装方式分类

配电柜可分为移开式配电柜和固定式配电柜。移开式配电柜即配电柜体可以前后移动，方便操作和维护；固定式配电柜即配电柜体无法任意移动。相比之下，移开式配电柜具有更好的灵活性和便捷性。它们的区别如下。

（1）结构和设计方面的区别。移开式配电柜主要包括柜体、移动滑板、支架等部件。其中，支架是支撑柜体和移动滑板的主要部件，承担着重量和移动的作用。固定式配电柜则由上、下两部分组成，上半部分一般为开关操作层，下半部分则是开关柜主体。

（2）使用场景上的差异。移开式配电柜的灵活性和可操作性更强，适用于一些需要频繁检修、维护、更换元器件等操作的电力设备。而固定式配电柜则更适用于一些固定场合，如变电站和配电室等。

在选购配电柜时，需要根据实际情况，结合设备的功率、电压等参数来选择合适的配电柜类型。同时，在工程实施过程中，需要按照正确的步骤和方法进行安装和调试，以确保设备的安全性和稳定性。

综上所述，移开式配电柜和固定式配电柜在功能、结构、使用场景等方面存在一定的差异。在选择和使用上，需要根据实际情况进行评估和选择，才能达到最佳的使用效果。

4）按配电设备的绝缘特性分类

配电柜可分为家用空气绝缘配电柜、气体绝缘金属封闭（GIS）配电柜和混合技术（MTS）配电柜。

（1）空气绝缘配电柜。空气绝缘配电柜是指采用空气作为绝缘介质的高压电力设备，通常用于输电、配电系统中。相对于油浸、气体绝缘等其他类型的配电柜，空气绝缘配电柜具有结构简单、维护方便等特点。

空气绝缘配电柜采用空气作为绝缘介质，将它作为电路的绝缘体，可以更好地隔离电路的带电体和地线。当配电柜需要接通或断开电路时，电流会通过电桥和接触器实现，以控制电流的通断。

① 应用场景。

a. 输电系统：空气绝缘配电柜通常在输电系统中用于超高压和特高压电缆线路，作为线路的控制和保护设备。

b. 配电系统：空气绝缘配电柜可用于中压配电和低压配电系统，用于控制和保护线路以及输电变电站的开关设备。

② 主要特点和优势。

a. 结构简单：空气绝缘配电柜的结构相对较为简单，易于维护和修理。

b. 安全可靠：采用空气作为绝缘介质，可以有效避免漏电和火灾等事故。

c. 费用较低：相对于其他类型的配电柜，空气绝缘配电柜采用空气作为绝缘介质，造价更低。

d. 环保节能：空气绝缘配电柜不会产生任何有害物质，符合环保要求。

③ 使用注意事项。

a. 在使用空气绝缘配电柜时，需要制订详细的操作规程和维护保养计划，以确保设备正常运转。

b. 对于一些重要的电力系统，建议采用双重电源、多重供电等措施，以避免设备因故障而导致用电中断。

空气绝缘配电柜是一种可靠、简单、环保的电力设备，可以广泛应用于输电、配电等领域。

(2) 气体绝缘金属封闭配电柜。气体绝缘金属封闭配电柜是至少有一部分采用高于大气压的气体作为绝缘介质的金属封闭开关设备和控制设备。GIS 是气体绝缘全封闭组合电器的英文简称。GIS 由断路器、隔离开关、接地开关、互感器、避雷器、母线、连接件和出线终端等组成，这些设备或部件全部封闭在金属接地的外壳中，在其内部充有一定压力的六氟化硫绝缘气体，故也称六氟化硫全封闭组合电器。

高压配电装置的型式有 3 种：第一种是空气绝缘的常规配电装置，简称 AIS。其母线裸露直接与空气接触，断路器可用瓷柱式或罐式。葛洲坝电厂采用的即是这种型式。第二种是混合式配电装置，简称 H-GIS。母线采用开敞式，其他均为六氟化硫气体绝缘配电装置。第三种是六氟化硫气体绝缘全封闭配电装置。其英文全称是 gas-instulated switchgear，简称 GIS。

GIS 是运行可靠性高、维护工作量少、检修周期长的高压电气设备，其故障率只有常规设备的 20%～40%；但 GIS 也有其固有的缺点，六氟化硫气体的泄漏、外部水分的渗入、导电杂质的存在、绝缘子老化等因素影响，都可能导致 GIS 内部闪络故障。GIS 的全密封结构使故障的定位及检修比较困难，检修工作繁杂，事故后平均停电检修时间比常规设备长，其停电范围大，常涉及非故障元件。

(3) 混合技术(MTS)配电柜。混合技术配电柜(MTS)是基于敞开式配电设备组合及气体绝缘金属封闭式配电设备组合的组合式配电设备。MTS 可分两类：一类为敞开式组合电器；另一类为 H-GIS 即复合式 GIS。敞开式组合电器是以敞开式元件组合形成的配电设备，基本型号为 ZCW。复合式 GIS(H-GIS)是三相空气绝缘且不带母线的单相 GIS，基本型号为 ZHW。国内将 H-GIS 亦称为准 GIS，简化为 GIS 等。

5) 按结构形式分类

配电柜可分为金属封闭铠装配电设备、金属封闭间隔配电设备和金属封闭箱式配电设备。低压配电柜分为抽出式配电柜(如 GCS、GCK、MNS 等)和固定式配电设备(如 GGD、XM 配电箱、XL 电源柜等)。

6) 按用途分类

配电柜可分为进线柜、出线柜、计量柜、补偿柜(电容柜)、角柜、母线接触柜、PT 柜、隔离柜等。

7) 按供电系统的要求分类

可分为一级配电设备、二级配电设备和末级配电设备。

(1) 一级配电设备，统称为动力配电中心。它们集中安装在企业的变电站，把电能分配给不同地点的下级配电设备。这一级设备紧靠降压变压器，故电气参数要求较高，输出电路容量也较大。

(2) 二级配电设备，是动力配电柜和电动机控制中心的统称。动力配电柜使用在负荷比较分散、回路较少的场合；电动机控制中心用于负荷集中、回路较多的场合。它们把上一级配电设备某一电路的电能分配给就近的负荷。这一级设备应对负荷提供保护、监视和控制。

(3) 末级配电设备总称为照明动力配电箱。它们远离供电中心，是分散的小容量配电设备。

8）按结构特征和用途分类

可分为固定面板式配电柜、防护式（封闭式）配电柜、抽屉式配电柜和动力、照明配电控制箱。

2. 配电柜的安装规范

（1）配电箱应安装在安全、干燥、易操作的场所，若设计无特殊要求，则配电箱底边距地高度应为 1.5 m，照明配电板底边距地高度不应小于 1.8 m。

（2）导线剥削处不应损伤线芯或线芯过长，导线压头应牢固可靠，多股导线与端子排连接时，应加装压线端子（鼻子），然后一起涮锡，再压接在端子排上。与压线孔连接时，应把多股导线涮锡后穿孔用顶丝压接，注意不得减少导线股数。

（3）导线引出面板时，面板线孔应光滑无毛刺，金属面板应装设绝缘保护套。一般情况下一孔只穿一线，但下列情况除外：

① 指示灯配线；

② 控制两个分闸的总闸配线线号相同；

③ 一孔进多线的配线。

（4）配电箱内装设的螺旋熔断器，其电源线应接在中间触点的端子上，负荷线应接在螺丝的端子上。

（5）配电箱内盘面闸具位置应与支路相对应，其下面应装设卡片框，标明回路名称。

（6）配电箱内的交流、直流或不同电压等级的电源，应具有明显的标识。

（7）配电箱盘面上安装的各种刀闸及自动开关等，当处于断路状态时，刀片可动部分均不应带电（特殊情况除外）。

（8）配电箱上的小母线应带有黄（L_1 相）、绿（L_2 相）、红（L_3 相）、淡蓝（N 零线）等颜色，黄绿相间双色线为保护地线。

（9）配电箱上的电具、仪表应牢固、平正整洁、间距均匀，铜端子无松动，起闭灵活，零部件齐全，其排列间距应符合下面的要求：

① 配电柜布置成排成列，配电柜相互间或与基础型钢间要用镀锌螺栓起连接，且防松零件齐全。高低压柜立面、背面平整，水平度、垂直度好，操作通道宽敞。正面要有盘面编号，背面也应注明编号。内部接线整齐，标识正确。接线端子要有编号。

② 决不允许任何给排水管通过。

③ 变压器低压侧的中性点直接与接地干线连接，基础型钢接地。

④ 电缆终端头、接头、拐弯处及竖井的两端要设标识牌。

⑤ 配电柜应有公共型钢底座，整体布局整齐，柜内接线正确、可靠。地沟电缆走在支架上排列整齐，分段捆扎，有挂牌，接地排布置规范、标识清晰，绝缘挡鼠板合理设置。

四 课程思政小故事

蓝天寄深情　为国铸“战鹰”

在浩渺的宇宙中，每一架冲破蓝天的飞机都承载着人类的梦想与探索。而在这些梦想的背后，有一位名叫顾诵芬的老人，他用自己的智慧和汗水，为这片天空书写着无尽的传奇。歼教1、初教6、歼8……也许你对这些“明星”飞机早已经耳熟能详，但你可能并不知道它们的设计者的名字：顾诵芬，中华人民共和国航空科技事业奠基人之一。他一生默默耕耘，只为做成一件事，那就是：“设计中国人自己的飞机”。

1930年，顾诵芬出生于苏州的一户书香世家，祖上系有着“江南第一读书人家”美誉的苏州名门唯亭顾氏。顾诵芬少时便立志航空报国，高中毕业后，他被上海交通大学录取，攻读航空工程系。1951年大学毕业后，顾诵芬毅然投身中华人民共和国刚刚起步的航空事业，此后的三十多年间，在基础全无、经验空白、人力缺乏、设备掣肘的境况下，顾诵芬先后参与或主导设计研发了“歼教1”“初教6”和“歼8”等一批具有里程碑意义的机型。

作为我国著名飞机设计大师、飞机空气动力设计奠基人、航空战略科学家，顾诵芬建立了中华人民共和国飞机空气动力学设计体系，开了我国自主研制歼击机的先河，持续开展航空战略研究，为我国航空科技事业作出了重大贡献。

首先，是气动设计方面的创新：顾诵芬在飞机气动设计方面取得了多项创新成果。他首次提出了两侧进气方案，解决了飞机进气问题，提高了飞行性能。他还通过计算机翼环量分布，从优选择了机翼布局，为飞机的稳定性作出了重要贡献。此外，他还创立了超音速飞机气动设计程序和计算方法，为后来的飞机设计提供了重要的理论支持。

其次，他解决了重大技术难题：在飞机设计过程中，顾诵芬面临了许多技术难题。他成功地解决了大超音速飞行时飞机的方向安定性问题和跨音速飞机的抖振问题，确保了飞机的稳定性和安全性。这些问题的解决，不仅提高了飞机的性能，也为中国航空工业的发展奠定了坚实的基础。

再次，他综合优化了飞机设计：顾诵芬在飞机设计过程中，不仅关注单个部件的性能，更注重整个飞机的综合优化。他利用系统工程管理方法，将飞机的各专业系统技术融合在一个总体优化的机型内，实现了飞机整体性能的提升。这种综合优化的设计思路，对后来的飞机设计产生了深远的影响。

最后，他推动国际合作与交流：顾诵芬不仅在国内取得了显著的成就，还积极参与国际航空界的合作与交流。他与俄罗斯中央空气流体动力学研究院等国外机构合作，共同研究远景飞机布局等前沿技术，推动了中国航空工业与国际接轨。

然而，对于顾诵芬来说，这些荣誉和成就只是他人生道路上的一小部分。他更加看重的是能够为国家、为人民作出更多的贡献。他常说：“我是一个普通的科研工作者，只是做了一些自己该做的事情。”这种谦逊和低调，让人深感敬佩。

顾诵芬的报国梦，并不仅仅停留在口头上，他更是用实际行动去践行这个梦想。在“歼8”飞机的设计过程中，他遇到了许多困难和挑战，但他从未放弃，而是坚持不懈地努力着，最终成功解决了大超音速飞行的飞机的方向安定性问题和跨音速飞机的抖振问题。这种对国家和人民的忠诚与担当，让人为之动容。

顾诵芬的故事告诉我们，一个人的力量或许有限，但只要我们心怀梦想、坚持不懈、勇于挑战，就一定能够创造出属于自己的辉煌。同时，他也用自己的实际行动诠释了什么是真正的爱国精神和报国情怀。

繁霜尽是心头血，洒向千峰秋叶丹。他用一生践行航空报国，这才是我们最值得追的星。在这个充满变革和挑战的时代里，我们需要更多像顾诵芬这样的人才，来引领我们前行。

任务 5.2 生产实例 2——配电箱(两地控制)

任务描述

生产一批小区配电箱——包括本地控制和异地控制(挂墙明装)。

任务目标

(1) 通过学习,掌握配电箱(两地控制)的设计和生产方法。

(2) 能独立完成配电箱(两地控制)的设计和装配。

(3) 能根据用户的需求正确选择元件。

(4) 通过操作,熟练掌握一次、二次及面板接线工艺。

任务实施

1. 用户需求分析

用户需求分析如表 5-4 所示。

表 5-4 合同交底记录表

合同交底部门:经营部 合同交底人:××× 所属公司:××× 日期:

<table>
<tr><td colspan="3">客户名称:×××房地产开发有限公司</td><td colspan="4">项目名称:×××房地产开发项目</td></tr>
<tr><td>产品名称</td><td colspan="2">配电箱</td><td>规格及型号</td><td>具体见明细</td><td>数量</td><td>36</td></tr>
<tr><td>生产令号</td><td>23-159#</td><td>竣工日期</td><td>按照元件货期</td><td>颜色/型式</td><td colspan="2"></td></tr>
<tr><td colspan="7">(1) 设备部分。
一共 1 264 台配电箱(柜);第一批次投产 36 台,详见投产清单内刷蓝的部分。
元器件选择:
① 隔离开关、断路器、接触器、热继电器、双电源开关、浪涌保护器选用××产品;
② 框架断路器选用××产品;
③ 控保开关选用××产品;
④ 智能电容模块以及无功补偿控制器选用××产品;
⑤ 不含电气火灾监控模块以及剩余电流互感器,仅预留安装位置。
(2) 此设备包含现场送货以及卸车。(项目地在外地)
(3) 工期要求:根据元器件货期。
(4) 付款方式:无预付,货到验收后(供方的付款申请、相应金额的发票、材料入库单、开箱验货单、产品品质证明、生产合格证、产品技术资料)付货款的 75%,设备竣工验收资料齐全后付 85%,竣工结算完成后付 97%,剩余 3%。
(5) 质保期:2 年</td></tr>
<tr><td colspan="7">任务划分:设备由生产中心完成,工程部分由工程公司完成</td></tr>
<tr><td colspan="7">业务经理:×××</td></tr>
</table>

经营部: 生产部: 供用电/工程公司: 售后服务部: 财务部:

2. 根据用户需求进行电气设计

1）一次系统电气设计

绘制一次系统原理图(见图 5－9)。

2）二次系统电气设计

(1) 控制方式:直接起动。

(2) 二次系统加起动和停止信号灯。

绘制二次系统原理图(见图 5－10)。

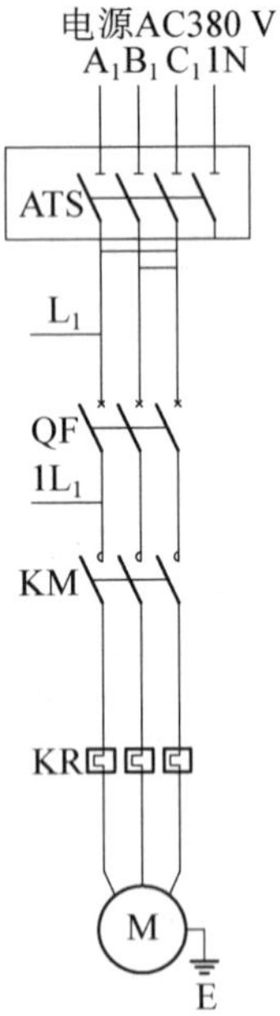

图 5－9　一次系统原理图

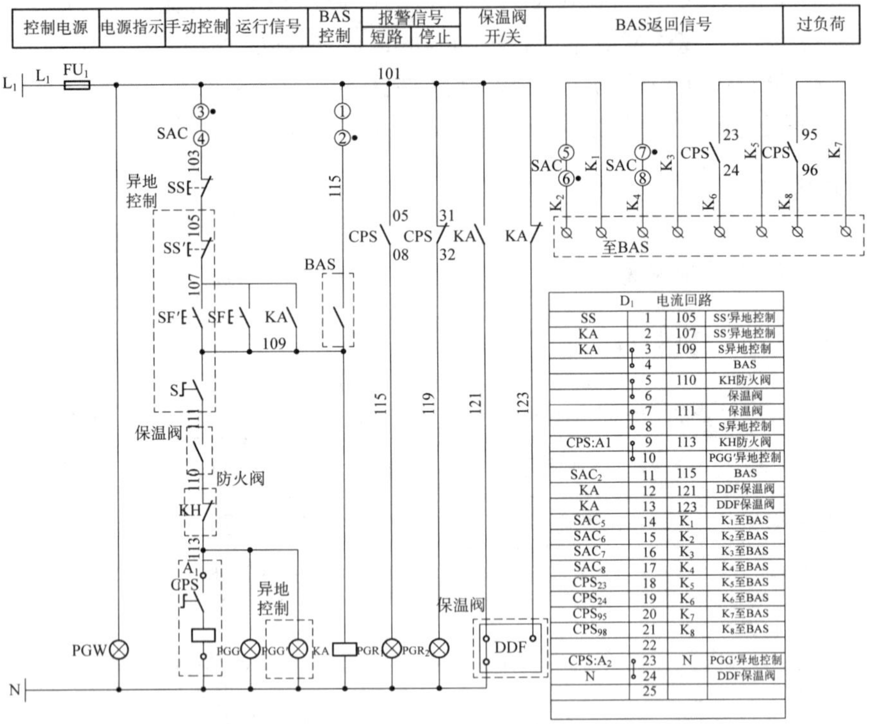

注:

1. 本图适用于～380 V 三相单合普通风机现场或两地控制,手动并可 BAS 自动控制。

2. 只有现场控制时,才取消 SS′、SF′、S、PGG′。

3. 接线端子图中,至 BAS 的电缆作用为通过模块由 BAS 系统自动控制风机,以及把风机的工作状态等信号返回至 BAS 系统。

图 5－10　二次系统原理图

3）元件选择

一次系统原理图和二次系统原理图审核合格后根据合同交底记录进行元件选择(见表 5－5)。

表 5－5　风机配电箱(XRM)所需元件表

元件名称	型号	尺寸	品牌	单价	数量
塑壳断路器					
熔断器					

续 表

元件名称	型号	尺寸	品牌	单价	数量
交流接触器					
热继电器					
起动按钮					
停止按钮					
外部控制按钮					
异地起动按钮					
异地停止按钮					
指示灯					
元件总成本					

3. 电气设计方案确定后进行结构设计

(1) 根据元件尺寸确定柜体尺寸(见表5-6)。

表5-6 配电箱尺寸表

长/mm	宽/mm	高/mm

(2) 绘制面板元件布置图(见图5-11)和柜内元件布置图(见图5-12)。

面板排布图 正视图

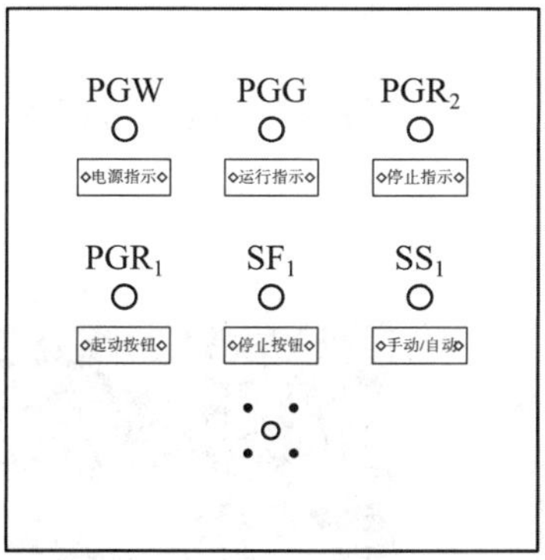

图5-11 面板元件布置图

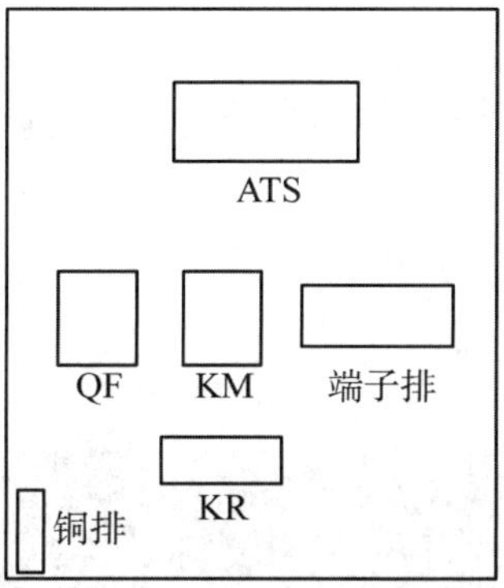

图5-12 柜内元件布置图

(3) 钻孔,元件安装。

4. 配电箱装配

1) 一次系统配线工艺要求

一次系统配线工艺要求如图5-13所示。

(1) 使用剥线机或剥线钳剥脱线头绝缘层,采用剥线钳剥线头时,不允许反复多次划圈式剥脱皮层，避免损伤线芯。

(2) 外六角压接方式可以使压接力均匀地分布在接线端子的周围。

(3) 线型弧度保持一致，压接紧固。

2) 二次系统配线工艺要求

二次系统配线工艺要求如图 5-14 所示。

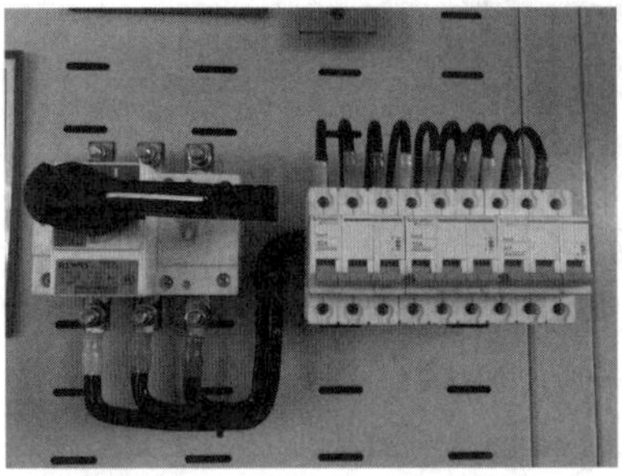

图 5-13 一次系统配线工艺

图 5-14 二次系统配线工艺

(1) 控制线采用针式冷压端子压接，屏蔽层用∅4 的热缩管包裹，不允许漏出线头，并压接冷压头再接入端子。每个端子最多允许压 2 根线。

(2) 线型弧度一致，线号方向正确。

3) 端子排配线工艺

端子排配线工艺如图 5-15 所示。

(1) 不同端子之间要有堵头和回路名称。

(2) 连接片要求紧固。

(3) 端子两端安装标记条。

(4) 二次线型一致，压接冷压头，线号方向一致。

(5) 屏蔽层用∅4 的热缩管包裹，不允许漏出线头，并压接冷压头再接入端子。

4) 面板配线工艺

面板配线工艺如图 5-16 所示。

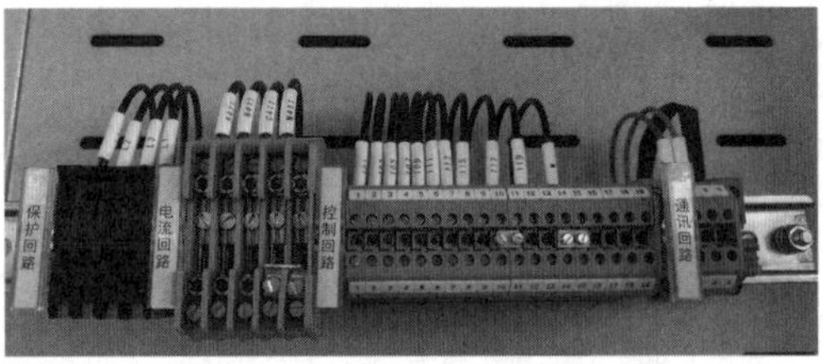

图 5-15 端子排配线工艺

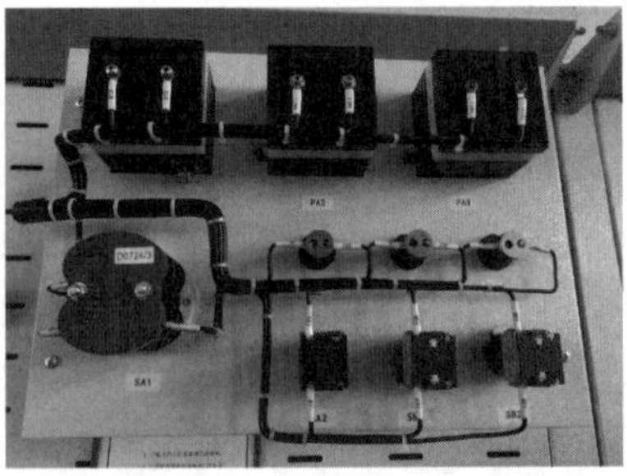

图 5-16 面板配线工艺

(1) 面板上的元件要有黄色标识贴。

(2) 灯钮接线要求折直角弯，用 U 型冷压头压接。

(3) 线号方向一致，横向读数从左往右，竖向读数从下往上。

5. 配电箱完成后质量检验

对配电柜的元器件安装布局的合理性、主辅电路接线的正确性和可靠性、导线截面积选择的合理性等是否符合设计要求，电气间隙和爬电距离是否符合要求，外观质量、安全性能、机械性能等方面进行检测。

6. 调试与测试

对各个电器元件进行功能测试，确保其正常工作。测试工作包括对配电箱电压、电流、温度等参数进行监测和测量，以验证其性能是否符合设计要求。

任务评价

<table>
<tr><th>序号</th><th colspan="3">考核内容与要求</th><th>考核情况记录</th><th>得分</th></tr>
<tr><td rowspan="2">1</td><td rowspan="2">螺丝压线工艺（30 分）</td><td>要求</td><td>接线端头牢固</td><td rowspan="2"></td><td rowspan="2"></td></tr>
<tr><td>扣分</td><td>有一处端子不牢固扣 5 分，扣完为止</td></tr>
<tr><td rowspan="4">2</td><td rowspan="4">一次系统配线工艺（10 分）</td><td rowspan="3">要求</td><td>接头裸露不超过 5 mm</td><td rowspan="4"></td><td rowspan="4"></td></tr>
<tr><td>弧度一致</td></tr>
<tr><td>工艺美观</td></tr>
<tr><td>扣分</td><td>有一处不合格扣 3 分，扣完为止</td></tr>
<tr><td rowspan="5">3</td><td rowspan="5">二次系统配线工艺（20 分）</td><td rowspan="4">要求</td><td>端子接头无导线裸露</td><td rowspan="5"></td><td rowspan="5"></td></tr>
<tr><td>每个端子压线不超过 2 根</td></tr>
<tr><td>线型弧度一致</td></tr>
<tr><td>工艺美观</td></tr>
<tr><td>扣分</td><td>有一处不合格扣 3 分，扣完为止</td></tr>
<tr><td rowspan="5">4</td><td rowspan="5">端子排配线工艺（20 分）</td><td rowspan="4">要求</td><td>端子接头无导线裸露</td><td rowspan="5"></td><td rowspan="5"></td></tr>
<tr><td>每个端子压线不超过 2 根</td></tr>
<tr><td>线型弧度一致</td></tr>
<tr><td>工艺美观</td></tr>
<tr><td>扣分</td><td>有一处不合格扣 3 分，扣完为止</td></tr>
<tr><td rowspan="5">5</td><td rowspan="5">门板配线工艺（10 分）</td><td rowspan="4">要求</td><td>元件要有黄色标识贴</td><td rowspan="5"></td><td rowspan="5"></td></tr>
<tr><td>灯钮接线要求折直角弯</td></tr>
<tr><td>线型弧度一致</td></tr>
<tr><td>工艺美观</td></tr>
<tr><td>扣分</td><td>有一处不合格扣 2 分，扣完为止</td></tr>
</table>

续　表

序号	考核内容与要求			考核情况记录	得分
6	文明生产（10 分）	要求	操作场地卫生清理		
			工具摆放整齐		
		扣分	有一项不合格扣 2 分，扣完为止		
总分					

知识链接

1. 配电柜生产工艺流程

配电柜是电力系统中重要的配电设备之一，它用于将电能从变压器输出至用户的终端设备。配电柜的生产工艺流程包括多个环节，下面将详细介绍一下。

1）设计与规划

设计依据：用户提供的原始资料、技术协议或技术条件、合同备忘录、合同交底记录表等。

在开始生产配电柜之前，需要进行设计与规划工作。配电柜设计分为电气设计和结构设计两部分。电气工程师根据客户提供的图纸和技术协议等资料的要求，首先绘制一次系统图（主接线图），包含框架断路器、电容器、隔离开关、塑壳断路器、微型断路器、接触器、互感器、仪表等元件参数的选择，电能传输材料的选择（包括铜排、导线、电缆等材料的规格型号）。然后绘制控制原理图，包含时间继电器、中间继电器、综合保护器、马达保护器、仪表、按钮、指示灯等材料的选择。同时，还需要进行电力系统的分析和计算，确保配电柜能够满足用户的用电需求。结构工程师根据一次系统图（主接线图）和技术协议等资料的要求，确定配电柜的型号及柜体各细节的设计方案，如柜体的材质、板厚、防护等级等。再根据电气工程师选用的电气元件对配电柜进行元件布置及盘面设计。最后根据以上设计把配电柜拆分成所需的各种零部件。

2）材料采购

在设计与规划完成后，需要进行材料采购。配电柜的制作需要使用各种材料，包括金属板材、电器元件、导线等。采购部门根据设计要求选择合适的供应商，并进行材料的采购与配送。

3）材料加工

在材料采购完成后，需要对材料进行加工。首先，金属板材需要根据结构工程师设计的图纸进行切割、冲孔等工艺，以制作出配电柜的外壳和隔板器件安装支撑件等。加工后的各类零部件需要根据总装图纸进行组装、焊接等工艺，以制作出配电柜的壳体。电器件先将包装拆除，然后按规格分类摆放，导线需要根据器件摆放制作，然后进行剥皮、端子压接等工艺，以保证电能的传输质量。

4）装配与安装

经过材料加工后，需要进行配电柜的装配与安装工作。首先，将制作好的外壳和隔板进行组装，形成配电箱的整体结构。然后，将内部结构和电器元件安装到配电柜内部，确保各个部件的连接正确牢固。同时，还需要进行绝缘处理和接地处理，以确保配电柜的安全可靠。

5）质量检验

在装配与安装完成后，需要进行质量检验。质量检验包括配电柜的元器件安装布局的合理性、主辅电路接线的正确性和可靠性、导线截面积选择的合理性等是否符合设计要求，电气间隙和爬电距离是否符合要求，外观质量、安全性能、机械性能等方面。

6）调试与测试

在质量检验完成后，需要对配电柜进行调试与测试。调试工作包括对各个电器元件进行功能测试，确保其正常工作。测试工作包括对配电柜的电压、电流、温度等参数进行监测和测量，以验证其性能是否符合设计要求。只有通过了质量检验、调试与测试，配电柜才能够出厂并交付给客户。

7）包装与发货

质量检验合格后，需要对配电柜进行包装与发货。包装工作包括采用适当的包装材料对配电柜进行保护，以防止其在运输过程中受到损坏。发货工作包括选择合适的运输方式和运输工具，确保配电柜能够安全送达客户现场。

8）安装与调试

配电柜到达客户现场后，需要进行安装与调试工作。安装工作包括将配电柜安装到指定位置，并与电力系统进行连接。调试工作包括对配电柜的各项功能进行测试和调整，以确保其正常运行。

9）培训与服务

在配电柜安装与调试完成后，需要对用户进行培训与售后服务。培训工作包括对用户进行操作指导和维护保养知识的培训，以提高用户的使用效率和安全意识。售后服务包括定期巡检和维护保养，及时处理用户的故障报修和技术咨询。

配电柜生产工艺流程是一个复杂而严谨的过程，需要各个环节的紧密配合和精细操作。只有通过严格的质量控制和技术要求，才能够生产出安全可靠、性能优良的配电柜，为用户提供稳定可靠的电能供应。

2. 低压配电柜的发展趋势

1）低压配电柜智能化

低压配电柜指的是成套的低压开关设备和控制设备，也常常被称为低压开关柜。低压配电柜应用的范围极为广阔，可以用于化工企业、建设行业、发电厂等工业用电，也可以被用于民生用电，因此它在我国工业正常生产方面和维持国民正常生活方面有着极为重要的作用。在智能低压配电系统支持下，低压配电柜具备一定的智能化特征，如智能型开关柜利用了现代通信网络技术，具有非常强的遥控、遥调、遥信和遥测等功能，使配电柜具备一定的遥感功能，可以一定程度接受远距离遥控操作，实现智能化功能。

低压配电柜智能化是现代低压配电柜技术创新的内容之一，它主要包括以下几个方面：其一，配电系统的智能化保护；其二，产品状态的智能化检测；其三，用电能耗的智能化管理；其四，开关设备的智能化操控；其五，运维检修的智能化操作。

新型计算机技术的加入使得低压配电柜向着智能化方向发展，低压配电柜智能化可以使得我国电力系统更加安全可靠地运行。日常配电电器超负荷以及复杂电路老化等问题都会影响我国电力系统的安全性和稳定性，而低压配电柜智能化发展可以帮助提高检验工作的准确性，帮助负责检修工作的工人能够迅速判断出电器故障类型、出现故障的位置，从而提高了工作人员处理电气故障的能力，避免了事态严重化。同时，针对电气出现的问题，如特殊负载、过热保护等，智能化发展也可以保护电力系统正常运行。

对低压配电柜内部系统能耗进行智能化管理，可以尽最大可能找出能耗最小的运行方法，减少电力资源的损耗，提高资源利用率。在此基础上，研究人员突破性研发出功能卓越的监控系统，对配电设备应用能够起到良好的监测、监控作用，能够进一步保证低压配电柜的应用可靠性。

2）结构设计模块化

低压配电柜技术创新的第二大块就是低压配电柜模块化。低压配电柜设计的方向是结构模块化、标准化。具体来说，结构设计模块化是指安装方式多元化、系统功能模块化、安装尺寸模数化、组装结构积木化。结构设计模块化促使低压配电柜整体向着标准化、流程化方向发展，确保低压配电柜安装简单、应用便捷、性能良好、使用可靠，能够更好地满足不同环境的应用需求。

低压配电柜模块化有三个具体内容。第一个为监控模块设计，第二个为低压配电柜母排设计，最后一个为柜体结构标准化设计。

低压配电柜因为管控整个电力系统，需要长期处于工作模式。工作模式会对低压配电柜造成较大负担。经过调查研究发现，长期处于工作模式的低压配电柜相较其他设备而言，其内部线路更容易老化，内部细小零件也更容易遭到破坏。为了避免上述情况的发生，工作人员需要对低压配电柜内部设备及设备温度进行监控，防止由于高温引发的电力故障。监控模块的设计正好填补了之前低压配电柜在这方面的不足，这个模块为低压配电柜提供了实时温控系统，可以帮助工作人员时刻掌握低压配电柜的内部温度。在低压配电柜内部温度超过安全限制时，该系统会自动发出警告，严重时还会自我处理极端状况，以防造成更严重的损失。同时，温度监控系统还可以利用好多个模块的设计，共同做好低压柜的运行管理工作。

热动力的作用和热效应与低压配电柜工作时电流的大小呈现出正相关关系。因此，低压配电柜母排设计可以帮助低压配电柜抵御来自力的作用与热效应的冲击。低压配电柜母排设计发挥作用的通道是通过对低压配电柜母排进行特殊设计从而提高低压配电柜中热动力、热效应等母排的稳定性。

对于低压配电柜产业来讲，模块化的插拔组件方便低压配电柜的规模化生产。除此之外，模块化设计也为低压配电柜后续维修工作降低难度，方便元器件的更换。标准化的模块设计在大型项目的建设中会大大降低成本，帮助企业节约时间与资金。

3）母线工艺创新化

为了更好地帮助低压配电柜完成工作，母线工艺创新化成为现代低压配电柜技术创新的重要内容之一。低压配电柜母线承担着平衡设备感性负载、提高设备能源利用效率以及提高设备的功率因数等重要任务。其中，母线工艺创新包括低压配电柜母线制造工艺创新与母线安装工艺创新两部分，都在帮助母线系统实现自身功能方面发挥了重要作用。为了提高低压配电柜内部设备对短电流冲击力的抵抗能力，部分低压配电柜母线制造工艺着眼于整个母线系统的抗压能力与抗弯能力。无孔连接也成为低压配电柜母线安装工艺的创新模式之一，已经被运用于主母线与分支母线的连接。这种新型母线系统安装工艺可以在极大程度上精简无用程序，简化了整个母线系统的装配过程。除此之外，无孔连接在分支母线与抽屉回路之间也有影响，可以方便低压配电柜的装配工作，提高低压配电柜的工作效率，方便后期的维修与养护。

四 课程思政小故事

中国核动力事业的拓荒牛

彭士禄，作为中国的核潜艇之父，他的名字背后承载着无数的荣耀与传奇。他的一生都在为国家的核事业默默奉献，成为无数人心中的楷模。

1925年，彭士禄出生在广东省汕尾市的一个革命家庭。他的父亲是著名的革命英烈彭湃，这样的家庭背景，让他从小就有着坚定的信仰和崇高的理想。

1945年，彭士禄加入中国共产党，开始了他的革命生涯。他凭借出色的表现，一入党即被破例免去预备期，成为正式党员，不久就担任党支部书记，他的才华和领导能力得到了充分的展现。

为了学习先进的科技知识，1951年，彭士禄被公费选派到苏联留学。在喀山化工学院和莫斯科化工机械学院学习期间，他付出了巨大的努力，取得了优异的成绩。他以全优的学习成绩获得了“优秀化工机械工程师”的称号，展现了中国留学生的风采。

1958年，彭士禄回到祖国，投身于核动力的研究设计工作。他先后担任了中国造船工业部副部长，兼总工程师等职务。在他的卓越带领下，中国成功研制出了第一艘核潜艇，成为世界上少数几个拥有核潜艇技术的国家之一，也为中国海军的现代化建设奠定了坚实的基础。他和他的团队在核潜艇的设计、建造和运行过程中，积累了丰富的经验和技术，在核潜艇的反应堆技术、艇体结构、武器系统等方面，都取得了重要的突破和创新。

他积极参与国际核潜艇技术的交流与合作，推动了中国核潜艇技术的国际化进程。他的团队与许多国家的核潜艇研究机构和企业开展了广泛的合作，共同推动核潜艇技术的发展和应用。不仅让中国成为核潜艇技术领域的强国，也为全球的核潜艇技术发展和应用作出了重要的贡献，对世界核潜艇技术的发展产生了深远的影响。

彭士禄一生都在为国家的核事业奋斗，他的付出和贡献是不可估量的。他的精神和事业将永远铭刻在人类科技发展的历史长河中。他的故事告诉我们，一个人只要有了坚定的信仰和崇高的理想，就能够克服一切困难，为国家和人民作出巨大的贡献。

2021年3月22日，彭士禄在北京逝世，享年96岁。他的离世让无数人感到惋惜和悲痛，他的精神和贡献将永远铭刻在人们的心中。他的故事将激励着一代又一代的人为国家的繁荣富强而努力奋斗。

任务5.3 生产实例3——配电箱(双速电机控制)

任务描述

生产一批小区风机配电箱——双速电机控制(挂墙明装)。

任务目标

(1) 通过学习，掌握配电箱(双速电机控制)的设计和生产方法。
(2) 能独立完成配电箱(双速电机控制)的设计和装配。
(3) 能根据用户的需求正确选择元件。

(4) 通过操作,熟练掌握一次、二次及面板接线工艺。

任务实施

1. 用户需求分析

用户需求分析如表 5-7 所示。

表 5-7　合同交底记录表

合同交底部门:经营部　合同交底人:×××　　所属公司:×××　　日期:

客户名称:×××房地产开发有限公司			项目名称:×××房地产开发项目			
产品名称	配电箱		规格及型号	具体见明细	数量	12
生产令号	23-159#	竣工日期	按照元件货期	颜色/型式		

(1) 设备部分。
一共 1264 台配电箱(柜);第二批次投产 12 台,详见投产清单内刷蓝的部分。
元器件选择:
① 隔离开关、断路器、接触器、热继电器、双电源开关、浪涌保护器选用××产品;
② 框架断路器选用××产品;
③ 控保开关选用××产品;
④ 智能电容模块以及无功补偿控制器选用××产品;
⑤ 不含电气火灾监控模块以及剩余电流互感器,仅预留安装位置。
(2) 此设备包含现场送货以及卸车。(项目地在外地)
(3) 工期要求:根据元器件货期。
(4) 付款方式:无预付,货到验收后(供方的付款申请、相应金额的发票、材料入库单、开箱验货单、产品品质证明、生产合格证、产品技术资料)付货款的 75%,设备竣工验收资料齐全后付 85%,竣工结算完成后付 97%,剩余 3%。
(5) 质保期:2 年

任务划分:设备由生产中心完成,工程部分由工程公司完成

业务经理:×××

经营部:　　生产部:　　供用电/工程公司:　　售后服务部:　　财务部:

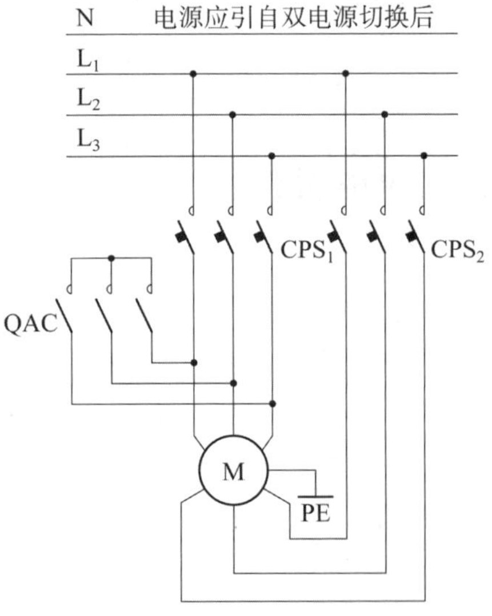

图 5-17　一次系统原理图

2. 根据用户需求进行电气设计

1) 一次系统电气设计

控制方式:双速电机。

绘制一次系统原理图(见图 5-17)。

2) 二次系统电气设计

控制要求:

(1) 过负荷仅作声光报警,不跳闸。

(2) 转换开关手动/自动转换信号送至消防控制室。

(3) 消防模块无源触点动合自动控制。

(4) 机组运行/停止/故障信号送至消防控制室。

(5) 就地控制。

绘制二次系统原理图(见图 5－18)。

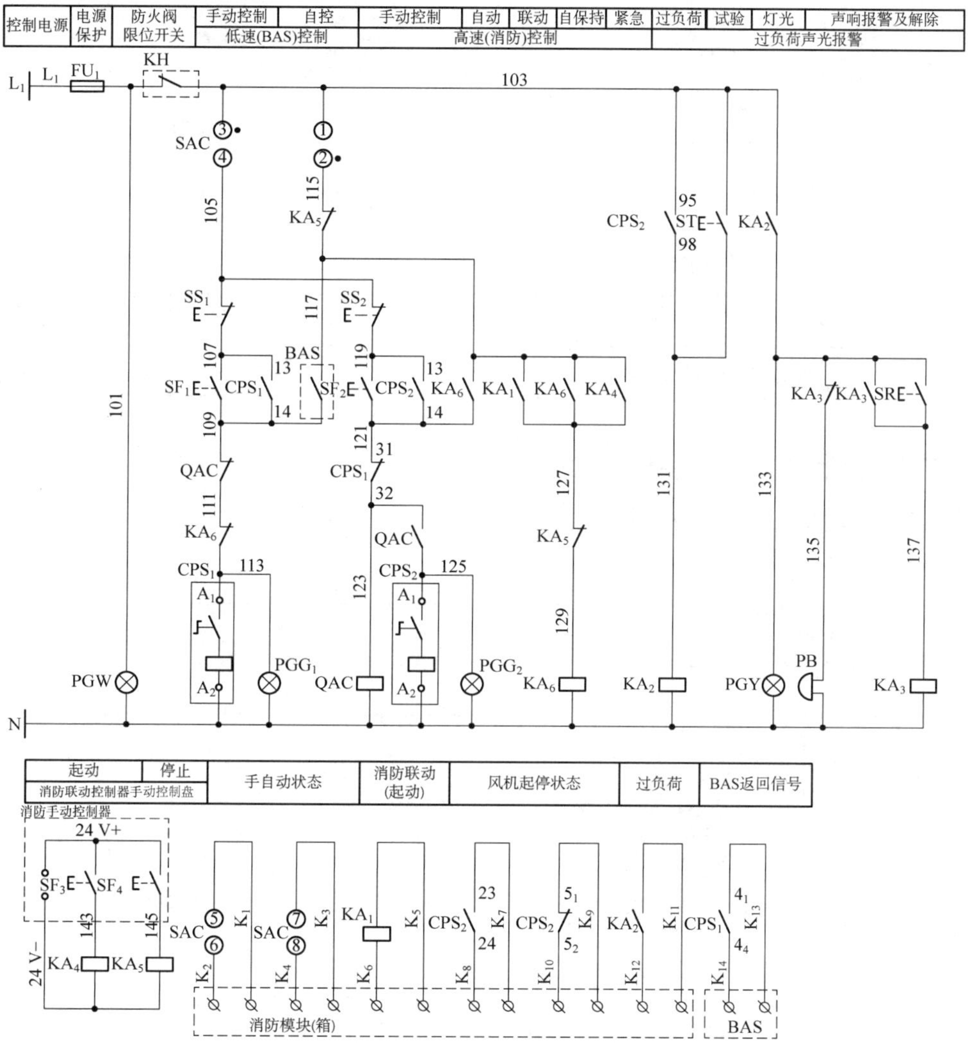

图 5－18　二次系统原理图

3）元件选择

一次系统原理图和二次系统原理图审核合格后，根据合同交底记录进行元件选择(见表 5－8)。

表 5－8　配电箱(双速电机控制)所需元件表

元件名称	型号	尺寸	品牌	单价	数量
双电源					
塑壳断路器					
熔断器					
交流接触器					

续 表

元件名称	型号	尺寸	品牌	单价	数量
热继电器					
低速起动按钮					
高速起动按钮					
停止按钮					
外部控制按钮					
指示灯					
元件总成本					

3. 电气设计方案确定后进行结构设计

(1) 根据元件尺寸确定柜体尺寸(见表 5-9)。

表 5-9　风机配电箱尺寸表

宽 W/mm	高 H/mm	深 D/mm

(2) 绘制门板元件布置图(见图 5-19)和柜内元件布置图(见图 5-20)。

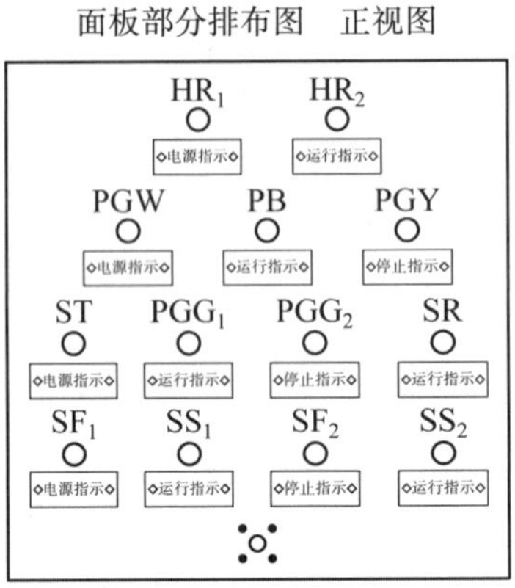

图 5-19　面板元件布置图

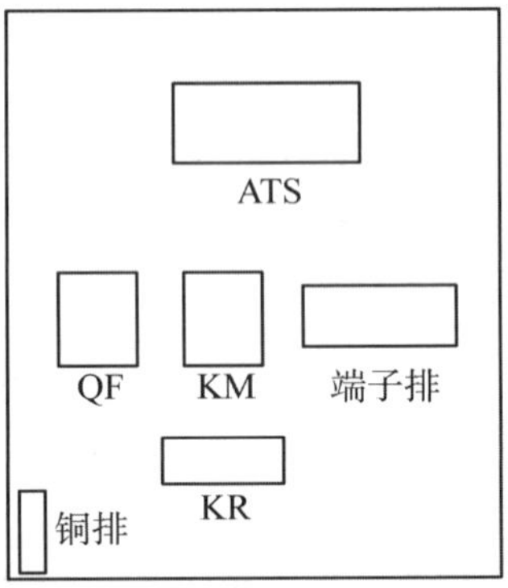

图 5-20　柜内元件布置图

(3) 钻孔,元件安装。

4. 配电箱装配

1) 一次系统配线工艺要求

一次系统配线工艺要求如图 5-21 所示。

(1) 使用剥线机或剥线钳剥脱线头绝缘层,采用剥线钳剥线头时,不允许反复多次划圈式剥脱皮层,避免损伤线芯。

(2) 外六角压接方式可以使压接力均匀地分布在接线端子的周围。

(3) 线型弧度保持一致，压接紧固。

2) 二次系统配线工艺要求

二次系统配线工艺要求如图 5-22 所示。

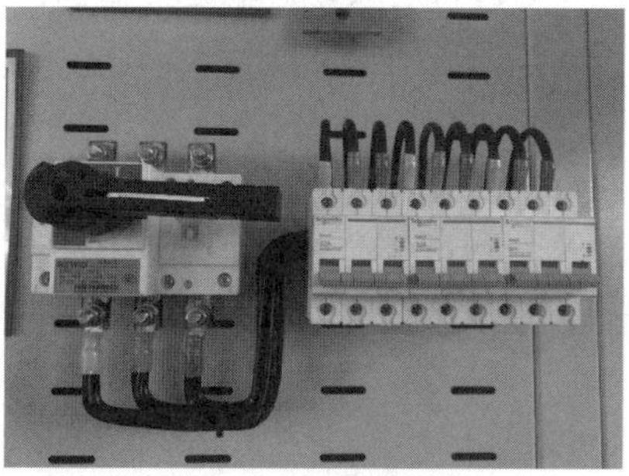

图 5-21　一次系统配线工艺

图 5-22　二次系统配线工艺

(1) 控制线采用针式冷压端子压接，屏蔽层用∅4 的热缩管包裹，不允许漏出线头，并压接冷压头再接入端子。每个端子最多允许压 2 根线。

(2) 线型弧度一致，线号方向正确。

3) 端子排配线工艺

端子排配线工艺如图 5-23 所示。

(1) 不同端子之间要有堵头和回路名称。

(2) 连接片要求紧固。

(3) 端子两端安装标记条。

(4) 二次线型一致，压接冷压头，线号方向一致。

(5) 屏蔽层用∅4 的热缩管包裹，不允许漏出线头，并压接冷压头再接入端子。

4) 门板配线工艺

门板配线工艺如图 5-24 所示。

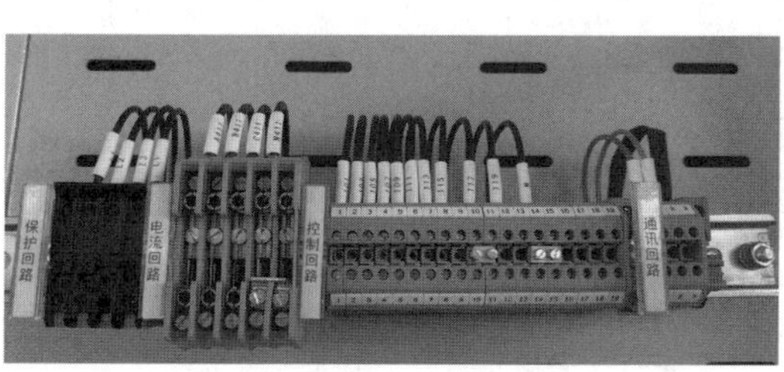

图 5-23　端子排配线工艺

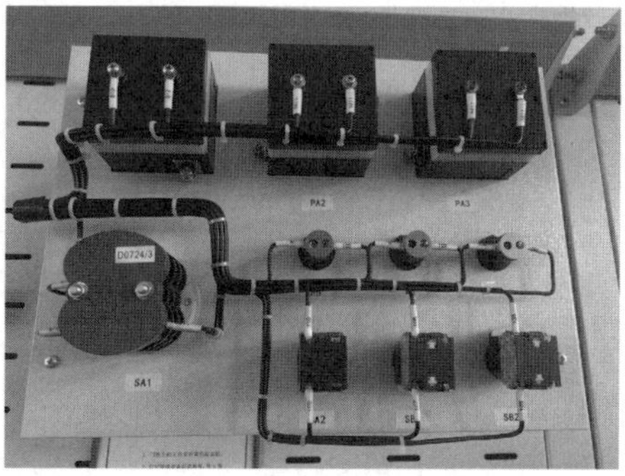

图 5-24　门板配线工艺

(1) 门板上的元件要有黄色标识贴。

(2) 灯钮接线要求折直角弯，用 U 型冷压头压接。

（3）线号方向一致，横向读数从左往右，竖向读数从下往上。

5. 配电箱完成后质量检验

对配电柜的元器件安装布局的合理性、主辅电路接线的正确性和可靠性、导线截面积选择的合理性等是否符合设计要求，电气间隙和爬电距离是否符合要求，外观质量、安全性能、机械性能等方面进行检测。

6. 调试与测试

对各个电器元件进行功能测试，确保其正常工作。测试工作包括对配电箱电压、电流、温度等参数进行监测和测量，以验证其性能是否符合设计要求。

任务评价

序号	考核内容与要求			考核情况记录	得分
1	螺丝压线工艺（30分）	要求	接线端头牢固		
		扣分	有一处端子不牢固扣5分，扣完为止		
2	一次系统配线工艺（10分）	要求	接头裸露不超过5 mm		
			弧度一致		
			工艺美观		
		扣分	有一处不合格扣3分，扣完为止		
3	二次系统配线工艺（20分）	要求	端子接头无导线裸露		
			每个端子压线不超过2根		
			线型弧度一致		
			工艺美观		
		扣分	有一处不合格扣3分，扣完为止		
4	端子排配线工艺（20分）	要求	端子接头无导线裸露		
			每个端子压线不超过2根		
			线型弧度一致		
			工艺美观		
		扣分	有一处不合格扣3分，扣完为止		
5	门板配线工艺（10分）	要求	元件要有黄色标识贴		
			灯钮接线要求折直角弯		
			线型弧度一致		
			工艺美观		
		扣分	有一处不合格扣2分，扣完为止		

续　表

序号	考核内容与要求			考核情况记录	得分
6	文明生产 (10 分)	要求	操作场地卫生清理		
			工具摆放整齐		
		扣分	有一项不合格扣 2 分，扣完为止		
总分					

知识链接

低压配电设计规范

1. 电器和导体的选择

1）电器的选择

（1）低压配电设计所选用的电器应符合国家现行的有关产品标准，并应符合以下规定：

① 电器应适应所在场所及其环境条件；

② 电器的额定频率应与所在回路的频率相适应；

③ 电器的额定电压应与所在回路的标称电压相适应；

④ 电器的额定电流不应小于所在回路的计算电流；

⑤ 电器应满足短路条件下动稳定与热稳定的要求；

⑥ 用于断开短路电流的电器应满足短路条件下的接通才能和分断才能。

（2）验算电器在短路条件下的接通才能和分段才能，应采用接通或分断时安装处预期短路电流，当短路点附近所接电动机的额定电流之和超过短路电流的 1%时，应计入电动机反应电流的影响。

（3）当维护、测试和检修设备需断开电源时，应设置隔离电器。隔离电器宜采用同时断开电源所有极的隔离电器或彼此靠近的单级隔离器。当隔离电器误操作会造成严重事故时，应采取防止误操作的措施。

（4）在 TN－C 系统中不应将保护接地中性导体隔离，严禁将保护接地中性导体接入开关电器。

（5）隔离电器应符合以下规定：

① 断开触头之间的隔离间隔，应可见或能明显标示“闭合”和“断开”状态；

② 隔离电器应能防止意外的闭合；

③ 应有防止意外断开隔离电器的锁定措施。

（6）隔离电器应采用以下电器：

① 单极或多极隔离电器、隔离开关或隔离插头；

② 插头与插座；

③ 连接片；

④ 不需要撤除导线的特殊端子；

⑤ 熔断器；

⑥ 具有隔离功能的开关的断路器。

(7) 半导体开关电器，严禁作为隔离电器。

(8) 独立控制电气装置的电路的每一部分，均应装设功能性开关电器。功能性开关电器可采用以下电器：

① 开关；

② 半导体开关电器；

③ 断路器；

④ 接触器；

⑤ 继电器；

⑥ 16 A 及以下的插头和插座。

(9) 隔离器、熔断器和连接片，严禁作为功能性开关电器。剩余电流动作保护电器的选择，应符合以下规定：

① 除在 TN-S 系统中，当中性导体为可靠的地电位时可不断开外，应能断开所保护回路的所有带电导体；

② 剩余电路动作保护电器的额定剩余不动作电流，应大于在负荷正常运行时预期出现的对地泄漏电流；

③ 剩余电流动作保护电器的类型，应根据接地故障的类型按现行国家标准剩余电流动作保护电器的一般安全要求(GB/Z 6829—2024)的有关规定确定。

(10) 采用剩余电流动作保护电器作为间接接触防护电器的回路时，必须装设保护导体。

(11) 在 TT 系统中，除电气装置的电源进线端与保护电器之间的电气装置符合现行国家标准电击防护　装置和设备的通用部分(GB/T 17045—2020)规定的Ⅰ类设备的要求或绝缘程度与Ⅱ类设备一样外，当仅用一台剩余电流动作保护电器保护电气装置时，应将保护电器布置在电气装置的电源进线端。

(12) 在 IT 系统中，当采用剩余电流动作保护电器保护电气装置，且在第一次故障不断开电路时，其额定剩余不动作电流值不应小于第一次对地故障时流经故障回路的电流。在符合以下情况时，应选用具有断开中性极的开关电器：

① 有中性导体的 IT 系统与 TT 系统或 TN 系统之间的电源转换开关电器；

② TT 系统中，当负荷侧有中性导体时选用隔离电器；

③ IT 系统中，当有中性导体时选用开关电器。

(13) 在电路中需防止电流流经不期望的途径时，可选用具有断开中性极的开关电器。

(14) 在 IT 系统中安装的绝缘监测电器，应能连续监测电气装置的绝缘。绝缘监测电器应只有使用钥匙或工具才能改变其整定值，其测试电压和绝缘电阻整定值应符合以下规定：

① SELV 和 PELV 回路以外且不高于 500 V 回路的测试电压应为 50 V，绝缘电阻整定值应低于 0.5 MΩ。

② 高于 500 V 回路的测试电压应为 1 000 V，绝缘电阻整定值应低于 1.0 MΩ。

2. 导体的选择

导体的类型应按敷设方式与环境条件选择。绝缘导体除满足上述条件外，尚应符合工作电压的要求。

选择导体截面，应符合以下要求：

（1）按敷设方式及环境条件确定的导体载流量，不应小于计算电流。

（2）导体应满足线路保护的要求。

（3）导体应满足动稳定与热稳定的要求。

（4）线路电压损伤应满足用电设备正常工作及起动时端电压的要求。

（5）导体最小截面应满足机械强度的要求。固定敷设的导体最小截面，应根据敷设方式、绝缘子支持点间距和导体材料按表 5－10 的规定确定。

表 5－10　固定敷设的导体最小截面

敷设方式	绝缘子支撑点间距/m	导体最小截面/mm²	
		铜导体	铝导体
裸导体敷设在绝缘子上	—	10	16
绝缘导体敷设在绝缘子上	≤2		10
	＞2 且≤6		10
	＞6 且≤16	4	10
	＞16 且≤25	6	10
绝缘导体穿导管敷设或在槽盒中敷设			10

（6）用于负荷长期稳定的电缆，经技术经济比拟确认合理时，可按经济电流密度选择导体截面，且应符合现行国家标准的有关规定。

导体的负荷电流在正常持续运行中产生的温度，不应使绝缘的温度超过表 5－11 的规定。

表 5－11　各类绝缘最高运行温度　　单位：℃

绝缘类型	导体的绝缘	护套
聚氯乙烯	70	—
交联氯乙烯和乙丙橡胶	90	—
聚氯乙烯护套矿物绝缘电缆或可触及的裸护套矿物绝缘电缆	—	70
不允许触及和不与可燃物相接触的裸护套矿物绝缘电缆	—	105

（7）绝缘导体和无铠装电缆的载流量以及载流量的校正系数，应按现行国家标准建筑物电气装置第 5 部分：电气设备的选择和安装 第 523 节：布线系统载流量 GB/T 16895.6—2014 的有关规定确定。铠装电缆的载流量以及载流量的校正系数，应按现行国家标准电力工程电缆设计标准的有关规定确定。

绝缘导体或电缆敷设处的环境温度应符合表 5－12 的规定。

表 5－12　绝缘导体或电缆敷设处的环境温度

电缆敷设场所	有无机械通风	选取的环境温度
土中直埋	—	埋深处的最热月平均地温
水下	—	最热月的日最高水温平均值
户外空气中、电缆沟	—	最热月的日最高温度平均值
有热源设备的厂房	有	通风设计标准
	无	最热月的最高温度平均值另加 5 ℃
一般性厂房及其他建筑物内	有	通风设计温度
	无	最热月的日最高温度平均值
户内电缆沟	无	最热月的日最高温度平均值另加 5 ℃
隧道、电气竖井		
隧道、电气竖井	有	通风设计标准

注：数量较多的电缆工作温度大于 70 ℃的电缆设于未装机械通风的隧道、电气竖井时，应计入对环境温升的影响，不能直接采取仅加 5 ℃；

当电缆沿敷设途径中各场所的散热条件不一样时，电缆的散热条件应按最不利的场所确定。

(8) 符合以下情况之一的线路，中性导体的截面应与相导体的截面一样：

① 单相两线制线路；

② 铜相导体截面小于等于 16 mm^2 或铝相导体截面小于等于 25 mm^2 的三相四线线路。

(9) 符合以下条件的线路，中性导体截面可小于相导体截面：

① 铜相导体截面大于 16 mm^2 或铝相导体截面大于 25 mm^2；

② 铜中性导体截面大于等于 16 mm^2 或铝中性导体截面大于等于 25 mm^2；

③ 在正常工作时，包括谐波电流在内的中性导体预期最大电流小于等于中性导体的允许载流量；

④ 中性导体已实现了过电流保护。

(10) 在三相四线制线路中存在谐波电流时，计算中性导体的电流应计入谐波电流的效应。当中性导体电流大于相导体电流时，电缆相导体截面应按中性导体电流选择。当三相平衡系统中存在谐波电流，4 芯或 5 芯电缆内中性导体与相导体材料一样和截面相等时，电缆载流量的降低系数应按表 5－13 的规定确定。

表 5－13　电缆载流量的降低系数

相电流中三次谐波分量/%	降低系数	
	按相电流选择截面	按中性导体电流选择截面
0～15		—
＞15 且≤33		—
＞33≤45	—	
＞45	—	

(11) 在配电线路中，固定敷设的铜保护接地中性导体的截面积不应小于 $10\,mm^2$，铝保护接地中性导体的截面积不应小于 $16\,mm^2$。

(12) 保护接地中性导体应按预期出现的最高电压进行绝缘。

(13) 当从电气系统的某一点起，由保护接地中性导体改变为单独的中性导体和保护导体时应符合以下规定：

① 保护导体和中性导体应分别设置单独的端子或母线；

② 保护接地中性导体应首先接到为保护导体设置的端子或母线上；

③ 中性导体不用连接到电气系统的任何其他的接地部分。

(14) 装置外可导电部分严禁作为保护接地中性导体的一部分。保护导体截面积的选择，应符合以下规定：

① 应能满足电气系统间接接触防护自动切断电源的条件，且能承受预期的故障电流或短路电流。

$$S \geqslant 1/k\sqrt{t}$$

S——保护导体的截面积，mm^2；

I——通过保护电器的预期故障电流或短路电流(交流方均根值)，A；

t——保护电器自动切断电流的动作时间，s；

k——系数，按本标准公式(A. 0. 1)计算或按表 5－14 确定。

表 5－14　保护导体最小的截面积

相导体截面积/mm^2	保护导体的最小截面积/mm^2	
	保护导体与相导体使用一样材料	保护导体与相导体使用不同材料
≤16	S	$S\times k_1/k_2$
>16 且≤35	16	$16\times k_1/k_2$
>35		$S\times k_{1/2}\times k_2$

注：① S——相导体的截面积；
② k_1——相导体的系数，应按本标准表 A. 0. 7 的规定确定；
③ k_2——保护导体的系数，应按本标准表 A. 0. 2～A. 0. 6 的规定确定。

② 电缆外的保护导体或不与相导体共处于同一外护物内的保护导体，其截面积应符合以下规定：

a. 有机械损伤防护时，铜导体不应小于 $2.5\,mm^2$，铝导体不应小于 $16\,mm^2$；

b. 无机械损伤防护时，铜导体不应小于 $4\,mm^2$，铝导体不应小于 $16\,mm^2$。

③ 当两个或更多个回路共用一个保护导体时，其截面积应符合以下规定：

a. 应根据回路中最严重的预期故障电流或短路电流和动作时间确定截面积，并应符合公式的要求；

b. 对应于回路中的最大相导体截面积时，应按表 5－15 的规定确定。

④ 永久性连接的用电设备的保护导体预期电流超过 10 mA 时，保护导体的截面积应按以下条件之一确定：

a. 铜导体不应小于 $10\,mm^2$ 或铝导体不应小于 $16\,mm^2$。

b. 当保护导体小于本款第1项规定时，应为用电设备敷设第二根保护导体，其截面积不应小于第一根保护导体的截面积。第二根保护导体应一直敷设到截面积大于等于10 mm^2 的铜保护导体或16 mm^2 的铝保护导体处，并应为用电设备的第二根保护导体设置单独的接线端子。

c. 当铜保护导体与铜相导体在一根多芯电缆中时，电缆中所有铜导体截面积的总和不应小于10 mm^2。

d. 当保护导体安装在金属导管内并与金属导管并接时，应采用截面积大于等于2.5 mm^2 的铜导体。

(15) 总等电位联结用保护联结导体的截面积，不应小于配电线路的最大保护导体截面积的1/2，保护联结导体截面积的最小值和最大值应符合表5-15的规定。

表5-15 保护连接导体截面积的最小值和最大值

导体材料	最小值/mm^2	最大值/mm^2
铜	6	25
铝	16	按载流量与25 mm^2 铜导体的载流量一样确定
钢	50	

(16) 等电位联结用保护联结导体截面积的选择，应符合以下规定：

① 联结两个外露可导电部分的保护联结导体，其电导体不应小于接到外露可导电部分的较小的保护导体的电导；

② 联结外露可导电部分和装置外可导电部分的保护联结导体，其电导不应小于相应保护导体截面积1/2的导体所具有的电导；

③ 单独敷设的保护联结导体，其截面积应符合本标准的规定。

(17) 部分等电位联结用保护联结导体截面积的选择，应符合以下规定：

① 保护联结导体的电导不应小于部分场所内最大保护导体截面积1/2的导体所具有的电导；

② 保护联结导体采用铜导体时，其截面积最大值为25 mm^2。保护联结导体为其他金属导体时，其截面积最大值应按其与25 mm^2 铜导体的载流量一样确定；

③ 单独敷设的保护联结导体，其截面积应符合本标准的规定。

3. 配电设备的布置

1) 一般规定

配电室的位置应靠近用电负荷中心，设置在尘埃少、腐蚀介质少、周围环境枯燥和无剧烈振动的场所，并宜留有开展余地。

配电设备的布置必须遵循平安、可靠、适用和经济等原则，并应便于安装、操作、搬运、检修、试验和监测。

配电室内除本室需用的管道外，不应有其他的管道通过。室内水、汽管道上不应设置阀门和中间接头；水、汽管道与散热器的连接应采用焊接，并应做等电位联结。配电屏的上方及电缆沟内不应敷设水、汽管道。

2）配电设备布置中的平安措施

落地式配电箱的底部宜抬高，高出地面的高度室内不应低于 50 mm，室外不应低于 200 mm；其底座周围应采取封闭措施，并应能防止鼠、蛇类等小动物进入箱内。

同一配电室内相邻的两段母线，当任一段母线有一级负荷时，相邻的两段母线之间应采取防火措施。

高压及低压配电设备设在同一室内，且两者有一侧柜有裸露的母线时，两者之间的净距不应小于 2 m。

成排布置的配电屏，其长度超过 6 m 时，屏后的通道应设两个出口，并宜布置在通道的两端，当两出口之间的间隔超过 15 m 时，其间尚应增设出口。

成排布置的配电屏，其屏前和屏后的通道最小宽度应符合表 5-16 的规定。

表 5-16 成排布置的配电屏通道最小宽度

单位：m

配电屏		单配布置			双排面对面布置			双排背对背布置			多排同向布置			屏侧通道
		屏前	屏后		屏前	屏后		屏前	屏后		屏间	前、后排屏距墙		
			维护	操作		维护	操作		维护	操作		前排屏前	后排屏后	
固定式	不受限制时													
	受限制时													
抽屉式	不受限制时													
	受限制时													

注：① 受限制时是指受到建筑平面的限制、通道内有柱等部分突出物的限制；
② 屏后操作通道是指需在屏后操作运行中的开关设备的通道；
③ 背靠背布置时屏前通道宽度可按本表中双排背对背布置的屏前尺寸确定；
④ 控制屏、控制柜、落地式动力配电箱前后的通道最小宽度可按本表确定；
⑤ 挂墙式配电箱的箱前操作通道宽度不宜小于 1 m。

配电室通道上方裸带电体距地面的高度不应低于 2.5 m；当低于 2.5 m 时，应设置不低于现行国家标准外壳防护等级（IP 代码）GB/T 4208—2017 的规定的 IPXXB 级或 IP2X 级的遮拦或外护物，遮拦或外护物底部距地面的高度不应低于 2.2 m。

3）对建筑物的要求

配电室屋顶承重构件的耐火等级不应低于二级，其他部分不应低于三级。当配电室与其他场所毗邻时，门的耐火等级应按两者中耐火等级高的确定。配电室长度超过 7 m 时，应设 2 个出口，并宜布置在配电室两端。当配电室为双层布置时，楼上配电室的出口应至少设一个通向该层走廊或室外的平安出口。配电室的门均应向外开启，但通向高压配电室的门应为双向开启门。配电室的顶棚、墙面及地面的建筑装修，应使用不易积灰和不易起灰的材料；顶棚不应抹灰。

配电室内的电缆沟应采取防水和排水措施。配电室的地面宜高出本层地面 50 mm 或设置防水门槛。

当严寒地区冬季室温影响设备正常工作时，配电室应采暖。夏热地区的配电室还应根据地区气候情况采取隔热、通风或空调等降温措施。有人值班的配电室宜采用自然采光。在值班人员休息间内宜设给水、排水设施。附近无厕所时宜设厕所。位于地下室和楼层内的配电室，应设设备运输通道，并应设有通风和照明设施。配电室的门、窗关闭应密合；与室外相通的洞、通风孔应防止鼠、蛇类等小动物进入网罩，其防护等级不宜低于现行国家标准外壳防护等级(IP 代码)GB/T 4208—2017 规定的 IP3X 级。直接与室外露天相通的通风孔上应采取防止雨、雪飘入的措施。配电室不宜设在建筑物地下室最底层。设在地下室最底层时，应采取防止水进入配电室内的措施。

四 课程思政小故事

电力界的福尔摩斯

在百万伏特高压电磁环境下，辨别出特高压核心部件的异常放电信号，是冯新岩的拿手绝活。

“电网设备就像不会说话的孩子，哪里出了问题，它自己说不出来，我们必须想办法把隐患找出来，解决掉。”冯新岩说。

冯新岩是国网山东省电力公司电气试验班的班长，2017 年获得“齐鲁工匠”称号，2019 年获得全国五一劳动奖章，2022 年“大国工匠年度人物”发布仪式举行，冯新岩获得“大国工匠年度人物”荣誉称号。山东省内所有的 100 万伏交流变电站和 80 万伏直流换流站的试验验收工作，都是由他和他的班组负责。

变电站每一次停机都会造成经济损失，为了让损失减少，冯新岩带领团队，攻坚带电检修，在几十万甚至百万伏的高压环境下进行检修，周围的静电也会像针扎一样刺痛皮肤。

越是危险的环境，冯新岩越要保持高度的冷静，他要通过传感器分析出纳秒级别，也就是十亿分之一秒级别数据的差别，通过这细微的数据差别，冯新岩能准确判断出机器故障的位置。

国家电网举办带电检测技能竞赛，冯新岩曾获个人第一、团体第一，他也成了国内变电带电检测第一人。

风声、电晕声，还有机器的运转噪声，夹杂在一起，身边就是 50 万伏甚至 100 万伏的高压电，冯新岩的耳朵要从混杂的声音中辨别出设备内部细小的异常放电，这在常人看来是不可思议的事情。

在一次常规检修中，冯新岩听出机器存在细微异响，力排众议及时停机检查，发现了隐患。如果不是冯新岩多年的检修经验，进行停机维修，设备可能面临爆炸的危险。不计算停电的影响，直接经济损失可能就超过两千万元。17 年来，冯新岩在特高压电站设备检测中几乎从没有失手，累计发现 50 万伏避雷器内部受潮等重大缺陷五十多次，一般缺陷数百次，避免因设备故障导致的损失达上亿元。

“能够为党和国家贡献微薄之力，为企业发展释放星火能量，我感到无上光荣！我要继续埋头苦干、钻研技术，努力为保供电、稳增长、建设新型电力系统作贡献！”冯新岩说。

参考文献

[1] 赵红顺. 电气控制技术实训[M]. 2 版. 北京:机械工业出版社,2019.

[2] 周庆贵,赵秀芬,刘彬. 电气控制技术[M]. 3 版. 北京:化学工业出版社,2018.

[3] 苗玲玉,韩光坤,殷红. 电气控制技术[M]. 3 版. 北京:机械工业出版社,2022.

[4] 姜久超,李国顺. 工厂电气控制技术[M]. 北京:北京理工大学出版社,2019.

[5] 薛礼. 工厂电气控制技术[M]. 北京:机械工业出版社,2020.

[6] 邱俊,陈英,谢海明. 工厂电气控制技术[M]. 3 版. 北京:中国水利水电出版社,2019.

[7] 杨强,张永花. 电机及控制技术[M]. 北京:中国铁道出版社,2020.

[8] 杨清德. 电动机控制电路 400 问[M]. 北京:科学出版社,2013.